U0314979

钒的无机生物化学

［德］Dieter Rehder　著
主　译　杨金燕
副主译　于雅琪　李廷强

北　京
冶　金　工　业　出　版　社
2019

北京市版权局著作权合同登记号　图字：01-2019-8116
Bioinorganic Vanadium Chemistry/by Rehder Dieter/ISBN 978-0-470-06509-9

图书在版编目(CIP)数据

钒的无机生物化学/（德）迪特尔·雷德（Dieter Rehder）著；杨金燕主译．—北京：冶金工业出版社，2019．12
书名原文：Bioinorganic Vanadium Chemistry
ISBN 978-7-5024-8372-2

Ⅰ．①钒…　Ⅱ．①迪…　②杨…　Ⅲ．①钒—生物化学—无机化学　Ⅳ．①TF841．3

中国版本图书馆 CIP 数据核字（2019）第 293201 号

出 版 人　陈玉千
地　　址　北京市东城区嵩祝院北巷 39 号　邮编　100009　电话　(010)64027926
网　　址　www.cnmip.com.cn　电子信箱　yjcbs@ cnmip. com. cn
责任编辑　于昕蕾　美术编辑　彭子赫　版式设计　孙跃红
责任校对　石　静　责任印制　李玉山
ISBN 978-7-5024-8372-2
冶金工业出版社出版发行；各地新华书店经销；三河市双峰印刷装订有限公司印刷
2019 年 12 月第 1 版，2019 年 12 月第 1 次印刷
169mm×239mm；14．5 印张；276 千字；213 页
99．00 元
冶金工业出版社　投稿电话　(010)64027932　投稿信箱　tougao@cnmip. com. cn
冶金工业出版社营销中心　电话　(010)64044283　传真　(010)64027893
冶金工业出版社天猫旗舰店　yjgycbs. tmall. com
（本书如有印装质量问题，本社营销中心负责退换）

本书译者组

主　　译　杨金燕

副 主 译　于雅琪　李廷强

参译人员　廖瑜亮　崔思凡　樊芮君

　　　　　付远舟　逯　娟　叶春屿

谨以此书献给我的孩子们

米莉安(Miriam)、娜迪亚(Nadja)、马蒂亚斯(Matthias)以及甘纳尔（Gunnar),

是他们帮助我领悟到了生活的真谛；

同样也将其献给雷娜特（Renate),

是她给予了我无限的支持和鼓励。

前　言

20世纪80年代中期，我进入汉堡大学（Hamburg University）执教后不久，便被要求向研究生教授无机生物化学这门课程，尽管这一学科的重要性和随之而来的影响力是公认的，但其在欧洲的发展仍十分缓慢。我对这门新兴学科的了解也近乎于零，因此，1985年夏天，我决定参加在美丽的葡萄牙南部临近大西洋海岸的阿尔加维（Algarve）举行的第二届国际无机生物化学会议。会议上，我遇到了许多学者，其中包括汉斯·维尔特（Hans Vilter）[现供职于特里尔大学(Trier)]，他发现了第一种含钒酶，这种酶是几年前从一种海洋棕色藻类中分离出的一种钒依赖性溴代过氧化物酶。由于钒领域的相关研究一直是我科研生活的中心［我最初的研究方向是有机钒化学和钒（51）核磁共振］，所以我对汉斯·维尔特的这一发现特别感兴趣，但大多与会者并不是十分认可钒可以作为某种酶的一种重要组分这一观点。又经过几年卓有成效的合作研究后，我的研究重点逐渐转向钒的生物学方面，并于1989年夏天参加了海洋生物无机化学研讨会（MICBIC），最终将研究重点锁定在了这些领域里。研讨会是在苍鹭岛（Heron Island）举办的，这是一个远离澳大利亚黄金海岸（Gold Coast in Australia）、位于大堡礁（Barrier Reef）的小珊瑚岛。穿过浅水区，我深入地了解了一种过去仅隐约记得在学校的生物课上认识过的动物：海鞘。肯尼斯·库斯丁（Kenneth Kustin）［布兰迪斯大学，沃尔瑟姆，马萨诸塞州（Brandeis University，Waltham，MA）］抽出了一段时间向我介绍了海鞘可以从海水中富集钒酸盐的独特能力。虽然我没有进行过相关的研究，但是我对这些能够富集并保有钒的生物十分感兴趣。因此，这本书中有一章单独研究了海鞘，我很感谢肯（Ken）对该章节的校对。一年后，阿奇姆·米勒［比勒费尔德大学（University of

Bielefeld)］鼓励我以“钒的生物无机化学”为主题为期刊《德国应用化学杂志》（Angewandte Chemie）写一篇综述性文章。因此，我于1991年发表了一篇相关文章，并产生了相当大的影响。但我发誓我再也不会做如此乏味的工作了。然而，我打破了我的誓言，编写了《钒的无机生物化学》一书。

钒的生物相关光谱尚未如其他生物相关的过渡金属一样覆盖一个较为广泛的谱线范围。其中一个原因是，至今为止，只发现了两类钒依赖性酶系，即钒酸盐依赖性卤代过氧化物酶和钒氮合酶（第三种可能的酶是依赖钒的硝酸盐还原酶，不过仍有待确认）。钒在生物学其他方面的作用和意义较小：除了存在于海鞘（和扇形蠕虫）中，就是作为一种仅在以毒蝇鹅膏（fly agaric）为代表的活体鹅膏菌中被发现的天然化合物——鹅膏钒素（amavadin）。除了这些“经典的”生物钒领域，钒的生物功能以及对其有益的应用（即药用）方面也得到了有趣的且极具前景的新发展。这些新领域包括利用细菌回收钒酸盐、钒对蛋白质的改性及含钒化合物在糖尿病治疗中的潜力。关于钒“经典的”和“新兴的”研究主题在本书中均有详细的介绍。作为胰岛素模拟物的钒化合物一直是欧洲合作研究计划（European COST programme）的重点之一，我十分感激COST组（D21-0009-01，2001—2006）与我保持这一人文和科研氛围浓郁的长期、密切且硕果累累的合作，并且这些丰硕的成果都在本书中有所体现。

对于钒化学性质的测定和分析结果的判断，有时会出现不确定的第二个原因在于钒的化学性质更为“敏感”，或者至少人们认为它相较于其在元素周期表中的邻近元素（钛、铬和钼）更为“敏感”。我希望用一章来介绍钒的无机化合物和配位化合物的基本原理和对生物系统的影响，从而给出钒的一些关键的生物相关性质的概述，并希望借此吸引有远见和积极探索的学者们投身于钒化学的研究。这包括以生物相关形式表征钒化合物的主要物理方法。当然，我与许多致力于（钒）无机生物化学方面研究的同事都保持着密切的学术联系，这些联系对我在这一领域的工作有着深远的影响。在这里不一一指出，仅特别提及一下大卫·加纳（David Garner）［诺丁汉（Nottingham）化学学院］和文森特·佩科拉罗（Vincent Pecoraro）［密歇根（Michigan）大学安娜堡（Ann Arbor）分校］。在公平公正的基础上，我与他们进行了批

判性的讨论，这在学术界已不多见。

钒在生物化学方面的所有发现都有其历史。为了认识和评价早期的一些认知和认知对象的影响，我分析了一些相关的早期和原始的文献，研究内容包括如钒氮合酶、海鞘血液中的钒及将钒作为治疗许多疾病的药物。书中简述了这些历史事件的发生过程，在第 1 章中还详细介绍了钒的发现过程。因此，本书涵盖了钒的生物无机和相关化学的所有主要领域，尽管不是对所有方面都事无巨细地进行解释，特别是那些根据我的判断与本书主题不是很相关的领域，但无论如何，我都尽量列出这些研究领域的一些关键性参考文献，以便读者参考使用。

希望这本书有助于克服在钒的生物化学、无机化学和环境健康方面进行研究的科学家们之间的理解障碍。是十年前举办的“钒的化学与生物化学”专题研讨会［第一届是在 1997 年于墨西哥坎昆（Cancun，Mexico）举办的，由位于科罗拉多州柯林斯堡的科罗拉多州立大学的黛比·克兰斯（Debbie Crans，Colorado State University in Fort Collins，Co）和位于卑诗省本纳比的西蒙·弗雷泽大学的艾伦·特雷西（Alan Tracey，Simon Fraser University in Burnaby，BC）组织］推动了这本书的诞生。

最后，关于本书中单位的使用在这里说明一下。无特殊说明时，本书默认使用的是国际制（SI）单位。只有以下两种情况例外：（1）蛋白质的分子量，本书采用了其在生物化学方面的常用单位道尔顿（dalton，Da）；（2）键距，本书采用了晶体学中常用的单位埃（Å）来表示[①]。对于原始文献中没有给出标准氢电极（NHE）信息的所有的化学电势，均按 NHE = 0 处理。

① 译者注：为便于理解，译著中的单位埃（Å）已换算成 m 或 nm，$1Å = 10^{-10}m$，$10Å = 1nm$。

译者的话

目前国内外对钒的化学和药理学方面的研究逐渐增多，但我国尚未有集中介绍钒无机生物化学方面特性的专著。作为一部详述了钒的无机化合物和配位化合物及其细胞功能的著作，《钒的无机生物化学》（Bioinorganic Vanadium Chemistry）一书在钒相关领域的研究中占据着重要的地位。因此，对于能有机会将这一经典著作翻译成中文，以供国内相关专业研究生及科研工作者参考和使用，我们感到十分荣幸。整个翻译工作历时近两年，由于原著涉及的领域广泛且专业性极强，因此，在翻译过程中整个团队付出了极大的心血，为确定一些专业词汇及表达的翻译方式，查阅了大量的资料，并请教了众多相关领域的专家学者。另外，为了使译文语言流畅易懂，避免由于英语与汉语之间表达习惯等差异带来的语义晦涩难懂等问题，译者组全体成员兢兢业业地对整部译作手稿进行了数次校对。最终，大家通力合作，终于完成了全书的校译工作，使这部译作得以问世。

本书共分为6章。第1章和第6章由杨金燕翻译，第2章由樊芮君翻译，第3章由廖瑜亮和付远舟共同翻译，第4章由崔思凡和叶春屿共同翻译，第5章由于雅琪翻译。另外，初稿完成后，全部译者组成员均参与了校订工作，最后，全书的统编工作由杨金燕完成。

感谢浙江大学李廷强教授在本书的翻译过程中提出的宝贵意见和建议，感谢兰州资源环境职业技术学院逯娟老师在本书的出版过程中提供的协助。此外，我们由衷地感谢原著作者 Dieter Rehder 博士以及为这部力作的诞生做出贡献的学者们，是他们推动了钒研究领域的进一步发展。最后感谢国家重点研发计划课题 2018YFC1802201、2017YFC0504903 的资助。

在翻译过程中我们自始至终把忠于原著的原则放在首位，但限于能力和水平，加之原著作涉及的学科领域较多，译作中难免尚存疏漏之处。因此，还望读者们在阅读和使用本书的过程中，不吝赐教，批评指正。欢迎随时与我联系（yanyang@ scu. edu. cn）。我们衷心地期待本书能对国内从事相关研究的众多科研工作者及莘莘学子以及所有对本领域有兴趣的读者们有所帮助。

杨金燕

2019 年 8 月于四川大学

目　　录

1 引　言

1.1 历史

元素 vanadin（其众所周知的拉丁语形式为 vanadium）的发现过程同它的化学性质一样丰富多彩[1]。1831 年 1 月 22 日，J. J. Berzelius 给 F. Wöhler 写了一封信[2]，安慰 Wöhler 错过了发现新元素钒的机会。Berzelius 在信中讲述了一个迷人的传说①：

“对于你寄给我的样品，我想给你讲个传说：古时候，美丽迷人的女神凡娜迪丝（Vanadis）住在遥远的北方。一天，有人敲响了她的门。女神正安静而舒适地坐着，想等待敲门人再敲一次。但是敲门人没有继续敲门，而是转身走下了台阶。女神很好奇，想看看这个冷漠的人是谁。女神走到窗边，看到正要离开的年轻人。她对自己说，唉，这是那个 Wöhler，他值得我为他开门，如果他再坚持一下，我会给他开门的。小伙子在路过窗户时甚至没有抬头看一眼。几天后，又有人来敲门。这一次，敲门声持续而坚定。女神终于亲自为他打开了门。Sefström 走了进去，此后，Vanadin 诞生了。”

传说的开始所提到的样品是从墨西哥中部基马潘（Zimapan）地区的棕色铅矿中提炼得到的白色粉末。在 1803～1804 年 Humboldt 访问墨西哥期间，矿石样本由西班牙矿物学家 del Rio 交给 von Humboldt 男爵，并于 1805 年由 Humboldt 男爵交给柏林自然博物馆（the Museum für Naturkunde in Berlin）[3]。del Rio 在棕色铅矿中提取的另一份样本被送到巴黎的 Collet-Descotil 实验室。Collet-Descotil 实验室于 1805 年分析了该样本，得出的结论是，矿石中含有铬（铬已于 1797 年被发现）。Wöhler 自 1828 年开始研究该棕色铅矿，与 Collet-Descotil 的结论不同，他指出样本不符合铬的属性。不久，由于生病，Wöhler 停止了这项研究。之后，他在写给 Berzelius 的一封信件中说道：“我是一个傻瓜［*Ich war ein Esel*］，两年前没有从基马潘的棕色铅矿中发现［vanadin］。”[1] Wöhler 并不是唯一与钒的发现擦肩而过的人。1830～1831 年的冬季，J. F. W. Johnston 在英格兰（England）分析来自苏格兰旺洛克黑德（Wanlockhead，Scotland）的铅矿石时发现一个类似

① 为了与原始信件（参考文献［1］）匹配，对原始信件的翻译做了适当改编（参考文献［2］）。

于铬的新物质。1831 年 2 月 7 日他在看了展示在巴黎皇家学院（Académie Royale）中 Berzelius 给 P. L. Dulong 的信件后，才意识到这个类似于铬的新物质的真实身份[4]。

与此同时，瑞典法伦矿山学校（School of Mines in Falun，Sweden）的化学教师同时也是医生和化学家的 Nils Gabriel Sefström，在 20 世纪 20 年代中期开始研究利用盐酸处理塔欠里（Taberg）条形铁后获得的黑色粉末。塔欠里具有丰富的铁矿石，是瑞典南部的斯马兰省（Småland）海拔最高的地方，海拔为 343m（约 1000 英尺）。Sefström 在 1830 年 4 月重新研究了他的黑色粉末，发现了一种物质，它的某些属性与铬相似，另一些属性与铀相似。他很快发现粉末中所包含的物质既不是铬也不是铀[5]，而是一种全新的东西。Berzelius 实验室对该粉末的继续研究表明，新元素的低氧化态①所呈现的蓝色是其独特的属性（*Eigenthumlichkeiten*）。

在这一新元素的发现过程中，Sefström 最初提议将新金属命名为 *Odinium*。Odin 是北日耳曼神话中的风神（南日耳曼部落称之为 Wotan）。后来，Sefström 请 Berzelius 选择一个比 Odinium 更好的名字，因为 Odinium 这个词难于翻译成法语和英语（*det passer så illa in franskan och engelskan*）。根据 Erianae②，雅典娜的名字（=Minerva，见 1830 年 12 月 27 日 Berzelius 写给 Wöhler 的信[2]），新金属暂时改名为 *Erian*。Wöhler 在 1831 年 1 月 4 日给 Berzelius 的回信中使用了 *Sefströmium* 这一名字。Sefström 最后根据 Odin 的妻子、哥特神话中最高贵的女神［'*den förnämsta gudinnam uti göthiska Mythologien*'］[5a]、北欧神话中的女神芙蕾雅（Freya）③ 的别名 *Vanadis*[5]，为新金属选择了 vanadin（'*på latin Vanadium*'④ 这一名字，它象征着美丽和丰饶，这也是钒化学性质的基本特征。对 Vanadis（图 1-1）通常的解读是，女神 Freya 手持长矛，摆出作战姿势，坐在由猫（北日耳曼部落视为神圣的动物）驾驶的战车上。Sefström 选择 vanadin（或 vanadium）作为新元素名称的另外一个考虑是，迄今为止没有一个已知的元素以 V 为首字母［'…*hvars begynnelse-bokstaf ej förekommer*…*enkla kroppars namn*'］[5a]。

在给 Berzelius 的第二封信（1831 年 1 月 9 日）中，Wöhler 随信附上了上边提到的白色粉末样品，并指出它可能是钒氧化物（Erianoxyde）。Wöhler 最终证明

---

① 含钒氧根离子（VO^{2+}）的酸溶液是淡蓝色。

② 实际是 Εργανη（Ergane），工匠和艺术家的保护神。希腊语 ergón［=energy（能量），work（工作）］，Ergane 是英语"work"的词根（德语和荷兰语：Werk；瑞典语：Verk）。

③ 古冰岛语 Vana-dis，意为华纳神族（Vanir）的女人，挪威神话诸神中的两个血脉分支之一。

④ Sefström 的新发现的瑞典语实际是 *Om Vanadium*，*en ny metall*，*funnen uti stångjern*，*som är tillverkadt af malm ifrån Taberget i Småland*［英语为：On Vanadium，a new metal，found in bar iron which is manufactured from ore of the Taberg in Småland（钒，一种新金属，于 Småland 的 Taberg 的矿石中加工的条形铁中发现）］[5a]。德语为[5b] *Ueber das Vanadin* ...（On Vanadin...）。

图 1-1　北欧神话中的女神凡娜迪丝（Vanadis）[别名芙蕾雅（Freya）]

了他的样本（来自基马潘的矿石）与 Sefström 发现的新金属 vanadin（来自条形铁及其炉渣）是相同的，这使得 G. Rose 将柏林博物馆展出的 Humboldt 的原始标记为基马潘矿石的标签上加上了 *Vanadinbleierz*（含钒铅矿；实际上它是钒铅矿，$Pb_5[VO_4]_3Cl$，与羟磷灰石同晶型，见图 1-2）[3]。

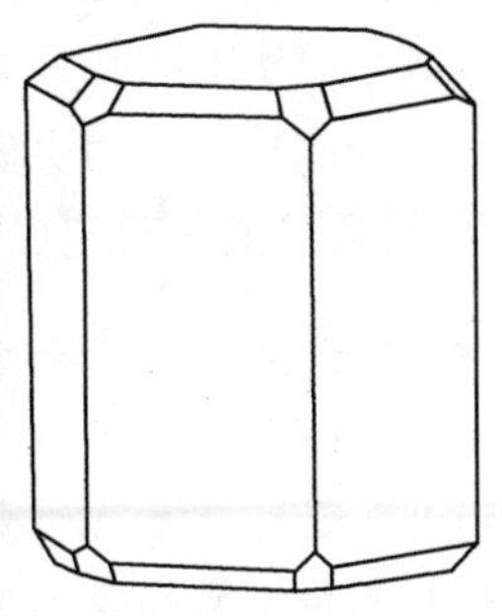

图 1-2　六边形钒铅矿 $Pb_5[VO_4]_3Cl$ 的晶体和结晶结构特征

Poggendorf（*Ann. Phys. Chem.* 的编辑）在 Sefström 发表的关于钒的关键性文章中[5b]添加了注释，指出 Sefström 是钒的发现者，而不是其他人，尤其不是 del

Rio。del Rio 声称于 1801~1803 年在基马潘的棕色铅矿中发现了这一元素，但他后来撤回了这一声明。

Andres Manuel del Rio 和 Fernandez 对伊达尔戈（Hidalgo）地区基马潘市的 Cordonal 矿区的棕色矿进行实验时，发现了钒。着迷于新元素在不同提取条件下生成的各种盐的多姿多彩，他称这个新元素为 *Panchromo*。在 *An. Cienc. Nat.* 1803，6，46 中有这样一条简短的注释："Panchromium，1802 年 9 月 26 日由 Sñ. Manuel del Rio 从墨西哥提交给 Don Antonio Cavanillas 的一份报告中宣布发现的新的金属物质"。之后，基于新金属的碱和碱土金属盐被加热或用酸处理后所呈现出的红色，del Rio 将新元素改名为 *Eritrono*(erythronium)[1]。因为 erythronium 的属性在一定程度上与铬相似，del Rio 对他的发现失去了信心，Collet-Descotils 的分析结果也让 del Rio 气馁。他因此指出，这种新元素是铬，并最终放弃了他的新发现。del Rio 后来指责 Humboldt 没有对他的发现给予应有的关注和宣传。事实上这一指责是不合理的，因为载着 del Rio 的实验记录的轮船在去法国的海上失事，实验记录因而被遗失，但 del Rio 并不知道这一情况[3]。

现在看来，铬和钒的化学行为差异非常明显，但这却被 del Rio 本人和在当时那个年代的著名化学家 Collet-Descotil 所忽视，这显得十分奇怪。将氨添加到消解的钒铅矿中会得到白色的钒酸铵（而铬酸铵是黄色的）。当钒被加热时生成鲜红的 V_2O_5，酸处理时生成钒酸盐十聚物［decavanadate，本质上是 $(H_2V_{10}O_{28})^{4-}$］的红色溶液。相应的铬酸盐的反应则是生成绿色的 Cr_2O_3 和橙色的重铬酸盐。

Berzelius、Johnston 和其他人试图分离该金属，但都没有成功。通过使用碳或钾还原钒氧化物，以及使用钾或氨还原钒氯化物（VCl_3、$VOCl_3$），他们本以为会生成金属钒，但实际生成的是碳化物、硅化物、氮化物（VN）或低价氧化物（VO）[4]。第一次成功获得金属钒是由 Henry Enfield Roscoe 先生在 1869 年通过氢还原 VCl_2 的繁琐的实验完成的[1]：

"当 Roscoe 加热瓷管（在瓷管内的铂坩埚内放置了 VCl_2）时，生成盐酸气流，在接下来的 40~80h 盐酸生成量逐渐减少。当不再产生盐酸后，将瓷管冷却，在铂坩埚上发现完全无氯的微白灰色粉末。"

Roscoe 对灰色粉末的描述如下[6]：

"在显微镜下对金属钒进行检查，发现其反射光线的能力很强，并能看到一个灿烂闪亮的水晶般的金属物质，它具有明亮的银白色光泽。钒在空气中不会被氧化也不会失去光泽……钒不易熔，红热时也不易在氮气中挥发；在氧气中迅速加热，会剧烈燃烧，生成五氧化物……在 15℃ 时，金属钒的相对密度是

5.5（实际上，钒的密度是 $6.11g/cm^3$）。它不溶于热或冷盐酸；加热的情况下溶于强硫酸，生成黄色溶液……用氢氧化钠熔融，钒溶解并产生氢，且形成钒酸盐。”

第一次大规模合成 99.9%的纯钒是在 1927 年由 Westinghouse Lamp Co. 公司通过使用电炉在 760℃下加热 V_2O_5、金属钙、$CaCl_2$ 的混合物来完成的。如今，纯金属钒通过钙还原 V_2O_5，或根据 van Arkel/de Boer 过程（热解 VI_3）来获得。

1.2 产生、分布及影响

钒（第 23 号元素）在宇宙中含量相对丰富。钒的宇宙丰度为 0.0001%，与铜和锌相当。钒的宇宙丰度表明，对于球粒状陨石，每含有 10^6 个硅原子则其同时含有 220 个的 ^{51}V 同位素原子。钒的宇宙形成基于 α、γ 级联至 ^{52}Cr，按如下反应序列进行[4]：

$$^{52}Cr(n,\gamma)^{53}Cr(n,\alpha)^{50}Ti(n,\gamma)^{51}Ti(\beta^-,\gamma)^{51}V$$

同位素 ^{51}V 占钒天然同位素的 99.75%。剩下的 0.25%是同位素 ^{50}V，^{50}V 的宇宙形成是通过 ^{52}Cr 的电子俘获过程完成的：

$$^{50}_{24}Cr + \beta^- \longrightarrow {}^{50}_{23}V$$

^{50}V 是非常温和的放射性元素，通过电子俘获/正电子发射生成 ^{50}Ti（83%）或通过 β^- 衰减形成 ^{50}Cr（17%），^{50}V 半衰期为 1.4×10^{17} 年：

$$^{50}_{23}V + \beta^- \rightarrow {}^{50}_{22}Ti/{}^{50}_{23}V \rightarrow {}^{50}_{22}Ti + \beta^+ \quad 和 \quad {}^{50}_{23}V \rightarrow {}^{50}_{24}Cr + \beta^-$$

在地壳中，钒的丰度排在第 22 位（0.013%，质量分数），比铜和锌更丰富。海洋通常被认为是地球上生命的摇篮，在海水中，钒主要以离子对 Na^+/H_2VO^- 的形式存在，其平均浓度大约是 30nmol/L。钒是海洋环境中含量仅次于钼［约 100nmol 钼酸盐（Ⅵ）］的第二丰富的过渡元素。钒由河流输入，外源输入的铁氧化物对钒的清除作用有助于控制钒在海洋中的浓度和循环[7]。人类血浆的含钒量约为 200nmol，大约是海水钒浓度的 10 倍，这表明钒可能具有生物学功能。组织中钒的水平甚至更高，平均为 0.3mg/kg（约 6μmol/L）。钒可在骨骼、肝脏和肾脏中积累。

钒是一种普遍存在的微量元素。页岩尤其富含钒，页岩中钒的平均含量为 0.012%（质量分数）。在砂岩和碳酸盐基的岩浆岩中钒含量则低一个数量级。已知有超过 120 种含钒矿物包含阳离子和阴离子形式的钒，钒的氧化态为+3、+4 和+5 价。表 1-1 给出了钒的这些特征及其普遍的无机化学特性，具体的相关介绍将在本书第 2 章给出。最常见的含钒矿物有钒铅矿（图 1-2）、绿硫钒石、钒云母、钒钾铀矿和钒铅锌矿。

表 1-1　部分含钒矿物的含钒信息

矿物名称	化学组成	钒的价态	化合物类型
三方钒氧矿（Karelianite）	V_2O_3	Ⅲ	氧化物
钒云母［Roscoelite(vanadium mica)］	$K(Al,V)_2(OH,F)_2[AlSi_3O_{10}]$	Ⅲ	V^{3+}铝硅酸盐
黑斜钒矿（Häggite）	$VO(OH)\cdot VO(OH)_2$	Ⅲ和Ⅳ	偏氢氧化物
钒矾（Minasragrite）	$VOSO_4\cdot 5H_2O$	Ⅳ	钒氧根盐类
绿水钒钙矿（Simplotite）	$Ca[V_4O_9]$	Ⅳ	四价钒（Ⅳ）
绿硫钒石（Patronite）	$VS_4 \equiv V(S_2)_2$	Ⅳ	二硫化物
复钒矿（Vanoxite）	$2V_2O_4\cdot V_2O_5\cdot 8H_2O$	Ⅳ、Ⅴ	氧化物
柱水钒钙矿（Sherwoodite）	$Ca_9Al_2V_4^{IV}V_{24}^{V}O_{80}\cdot 56H_2O$	Ⅳ、Ⅴ	多钒酸盐
纳瓦霍钒矿（Navajoitite）	$V_2O_5\cdot 3H_2O$	Ⅴ	氧化物
水钒钠矿（Munirite）	$Na[VO_3]$	Ⅴ	偏钒酸盐
水钒铝矿（Steigerite）	$Al[VO_4]\cdot 3H_2O$	Ⅴ	正钒酸盐
钒钾铀矿（Carnotite）	$K(UO_2)[VO_4]$	Ⅴ	正钒酸盐
钒铅矿（Vanadinite）	$Pb_5[VO_4]_3Cl$	Ⅴ	正钒酸盐
钒铅锌矿（Descloizite）	$Pb(Zn,Cu)OH[VO_4]$	Ⅴ	正钒酸盐
斜钒铅矿（Chervetite）	$Pb_2[V_2O_7]$	Ⅴ	钒酸盐二聚物
水钒钠石（Barnesite）	$Na_2[V_6O_{16}]$	Ⅴ	钒酸盐六聚物
水钒镁矿（Hummerite）	$K_2Mg_2[V_{10}O_{28}]$	Ⅴ	钒酸盐十聚物
硫钒铜矿（Sulvanite）	$Cu_3[VS_4]$	Ⅴ	硫钒酸盐

含钒矿物本质上是在地质作用过程中形成的。表层特定矿物的形成是可以设想的，即某些细菌，如假单胞菌（*Pseudomonas vanadiumreductans*）[8]和希瓦氏菌（*Shewanella oneidensis*）[9]（图 1-3），可以利用钒酸盐作为额外的电子受体，将钒

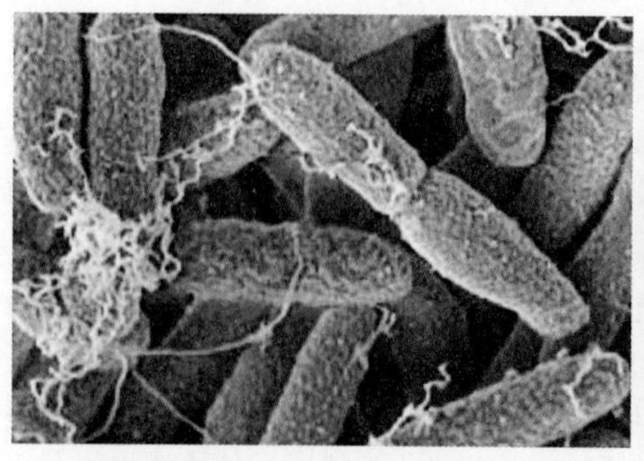

图 1-3　土壤细菌希瓦氏菌（*Shewanella oneidensis*）（菌株 MR-1）扫描电子显微图像
（右图为该细菌附着在赤铁矿（Fe_2O_3）上的状态）

酸盐（Ⅴ）还原为钒（Ⅳ）[甚至进一步还原为钒（Ⅲ）]，进而生成类似柱水钒钙矿的无机沉积物。混合价态［钒（Ⅴ)/钒（Ⅳ)］的柱水钒钙矿的组成列于表 1-1。这一问题将在本书 4.5 节详细讨论。

生物和环境领域感兴趣的另一个钒的来源是化石燃料，如泥炭、煤、沥青、油页岩和原油。无烟煤的钒含量为 0.007%～0.34% 不等。来自阿尔巴尼亚（0.034%）、伏尔加区域（0.061%）和委内瑞拉（0.12%）（给出的这三个含量值均为含量上限）的原油中钒含量尤为显著[4]。高钒含量通常与高硫含量相关。化石中的钒含量显著高于细菌、原生动物、藻类、植物和动物等生物前体的原因仍存在争议。腐烂物质中钒的二次输入的可能机制包括木质素降解形成的酚类化合物的积累、腐殖物质的积累、从地下水中的吸附，尤其是从富含风化的钒矿物和岩石的地区的地下水中的积累等。缺氧条件似乎会促进钒的吸附，这可能是因为 pH 值在 7 左右时钒氧根（VO^{2+}）① 的氢氧化物的溶解度非常低。对于原油中钒的积累也可能是由原油通过富含钒的沉积物时，沉积物中的钒清除作用所致。原油含有各种卟吩原，均来自腐败的海洋生物中的叶绿素和血红素。卟吩原是非常好的钒氧根阳离子的配合剂。大部分包含在碳质沉积岩、沥青质/煤油[10]和地质学上较年轻的石油中的钒实际上是以钒氧卟啉的形式存在的[11]，例如叶绿素中钒的配合物。老油中大部分的钒存在于非卟吩原化合物中[11b]（图 1-4）。

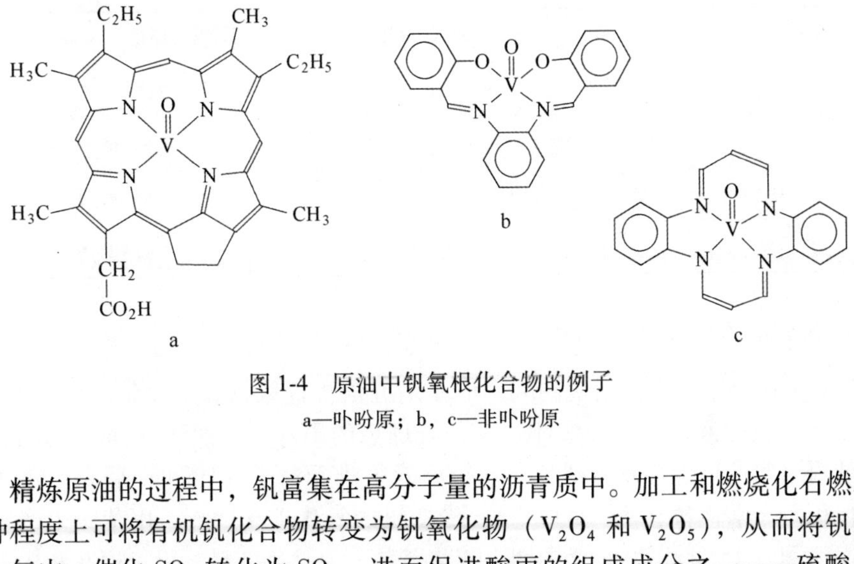

图 1-4 原油中钒氧根化合物的例子

a—卟吩原；b，c—非卟吩原

精炼原油的过程中，钒富集在高分子量的沥青质中。加工和燃烧化石燃料在某种程度上可将有机钒化合物转变为钒氧化物（V_2O_4 和 V_2O_5），从而将钒释放到大气中，催化 SO_2 转化为 SO_3，进而促进酸雨的组成成分之一——硫酸的形成。其他工业活动，如铁钒（用于制造特别坚固耐用的钢）、含钒氧化物的陶瓷和钒氧化物催化剂的生产，增加了钒的人为排放，采矿和铣削渗滤液和废水也会

① 本书中“钒氧根”将仅指代 $V^{IV}O^{2+}$，即不指代五价钒 $V^{V}O^{3+}$。.

增加钒的人为排放。由人类活动引起的土地、海洋和大气中的钒负荷增加远远低于其他来源的贡献[12]。因此钒污染不是一个全球性的问题，但可能会对大城市和工业化地区产生影响。

正常的食物和饮用水中钒含量处于 μg/kg 到 mg/kg 的范围，远低于致毒水平。钒暴露途径，如吸入 V_2O_5，或摄入高钒酸盐水平的食物和饮用水，会造成健康风险。吸入颗粒钒可以激活氧化应激，从而损害呼吸道上皮细胞，引起炎症和肺纤维化损伤。高风险的暴露包括钒矿石开采和选冶、钒催化剂生产等过程中的颗粒钒及钒氧化物暴露等。燃烧过程中产生的飞灰也可能包含高剂量的 V_2O_5。钒对生命或健康造成直接危害的剂量值为 $70mg/m^3$[13]，工作环境的 V_2O_5 的最大容许浓度（MAC）是 $0.05mg/m^3$（时间加权平均值为 8h，每周工作 40h）。表 1-2 总结了大鼠口服和呼吸摄入钒氧化物（V_2O_5 和 V_2O_3）以及偏钒酸盐（$K/NH_4[VO_3]$）的 LD_{50} 和 LC_{50} 值[14]。LD_{50} 值表明在特定时间段内（一般为 14d），导致 50%的受试动物死亡的有害物质的水平（mg/kg 体重）。LC_{50} 是空气中致死浓度的相应指标。因此，钒（V）化合物的毒性没有实质性差异。另外，V_2O_3 是相对无毒的。皮肤接触钒氧化物和偏钒酸盐似乎是无害的。关于钒的生理影响将在第 5 章更详细地介绍。

表 1-2 钒氧化物和偏钒酸盐对大鼠的 LD_{50} 和 LC_{50} ①值[14]②

钒化合物	LD_{50}(口服)/mg · kg 体重$^{-1}$	LC_{50}(呼吸摄入)/mg · L^{-1}
V_2O_5	221~716	2.2~16.2
V_2O_3	>3000	>6.65
$K[VO_3]$	314~318	1.85~4.16
$NH_4[VO_3]$	141~218	2.43~2.16

① 概念见正文。

② 范围体现了因性别和（V_2O_5）粒径不同而产生的差异。

Berzelius 是第一个应用钒的人，他在用五倍子提取物处理少量的钒酸铵时，得到了深黑色的液体，这种液体是一种较理想的墨水[4]。然而 Wöhler 指出，用这种油墨书写的信件会发生褪色，几年后就很难看清了（Hélouis 后来改进了配方，使用丹宁酸代替五倍子提取物）。借助钒的氧化催化性能，用苯胺生产苯胺黑可以追溯到 18 世纪 70 年代中期。苯胺黑是一种黑色染料，用于棉花和皮革染色，可通过氧化苯胺制得。V_2O_5 的催化潜力是在 1895 年在使用 V_2O_5 氧化甲苯和苯甲醛时发现的[15]。现在，钒氧化物已作为氧化催化剂用于生产硫酸和马来酸酐。人为假定的正钒酸（H_3VO_4）的混合酯－氯化物的一般组成为 $VOCl_n(OR)_{3-n}$（R 代表一个烷基残基），已零星应用于烯烃的聚合反应，低价钒化

合物可以用于还原性催化中[16]。世界上开采的大约 80%的钒用于铁钒的生产。铁钒包含约 50%的钒，铁钒是通过石煤还原钒和铁氧化物来生产的，可作为特种钢的添加剂。比较有前途的应用领域还包括纳米 V_2O_5 材料的催化应用（包括纳米线、纳米棒和纳米多孔材料）、钒氧化还原电池［采用钒（V)/钒（Ⅳ）和钒(Ⅲ)/钒（Ⅱ）电对］和锂/银氧化钒电池。

E. O. von Lippmann 在 1888 年给出了钒存在于植物中的客观证据[17]，这个时期可能是钒的生物化学研究的开始和主要研究阶段：

“在利用从甜菜制造糖浆的过程中获得了一种甚为罕见的元素，它有时可以在烧焦的废油中大量积累，它就是钒。我们可以从它的颜色中判断它的存在，它的颜色通常是蓝色或蓝灰色。这个元素在烧焦的废油中的百分含量不低，因为我在 8 年前成功地从所选样本（烧焦的废油）中分离出这一元素的化合物……大约 1.5g 纯钒酸钠（*vanadinsaures Natrium*）。”

第一个开始对钒对细菌的生长、种子发芽、真菌和纤毛类的影响，以及动物（青蛙、鸽子、兔子、几内亚猪、狗和猫）对钒酸盐的反应进行简单实验的是 John Priestley[18]①（不要误认为是著名的与 Scheele 共同发现了氧气的 Joseph Priestly，或作家 John B. Priestley）。“本研究中使用的盐是三元的钒酸钠［Na_3VO_4］，通过融合三个分子的 Na_2CO_3 和一个分子的 V_2O_5 的混合物制得的。”尽管莴苣种子发芽并不受溶液中 0.1%的 Na_3VO_4 影响，但发芽会被 1%的 Na_3VO_4 溶液完全抑制。他对动物注入了致命剂量的钒，并详细描述了动物实验的过程，这读起来就像恐怖故事。以下是对猫的毒性实验现象的节选：

“3h15min（注射后）：非常虚弱，丧失反抗能力。呼吸快，心跳极其微弱。3h15min：身体卷曲两次到三次，看起来极度痛苦；呼吸非常迅速而短促。试图起身但无法站立；侧卧，伸出四肢抓住笼子的栏杆。轻微的角弓反张。右后肢向前。呼吸极度困难。呻吟。3h20min：接触角膜，眼睛对人为触碰无反应。死亡。”

对“幼猫和成年猫”施用的钒酸盐的剂量（250mg V_2O_5）相当于现在治疗糖尿病动物的剂量的两到三个数量级以上。

早在 1899 年远低于致毒水平的钒制剂就已被用于治疗贫血、肺结核、慢性风湿症和糖尿病。命名为 *Vanadin* 的钒酸盐和氯酸钠的混合物，被用于治疗梅毒[4]。人们使用钒化合物作为滋补剂的传统可以追溯到 20 世纪初。含有硫酸氧钒的商用制剂，如 *Vanadyl Fuel*，在健美运动员中非常流行，据称它可以增加肌肉质量。由于钒氧根在微碱性条件下会以不溶性氢氧化物的形式在小肠沉淀出

① J. Priestley, *Philos. Trans. R. Soc. London* 1876, 166, 495-498。

来，因此它几乎不会被吸收。其在胃肠道中的吸收水平平均为0.1%~1%[13]，只要这些制剂不含铬化合物作为添加剂，就是无害的。在日本，命名为钒水（*Vanadium Water*）的一种富士山地区的矿泉水在市场上作为一般滋补剂售卖（图1-5），每升钒水含54μg钒。

图1-5　富士山地区钒水每升水含钒约50μg（以含水钒酸盐的形式存在）
[左边图片："富士山天然水（给我们）创造了一个奇迹"；左下角："超级离子魔法水（*hadosui*）"；右下角："从玄武岩床/富士山而来的地下钒水"]

1911年M. Henze指出了钒的生物学重要性，其报道了在*Untersuchungen über das Blut der Ascidien*进行的对地中海海鞘（*Phallusia mamillata*）血液的研究[19]①。Henze从海鞘血细胞的液态溶菌产物中获得了深蓝色的沉淀，将其与硝酸一起蒸发，产生了V_2O_5。Henze还指出溶菌产物具有较高的酸度，他认为这是自然的有机酸，但没有确定是何种酸（事实上是硫酸）。他也没有能够揭示含钒血细胞（钒细胞）中钒$\{[V^{III}(H_2O)_5HSO_4]^{2+}\}$的性质（参见4.1节）。Henze意识到钒（Ⅴ）化合物可能具有潜在的氧化催化作用，并提出钒在氧活化作用中扮演了类似"色原体"的角色。目前钒在海鞘中的功能仍然是一个谜。

下面为钒在生物化学领域的重大事件：

1933~1936年　H. Bortels：发现钒在固氮方面的作用

1972年　E. Bayer：从毒蝇伞（fly agaric）中分离出鹅膏菌素（*amavadin*）

1977年　L. J. Cantley：发现钒酸盐对ATP酶的抑制作用

1983年　H. Vilter：首次从褐藻（*Ascophyllum nodosum*）中分离出含钒酶，即钒溴过氧化物酶

1986年　苏赛克斯固氮团队（Sussex Nitrogen Fixation Group）：从固氮菌（*Azotobacter*）中分离出钒固氮酶

自1980年前后　开发了用于治疗糖尿病的钒化合物

① M. Henze, *Z. Physiol. Chem.* 1917, 72, 494-501.

延伸阅读

N. D. Chasteen (Ed.), Vanadium in Biological Systems, Kluwer, Dordrecht, 1990.

D. Rehder, Bioinorganic chemistry of vanadium, Angew. Chem. Int. Ed. Engl. 1991, 30, 148-167.

H. Sigel and A. Sigel (Eds), Vanadium and Its Role in Life, Metal Ions in Biological Systems, Vol. 31, Marcel Dekker, New York, 1995.

J. O. Nriagu (Ed.), Vanadium in the Environment, John Wiley Sons, Inc., New York, 1998, Vol. 23.

A. S. Tracey and D. C. Crans (Eds), Vanadium Compounds, ACS Symposium Series, Vol. 711, American Chemical Society, Washington, DC, 1998.

2nd Symposium on Biological Aspects of Vanadium, 1999, Berlin, J. Inorg. Biochem. 2000, 80.

3rd International Symposium on the Chemistry and Biological Chemistry of Vanadium, 2001, Osaka, Coord. Chem. Rev. 2003, 237.

D. C. Crans, J. J. Smee, E. Gaidamauskas and L. Yang, The chemistry and biochemistry of vanadium and the biological activities exerted by vanadium compounds, Chem. Rev. 2004, 104, 849-902.

4th International Symposium on the Chemistry and Biological Chemistry of Vanadium, 2004, Szeged, Pure Appl. Chem. 2005, 77.

A. S. Tracey, G. R. Willsky and E. S. Takeuchi, Vanadium-Chemistry, Biochemistry, Pharmacology and Practical Applications, CRC Press, Boca Raton, FL, 2007.

K. Kustin, J. Costa Pessoa and D. C. Crans (Eds), Vanadium: The Versatile Metal, ACS Symposium Series, Vol. 974, American Chemical Society, Washington, 2007.

参考文献

[1] M. E. Weeks and H. M. Leicester, Discovery of the Elements, 7th edn. Journal of Chemical Education, Easton, PA, 1968, 351-382.

[2] O. Wallach, Briefwechsel zwischen J. Berzelius und F. Wöhler, Vol. 1, Verlag von Wilhelm Engelmann, Leipzig, 1901.

[3] G. Hoppe, J. Siemroth and F. Damaschun, Chem. Erde 1990, 50, 81-94.

[4] Gmelins Handbuch der Anorganischen Chemie, Vanadium, Teil A, Lieferung 1 (System No. 48), Verlag Chemie, Weinheim, 1968.

[5] (a) N. G. Sefström, Kgl. Vetenkapsacad. Handl. 1830, 255-261; (b) N. G. Sefström, Ann.

Phys. Chem. 1831, 21, 43-49.
[6] H. E. Roscoe, Philos. Mag. 1870, 39, 146-150.
[7] J. H. Trefrey and S. Metz, Nature 1989, 342, 531-533.
[8] N. N. Lyalikova and N. A. Yukova, Geomicrobiol. J. 1992, 10, 15-25.
[9] W. Carpentier, K. Sandra, I. De Smet, A. Brige, L. De Smet and J. Van Beeumen, Appl. Environ. Microbiol. 2003, 69, 3636-3639.
[10] P. I. Premović, L. J. S. Jovanović and S. B. Zlatković, J. Serb. Chem. Soc. 1996, 61, 149-157.
[11] (a) A. Treibs, Angew. Chem. 1936, 49, 682-686; (b) R. F. Fish and J. J. Komlenic, Anal. Chem. 1984, 56, 510-517.
[12] B. K. Hope, Biochemistry 1997, 37, 1-13.
[13] M. D. Cohen, Toxicol. Ecotoxicol. News 1996, 3, 132-135.
[14] J. Leuschner, H. Haschke and G. Sturm, Monatsh. Chem. 1994, 125, 623-646.
[15] J. Walter, J. Prakt. Chem. 1885, 51, 107-111.
[16] T. Hirao, Chem. Rev. 1997, 97, 2707-2724.
[17] E. O. von Lippmann, Ber. Dtsch. Chem. Ges. 1888, 21, 3492-3493.
[18] J. Priestley, Philos Trans. R. Soc. London 1876, 166, 495-498.
[19] M. Henze, Z. Physiol. Chem. 1917, 72, 494-501.

本章缩写

MAC：最大容许浓度。

2 钒的无机化合物和配位化合物

2.1 钒的无机化合物

2.1.1 钒（Ⅲ、Ⅳ、Ⅴ）的水溶液体系

钒（Ⅴ）溶液的酸化产生了黄色的钒酸盐十聚物 $[H_nV_{10}O_{28}]^{(6-n)-}$（根据pH值的不同，$n=0\sim3$），或当 $pH<2$ 时，产生无色的水合二钒氧单晶 $[VO_2(H_2O)_4]^+$。如果这些含钒溶液被还原，则会逐渐形成钒氧根 $V^{IV}O^{2+}$（蓝色）、V^{3+}（绿色）和 V^{2+}（紫色），并再次以水溶性阳离子的形式存在。这种美丽的颜色变化让早期研究钒的化学家着迷，这也是以美神瓦纳迪斯（Vanadis）命名钒的原因之一。V^{2+}在水中不稳定，它会被质子迅速氧化成 V^{3+}，因此，与生物系统相关的钒的氧化态仅涉及+Ⅲ、+Ⅳ和+Ⅴ。Baes-Messmer 图[1]（见图 2-1）

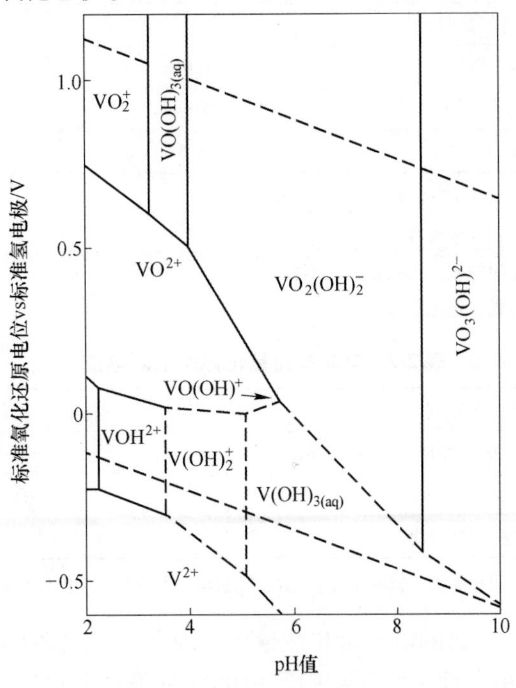

图 2-1 钒的水溶液体系的 Baes-Messmer 图

描述了在不同的氧化还原电位和 pH 值条件下，钒的不同氧化态和存在形态。

式 2-1a~式 2-1c 给出了三种氧化态的单电子氧化还原反应方程。表 2-1 给出了在氧化还原配体的平衡浓度相等的情况下，三个氧化还原电对的标准电极电位（E°）和其在 pH=7 时的相对电极电位，以及一些生化相关的氧化还原系统在 pH = 7 时的氧化还原电位。本书中的所有相对电极电位都是以标准氢电极（NHE）为标准电极所得。其他电极的相对参比电位转换如表 2-2 所示。

$$V^{V}O_2^+ + 2H^+ + e^- \rightleftharpoons V^{IV}O^{2+} + H_2O \quad (2\text{-}1a)$$

$$[H_2V^{V}O_4]^- + 4H^+ + e^- \rightleftharpoons V^{V}O^{2+} + 3H_2O \quad (2\text{-}1b)$$

$$V^{IV}O^{2+} + 2H^+ + e^- \rightleftharpoons V^{3+} + H_2O \quad (2\text{-}1c)$$

表 2-1 无机钒（粗体）及其在部分生理系统中的氧化还原电位（相对于 NHE①）

类型②	E°	$E^{pH=7}$
$VO^{2+}/V^{3+}(V^{IV}/V^{III})$	**+0.359**	**−0.462**
$H_2VO_4^-/VO^{2+}(V^{V}/V^{IV})$	**+1.31**	**−0.34**
NAD^+/NADH③		−0.315
丙酮酸/乳酸酯		−0.185
$^{1/2}(GS)_2$/GSH④		−0.10
Ubiquinone/ubiquinol		+0.045
脱氢抗坏血酸/抗坏血酸盐		+0.06
$VO_2^+/VO^{2+}(V^{V}/V^{IV})$	**+1.016**	**+0.19**
O_2/H_2O_2	+0.695	+0.295
$^{1/2}O_2/H_2O$	+1.23	+0.815

① 其他参比电极电位与 NHE 的电位参见表 2-2。

② 钒阳离子以水配合物的形式存在。

③ 烟碱腺嘌呤二核苷酸的氧化形式和还原形式。

④ 谷胱甘肽的氧化形式和还原形式。

表 2-2 常用参比氧化还原电对电位

氧化还原电对	与标准氢电极的电势差/V
Ag/AgCl/饱和 KCl	+0.197
饱和甘汞电极（SCE）	+0.244
二茂铁/二茂铁盐	约+0.40①

① 这种参比电极用于非水体系，确切的电位取决于具体条件（如溶剂的性质）。

电位越高，氧化态钒的电子亲和性越强。因此，由表 2-1 可以看出，在有氧条件下，V^{V} 是稳定的，而通常在细胞质中的缺氧条件下，当存在无机物时（即不与细胞内、外液中存在的配体发生配位），还原剂（如抗坏血酸、谷胱甘肽和

NADH）很容易将 $V^{V}O_2^+$ 还原成 $V^{IV}O^{2+}$。钒酸盐（H_2VO_4）不易被还原，且在一般条件下 $V^{IV}O^{2+}$不会还原为 V^{3+}。因此，从生理作用方面来看，除了海鞘和多毛虫扇形蠕虫（V^{III}是其体内 V 的主要氧化态）外，V^{III}的生理学功能并不重要（参见4.1 节）。

图 2-1 中给出了 V 相对于 NHE 的标准氧化还原电位。从左上到右下的两条平行虚线表示溶液的稳定范围（出处：C. F. Baes 和 R. E. Messmer，The Hydrolysis of Cations，pp. 197~210。版权（1976）为 John Wiley & Sons，Ltd. 所有）。

当pH 值和浓度不同时，V^{3+} 在水溶液中以如下几种八面体形式存在：$[V(H_2O)_6]^{3+}$、$[V(OH)(H_2O)_5]^{2+}$、$[V(OH)_2(H_2O)_4]^+$ 和$[\{V(H_2O)_5\}_2(\mu\text{-}O)]^{4+}$。浓度低于 1mmol/L 时，含氧桥联双核配合物可忽略不计。对于涉及单核物质（包括 pK_a值）的酸碱平衡，见式 2-2a 和式 2-2b[2]。此外，根据形态研究的结果，提出了三核和四核配合物在 pH>3.5 时的水解和缩合结果，结构式见图 2-2。与海鞘含钒血细胞中的情况类似，V^{3+}酸性溶液中的硫酸盐促使 $[V(SO_4)(H_2O)_5]^+$（见式 2-2c）等水-硫酸盐复合物的形成[2]。

$$[V(H_2O)_6]^{3+} + H_2O \rightleftharpoons [V(OH)(H_2O)_5]^{2+} + H_3O^+ \quad pK_{a1} = 2.7(2) \qquad (2\text{-}2a)$$

$$[V(OH)(H_2O)_5]^{2+} + H_2O \rightleftharpoons [V(OH)_2(H_2O)_6]^+ + H_3O^+ \quad pK_{a2} = 4.0(3) \qquad (2\text{-}2b)$$

$$[V(SO_4)(H_2O)_5]^+ + H_2O \rightleftharpoons [V(SO_4)OH(H_2O)_4] + H_3O^+ \quad pK_a = 3.35 \qquad (2\text{-}2c)$$

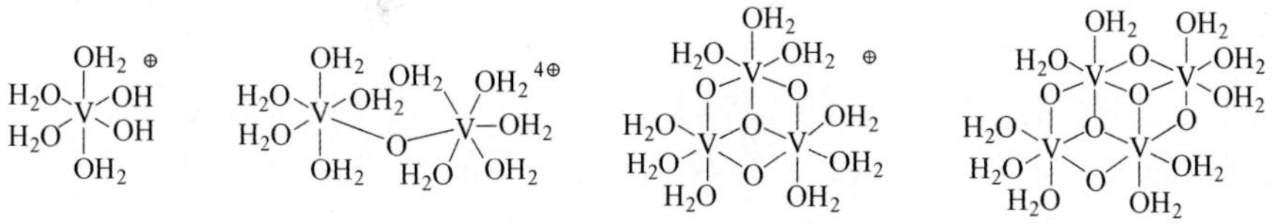

图 2-2 pH≈3 时水溶液中钒的存在形式[2]

与 V^{III}不同，由于 VO^{2+}的稳定性，V^{IV}在水溶液中形成单氧配合物。已知存在非钒（Ⅳ）氧配合物（包括天然存在的金刚烷），并且单独的 V^{4+}可能在催化氧化的过程中起催化作用。然而，V^{IV}的化学性质主要取决于 VO^{2+}的性质。

钒氧根离子仅能存在于强酸性溶液中（见式 2-3a 和式 2-3b）。pH>5 时，会形成不溶性氢氧化物 $VO(OH)_2$ 沉淀（见式 2-4）和寡核羟基物质如 $\{[(VO)_2(OH)_5]^-\}_n$。同时，在 pH>10 时，开始出现纳摩尔水平的钒（Ⅳ）酸盐 $[VO(OH)_3]^-$（见式 2-5），且其占比随 pH 值的升高而增大。

$$[VO(H_2O)_5]^{2+} + H_2O \rightleftharpoons [VO(OH)(H_2O)_4]^+ + H_3O^+ \quad pK_a = 6.0 \quad (2\text{-}3a)$$

$$2[VO(H_2O)_5]^{2+} + 2H_2O \rightleftharpoons [\{VO(H_2O)_4(\mu-OH)\}_2] + 2H_3O^+ \quad pK_a = 6.9 \quad (2\text{-}3b)$$

$$[VO(OH)(H_2O)_4]^+ + H_2O \rightleftharpoons [VO(OH)_2(H_2O)_3] \equiv VO(OH)_2 \qquad (2\text{-}4)$$

$$VO(OH)_2 + OH^- \rightleftharpoons [VO(OH)_3]^- \qquad (2\text{-}5)$$

在环境 pH 值条件下，水中所有的钒（V）都是以阴离子形式存在的。阳离子 VO^{3+} 和 VO_2^+ 仅在配体稳定时才存在。Petterssons 团队利用 H^+ 电位测定法和 ^{51}V 核磁共振（NMR）波谱法对钒酸盐水溶液中钒的存在形态进行了深入研究[3]。^{51}V NMR 波谱法是研究抗磁性钒体系的常用工具，这种方法将在 3. 1 节中详细介绍。图 2-3 是 $c(V)=5mmol/L$、$pH\approx6$ 时，利用 ^{51}V NMR 波谱法测定的各种钒酸盐的存在形式。钒酸盐的存在形态是 pH 值和浓度的函数，也与水溶液的离子强度有一定关系。

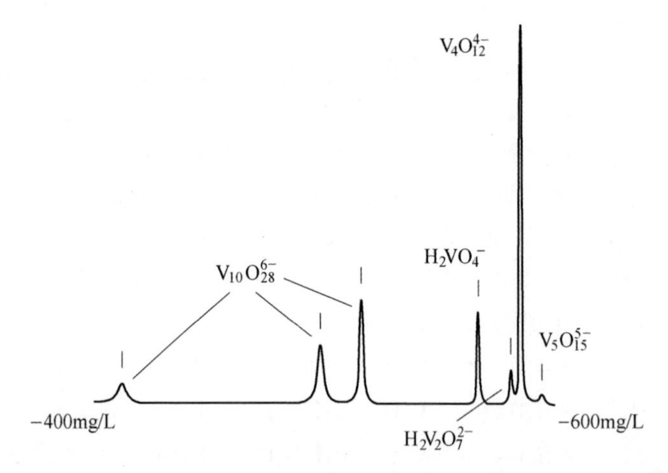

图 2-3 在 pH = 5. 7、$I_{Na(Cl)}=0.6mol/L$ 的溶液中，钒酸盐浓度为 5mmol/L 的 ^{51}V NMR 波谱

图 2-4 的分布图和图 2-5 的优势图反映了这些参数对物质形成的影响。在生理浓度，即 $c(V)=1\mu mol/L$（图 2-4b）和更低浓度时，只有钒酸盐单体存在。

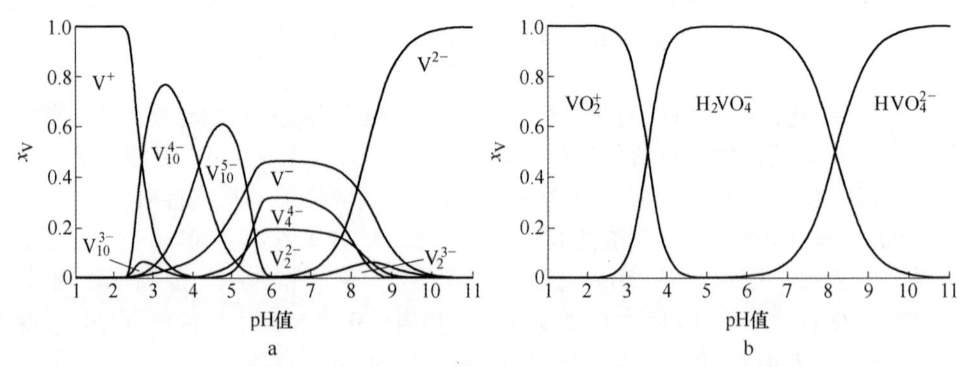

图 2-4 在 $c(V)=1mmol/L$（a）、$c(V)=1\mu mol/L$（b，计算得到）、$I_{Na(Cl)}=0.15mmol/L$、25℃的条件下，钒酸盐溶液中钒的存在形态图

（以摩尔分数 x_V 对 pH 值做图，$V^+=[VO_2(H_2O)_4]^+$，图 a 中的钒酸盐符号含义见表 2-3。不包括含量低于 3%的钒的存在形态。出处：L. Pettersson，Umeå University，Sweden）

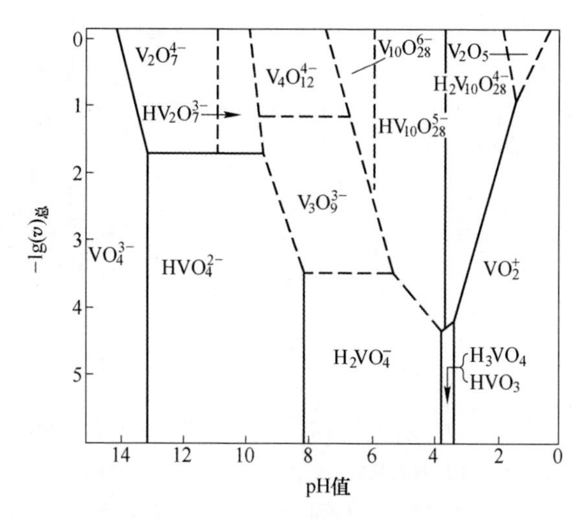

图 2-5　钒的存在形态优势图

（即所示区域中浓度最高的钒的存在形态图。虚线表示模糊分界。出处：C. F. Baes and R. E. Messner, The Hydrolysis of Cations，pp. 197~210。版权（1976）为 John Wiley & Sons，Ltd. 所有）

图 2-6、图 2-7 中提供了更多的钒酸盐化合物结构。表 2-3 提供了大多数已知的钒酸盐化合物的信息，包括一系列参与质子化平衡的钒化合物的 pK_a 值（$I_{Na(Cl)}$ = 0.6mol/L、$I_{Na(Cl)}$ = 0.15mol/L）。0.15mol/L 对应血清的离子强度，0.6mol/L 对应海水溶液的离子强度。

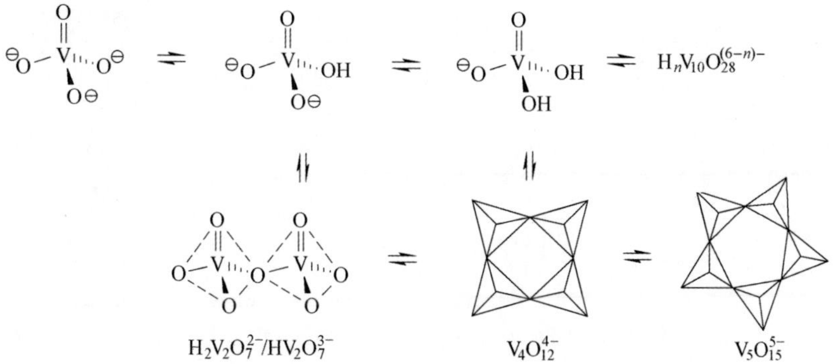

图 2-6　水溶液中主要的四面体钒酸盐化合物的结构式

c(V)>1mmol/L 的钒酸盐溶液中，环四氢呋喃钒 $[V_4O_{12}]^{4-}$ 是主要存在形式。除了钒酸盐四聚物，还可以检测到钒酸盐二聚物和钒酸盐单体，以及一些环状钒酸盐五聚物 $[V_5O_{15}]^{5-}$（图 2-3）。较高的浓度和离子强度有利于凝聚态物质的形成。图 2-6 给出了不同聚合态钒酸盐之间的平衡关系，转换速率处于毫秒级。钒酸盐单体和钒酸盐二聚物都会参与快速的质子化/脱质子化作用。pH = 7 时，双质子化形式（pK_a = 8.17 时为 $[H_2VO_4]^-$，pK_a = 8.50 时为 $[H_2V_2O_7]^{2-}$）占主导

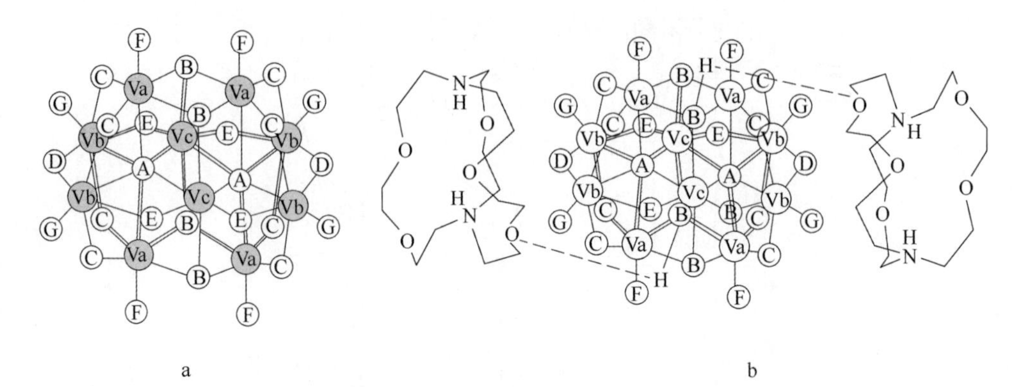

图 2-7 钒酸盐十聚物 $V_{10}O_{28}^{6-}$ 示意图（a）和二氢钒酸盐十聚物 $[H_2V_{10}O_{28}]^{4-}$（b）
（图 a 展示了不同钒和氧的位点。氧 B 和 C 是质子化的潜在位点。
图 b 通过静电作用和氢键被两个穴状配体阳离子 $[H_2C221]^{2+}$ 夹持而稳定）

表 2-3 c(V) >1mmol/L 的水溶液中钒酸盐化合物的存在形态

种　类	符号①	pK_a(I=0.15mol/L)	pK_a(I=0.6mol/L)	δ(^{51}V)
HVO_4^{2-}	V^{2-}		13.36	-534
$H_2VO_4^-$	V^-	8.17	7.95	-560
$HV_2O_7^{3-}$	V_2^{3-}	10.34	9.79	-564
$H_2V_2O_7^{2-}$	V_2^{2-}	8.50	8.23	-573
$HV_4O_{13}^{5-}$②		9.35	8.73	-566～-571
$V_4O_{12}^{4-}$	V_4^{4-}			-577
$V_5O_{15}^{5-}$				-585
$HV_{10}O_{28}^{5-}$	V_{10}^{5-}	6.62	6.07	-424，-499，-515③
$H_2V_{10}O_{28}^{4-}$	V_{10}^{4-}	4.17	3.61	-422，-502，-519③
$H_3V_{10}O_{28}^{3-}$③	V_{10}^{3-}	1.86	1.21	-427，-515，-534③
$H_{12}V_{13}O_{40}^{3-}$				-523，-538④

注：对于质子化的物质，给出了两种不同 $I_{Na(Cl)}$ 的 pK_a 值（见参考文献［3］）。结构式见图 2-5 和图 2-6。
① 见图 2-4。
② 线性钒酸盐四聚物。
③ 信号对应于位点 Va（低场）、Vb 和 Vc（高场）；见图 2-7a。
④ 信号强度比为 1∶12，低场信号（-523）对应于内部、四面体钒的位置[5]。

地位。钒酸盐单体与磷酸盐的相似性和竞争性有关。pH=7 时，磷酸盐常以带两个负电荷的单质子形式存在，即 $[HPO_4]^{2-}$（$[H_2PO_4]^-$ 的 pK_a = 6.7）。

pH<6 时，钒酸盐十聚物开始形成。虽然钒酸盐单体、钒酸盐二聚物、钒酸盐四聚物和钒酸盐五聚物是四面体结构，但钒酸盐十聚物中的钒中心（图 2-7）

是八面体结构。存在三个不同的钒位点（图 2-3 中由三个不同的^{51}V NMR 信号表示），即 Va∶Vb∶Vc = 2∶2∶1。Vc 对应于两个中心规则的八面体 VO_6，Va 和 Vb 对应于通过相对弱的键另外桥联到第六个含氧基团上的外围为四方锥形的 O ═ VO_4。在图 2-7 中标记为 A~G 的七个不同的氧中，双桥接 B 和三桥接 C 很容易随着 pH 值的降低而被质子化。pH<3 时，钒酸盐十聚物变得不稳定，并且开始形成［$VO_2(H_2O)_4$］$^+$。这种阳离子是在 pH<2 时钒的唯一存在形态。虽然钒酸盐十聚物在 pH>6 时热力学也不稳定，但是其在弱碱性条件下仅发生缓慢（数小时内）分解，并形成低核钒酸盐。因此，钒酸盐十聚物溶液即使在 pH>7 时仍保持黄色。大的阳离子如双质子化配体［H_2C221］$^{2+}$（图 2-7b），可以使钒酸盐十聚物在 pH≈9 时依然稳定存在[4]。这种稳态可以通过离子载体、肽和相关系统的作用在生理条件下实现，同时也可以防止其在低浓度下分解。已发现钒酸盐十聚物与生物系统存在相互作用，如肌球蛋白和钙离子通道。

其他缩合钒酸盐如钒酸盐三聚物、钒酸盐六聚物、钒酸盐十二聚物和钒酸盐十五聚物是存在的。但它们在水溶液体系中（钒酸盐三聚物和钒酸盐六聚物）处于次要地位，其热力学稳定性比钒酸盐十聚物（具有超过 10 个钒中心的多聚钒酸盐）差。表 2-3 是关于钒酸盐十三聚物［$H_{12}V_{13}O_{40}$］$^{3-}$结构的一个有趣的形式[5]：十二个八面体配位的钒原子（四组共享三角、畸变八面体）围绕四面体中心钒原子排列，这是通常称为 Keggin 结构的结构排列（关于 Keggin 结构的更多信息在 2.1.2 节中给出）。

偏钒酸盐 M［VO_3］存在于固体状态下，它们可以被水解成正钒酸盐（式 2-6a），溶于水时可进一步聚合成寡钒酸盐（式 2-6b）。在文献中（特别是在生化和药物方面）常遇到的术语“偏钒酸盐溶液”，指主要含有［H_2VO_4］$^-$、［$H_2V_2O_7$］$^{2-}$和［V_4O_{12}］$^{4-}$的混合物。正钒酸盐阴离子由正钒酸盐 M_3［VO_4］释放，通过接受氢质子的反应（Brønsted base）（式 2-6c）溶解于水中，因此正钒酸盐溶液是碱性的。偏钒酸盐和正钒酸盐，以及钒酸盐二聚物、钒酸盐六聚物甚至钒酸盐十聚物，也以矿物的形式天然存在（见表 1-1）。

$$[VO_3]^- + H_2O \longrightarrow [H_2VO_4]^- \quad (2\text{-}6a)$$

$$2[H_2VO_4]^- \longrightarrow [H_2V_2O_7]^{2-} + H_2O \quad (2\text{-}6b)$$

$$[VO_4]^{3-}\ H_2O \longrightarrow [HVO_4]^{2-} + OH^- \quad (2\text{-}6c)$$

硫代钒酸盐如［VS_4］$^{3-}$、［$VS_3(SH)$］$^{2-}$和［V_2S_7］$^{4-}$是存在的。然而，它们的存在条件（强碱溶液或非水介质）超出生理条件范围。在水中，硫代钒酸盐很容易通过［$VS_{4-n}O_n$］$^{3-}$中间体水解。在水中唯一相对稳定的体系是锂盐Li_3［VS_4］，这是因为与高度反极化阳离子 Li^+形成紧密的离子对[6]。

2.1.2 含钒（Ⅳ和Ⅴ）的二元和三元体系

在本节中，将讨论在第二（以及第三）无机组分存在的情况下，钒酸盐水溶液中形成的物质的存在性和稳定性，这些体系被称为二元（和三元）体系。若从整体考虑，不一定要完全按照文献把 H^+ 视为额外的反应要素。此外，将简要介绍由磷酸衍生的钒氧（Ⅳ和Ⅴ）“盐”。

具有生理作用的钒酸盐所含的无机组分是磷酸盐和过氧化物。磷酸氢盐（$[H_2PO_4]^-/[HPO_4]^{2-}$）加上碳酸氢盐（$[HCO_3]^-/CO_2$）是一种生理缓冲剂，参与骨结构的重建（无机部分为羟基磷灰石 $Ca_5(PO_4)_3(OH)$）、能量代谢、Ca^{2+} 水平的调节以及其他过程。人体血浆中的平均磷酸盐浓度为 1.2(4) mmol/L。如前所述，钒酸盐是磷酸盐的有效竞争者，并且可以干预磷酸代谢酶（5.2.1 节）、通过磷酸化干预底物活化、通过 ATP/ADP（三磷酸腺苷/二磷酸腺苷）干预产生厌氧能量以及干预氧化还原酶中的辅因子如 NADP（烟碱腺嘌呤二核苷酸磷酸）的作用。过氧化物可以在呼吸链中氧的还原过程中，通过超氧化物的还原或歧化，或羟基自由基的二聚化而形成。羟基自由基在芬顿（Fenton）反应中由 H_2O_2 和 Fe^{2+}，或 VO^{2+} 再次生成（见式 2-7）。$V^{Ⅳ}$ 本身可以参与超氧化物的生成。此外，钒酸盐-过氧化物的相互作用对于过氧化钒酸盐发挥其胰岛素类似物（或胰岛素增强）特性和癌症化疗（5.1 节）方面是有作用的。再者，过氧钒酸盐是与钒酸盐有关的卤代过氧化物酶中的活性辅因子（4.3 节）。

$$O_2 + e^- \longrightarrow O_2^- \text{ 和 } O_2 + 2e^- + 2H^+ \longrightarrow H_2O_2 \tag{2-7a}$$

$$2O_2^- + 2H^+ \longrightarrow O_2 + H_2O_2 \tag{2-7b}$$

$$H_2O_2 + VO^{2+} + H^+ \longrightarrow HO\cdot + H_2O + VO^{3+} \tag{2-7c}$$

$$VO^{2+} + O_2 \rightleftharpoons VO^{3+} + O_2^- \tag{2-7d}$$

羟胺（NH_2OH）是第三种无机组分，其生理作用不如磷酸盐和过氧化物强。然而，当涉及与钒的相互作用时，等电子物质 H_2O_2 和 NH_2OH 之间存在化学相似性。在与钒酸盐相关的卤代过氧化物酶中，羟胺是过氧化物的拮抗剂。介绍 NH_2OH 的另一个理由是，羟胺的有机衍生物构成了金刚烷胺的配体体系，而金刚烷胺是存在于蕈属蘑菇属（*Amanita*）中的 $V^{Ⅳ}$ 配合物。

在钒酸盐-磷酸盐体系中，混合物 $[H_xVPO_7]^{(4-x)-}$ 包含所有可能的质子化状态（见式 2-8），即 $x=1\sim4$[7]。混合物的形成速度很快，混合酸酐与水解产物钒酸盐单体和磷酸盐单体之间发生着快速交换。在生理 pH 值下，$[HVPO_7]^{3-}$ 和 $[H_2VPO_7]^{2-}$（$pK_a=7.2$，$I=0.15$mol/L）大约以等摩尔量存在。pH = 6.7 时，混合酸酐的形成常数为 25，在 pH = 8 时为 5.8[8]。因此，磷酸钒酸盐的稳定性比钒酸盐二聚物低 1 ~ 2 个数量级（由钒酸盐单体到钒酸盐二聚物的形成常数约为 350），但水解的稳定性比二磷酸盐高 10^6 倍。对于三磷酸盐类似物 $[H_2VP_2O_{10}]^{3-}$（$pK_a=6.31$），其中的一个磷原子被钒取代[7]，排列方式是 VPP 或 PVP 仍未确定。在 pH<5.5 时，高度聚合的化合物 $[H_xV_{14}PO_{42}]^{(8-x)-}$（$x=3$、4、

5）占主导地位。这种聚钒氧酸盐为双包层 α-Keggin 结构（见图 2-8）。

$$[H_2VO_4]^- + [H_2PO_4]^- \rightleftharpoons [H_2VPO_7]^{2-} + H_2O \quad (2\text{-}8)$$

阳离子 VO^{3+} 和 VO^{2+} 与磷酸盐形成的“盐”，如 $V^{V}O(PO_4)$、$V^{IV}O(HPO_4)$ 和 $V^{IV}O(H_2PO_4)_2$，可用作催化剂，如催化丁烷转化为马来酸酐和丙烷转化为丙烯酸。用钒与锂的混合盐（如 $Li_4V^{IV}O(PO_4)_2$）制备以锂和钒（及其氧化物）为载体的电池是非常有前途的应用之一。几种二元和三元磷钒酸盐的结构信息是已知的[9]（图 2-8）。在含有 $VOPO_4$、$VO(H_2O)_2(HPO_4)$（图 2-8 中的 1）和 $(VO)_2P_2O_7$ 的配位聚合物中，变形的 VO_6 八面体通过 PO_4 四面体桥接。阴离子基质 $Ba[VOPO_4]_2 \cdot 4H_2O$ 由层状钒（Ⅳ）氧磷酸盐（图 2-8 中的 2）构成，而在 $Na_4[VO(PO_4)_2]$ 中，孤立链由角共享的 VO_6 八面体形成，另外通过角与 PO_4 四面体（图 2-8 中的 3）相连。

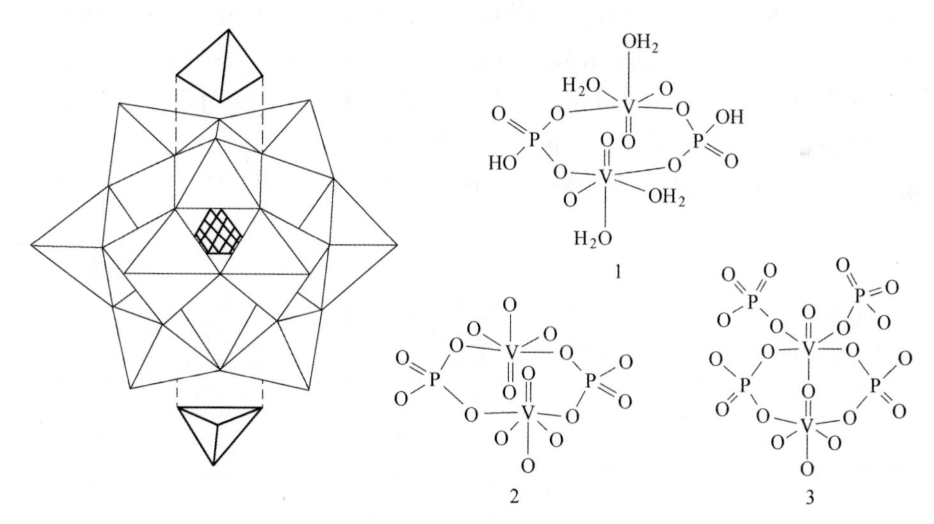

图 2-8　几种二元和三元磷钒酸盐的结构信息

（左：双层 α-Keggin 结构的理想多面体构成了磷钒酸盐的核心 $H_xV_{14}PO_{42}^{(x)-}$，展示了 12(4×3) 角共享 VO_6 八面体，中心四面体磷酸盐（阴影）和两个覆盖四面体钒酸盐亚基（粗体，由虚线与 Keggin 核心相连），与双结合的氧基指向顶点。右：$[VO(H_2O)_2][HPO_4] \cdot 2H_2O$ (1)[9a]、$Ba[VO(PO_4)_2] \cdot 4H_2O$ (2)[9b] 和 β-$Na_4[VO(PO_4)_2]$ (3)[9c]；c 的基本结构要素；反离子未展示）

通过电子顺磁共振（EPR）和电子吸收光谱分析，得到了在与生理系统相关的水溶液中形成钒-磷酸配合物的证据[10]。在弱酸性到生理范围内检测到的物质包括 $VO(H_2PO_4)_2$、$VO(HPO_4)$、$VO(H_2P_2O_7)$、$[VO(HP_2O_7)]^-$、环 $[(VO)_3(P_2O_7)_3]^{6-}$ 和 $[VO(P_3O_{10})_2]^{8-}$。在弱酸性范围内，VO^{2+}-单磷酸系统中的主导化合物是 $VO(HPO_4)$。在中性至微碱性范围内，它水解形成氢氧化钒；在第三组分如麦芽酚存在下，由于三元配合物的形成，水解被抑制[10]。在 5. 1. 1 节中将详细介绍作为胰岛素增强剂的麦芽钒（Ⅳ）配合物。

在所有的钒氧（Ⅳ和Ⅴ）磷酸盐中，磷酸盐是作为钒氧单元的配体，而不是作为反离子。

在钒酸盐二聚物-过氧化物体系中，存在来自钒酸盐单聚物和钒酸盐二聚物的不同质子化状态的过氧钒酸盐单聚物、二聚物和三聚物[11]。钒酸盐三聚物-磷酸盐-过氧化物系统包含从磷酸钒酸盐单体衍生的附加单氧化物和二氧化物[7]。过氧基团仅仅从侧面对称。图 2-9 给出了选定的过氧钒酸盐和过氧化钒磷酸盐的结构，表2-4 总结了相关数据。各种化合物是根据它们的^{51}V 化学位移确定的，这些化学位移能准确表示过氧基的量，特别是质子化态的过氧基。在钒酸盐溶液中加入过氧化物能迅速形成过氧钒酸盐，这表明 H_2O_2 水解了较高聚合态的聚合物（见式 2-9），而不是由于添加 H_2O_2 的过氧阴离子直接交换初始钒酸盐中的氧阴离子。过氧钒酸盐在酸性条件下的稳定性有限，因为钒酸盐倾向于催化过氧化氢歧化。过氧化钒的组成在很大程度上取决于 pH 值和钒酸盐与 H_2O_2 的比例。在 pH = 7 和过量过氧化物存在的情况下，主要存在的钒化合物是 $[HV_2O_3(O_2)_4]^{3-}$ 和 $[H_2V_2O_3(O_2)_4]^{2-}$。图 2-10 提供了过氧钒酸盐体系中钒的存在形态图。

$$[H_2V_2O_7]^{2-} + H_2O \longrightarrow [H_2VO_3(O_2)]^- + [H_2VO_4]^- \tag{2-9}$$

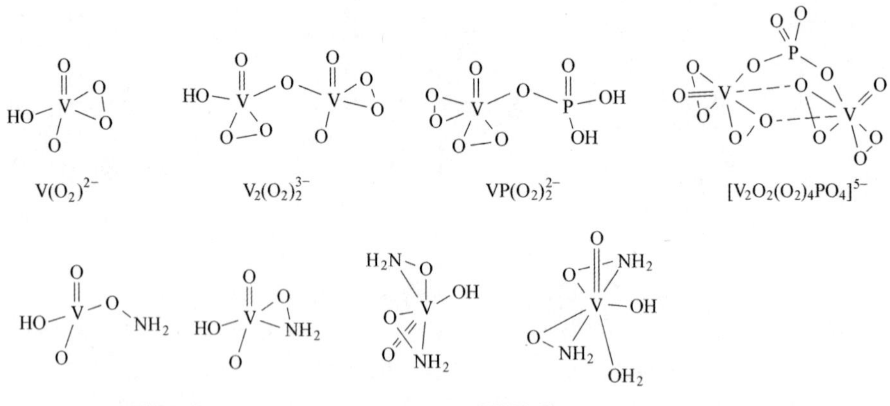

$V(O_2)^{2-}$　　$V_2(O_2)_2^{3-}$　　$VP(O_2)_2^{2-}$　　$[V_2O_2(O_2)_4PO_4]^{5-}$

$V(NH_2O)^-$　　$V(NH_2O)_2$

图 2-9 （已提出的）过氧钒酸盐和磷钒酸盐以及钒酸羟酰胺衍生物的结构

（有关符号见表 2-4。对于 $V(NH_2O)_2$，仅给出主要的同分异构体（具有顺式位置的羟胺氧合物）。$[V_2O_2(O_2)_4PO_4]^{5}$[12] 的结构是基于 X 射线衍射数据所得）

钒酸盐-羟胺水溶液体系中没有与对应过氧化物体系那样多的钒的存在形态。水溶液中所有的配合物，都来源于通过羟胺官能团（NH_2O^-）正式取代一个或两个羟基或氧基（见图 2-9 和表 2-4）的钒酸盐单体 $[H_2VO_4]^-$[13]。对于形成的钒

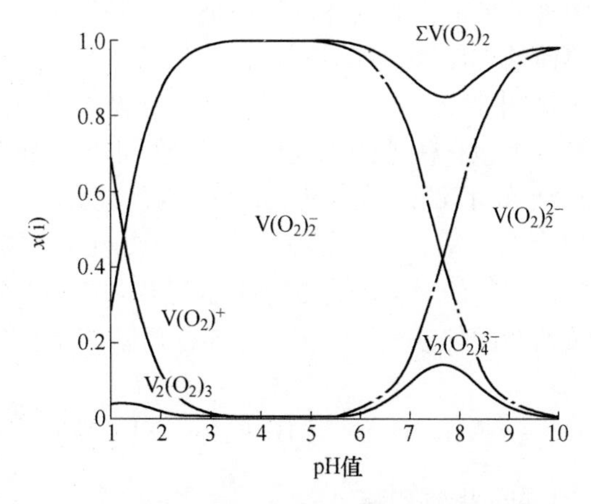

图 2-10 钒酸盐-过氧化物体系的形态图

($c(V_{总})=10mmol/L$，$c(H_2O_2)/c(V)=2$，$I_{Na(Cl)}=0.15mol/L$，$T=25℃$。钒总含量低于2%的存在形态未给出。出处：L. Pettersson，Umeå University，Sweden)

表 2-4 过钒酸盐、磷钒酸盐和钒酸羟胺衍生物①

物 质	符 号	$I_{Na(Cl)}=0.15mmol/L$ 的 pK_a	$\delta(^{51}V)$
$HVO_3(O_2)^{2-}$	$V(O_2)^{2-}$		-625
$HVO_2(O_2)_2^{2-}$	$V(O_2)_2^{2-}$		-765
$H_2VO_2(O_2)_2^-$	$V(O_2)_2^-$	7.76	-691
$HVO(O_2)_3^{2-}$	$V(O_2)_3^{2-}$		-732
$HV_2O_6(O_2)^{3-}$	$V_2(O_2)^{3-}$		-622，-563②
$HV_2O_5(O_2)_2^{3-}$	$V_2(O_2)_2^{3-}$		-737，-555②
$HV_2O_3(O_2)_4^{3-}$	$V_2(O_2)_4^{3-}$		-755
$HVPO_6(O_2)_4^{3-}$	$VP(O_2)^{3-}$		-617
$HVPO_5(O_2)_2^{3-}$	$VP(O_2)_2^{3-}$		-731
$H_2VPO_5(O_2)_2^{2-}$	$VP(O_2)_2^{2-}$	5.44	-711
$HVO_3(ONH_2)^-$	$V(NH_2O)^-$		-569③，-670④
$HVO_2(ONH_2)_2$	$V(NH_2O)_2$	5.9，6.6⑤	-819，-839⑤
$HVO_2(H_2O)(ONH_2)_2$	$V(NH_2O)_2$	7.4	-852，-861③

① 有关过氧钒酸盐的数据见参考文献［7］和［11］，羟胺衍生物的数据见参考文献［13］。有关结构见图 2-9。

② 分别为过氧钒酸盐和钒酸盐。

③ NH_2O^-与 O 的单齿配位。

④ 双齿配位。

⑤ 低场信号对应反式异构体，高场信号（主要部分）对应顺式异构体；见图 2-9。

酸盐单体，有两种变体。一种变体的羟胺通过羰基发生单齿配位，另一种变体是各自钒氧酸盐单体的类似物，即对侧配位。后者的形成常数是 540（见式 2-10）。在图 2-9 中有两组中性的二（羟酰胺）钒化合物 $V(NH_2O)_2$。其中一组来自四面体钒酸盐；另一组包含额外的水配体，因此可形成三角双锥体（每个羟胺占据一个配位位点）或五角双锥体（羟胺被作为双齿配体）。无论哪种情况，两种 NH_2O^-配体都可以存在，从而形成羟胺-O 的反式或顺式排列。图 2-9 中的顺式排列更常见。由钒酸盐衍生的对应配合物为甲基羟胺和二甲基羟胺。金刚烷存在时，可发生羟基酰胺的侧配位或 η^2 配位，它含有羟基胺衍生的配体。这一点将在 4.2 节中讨论。

$$[H_2VO_4]^- + NH_2OH \rightleftharpoons [HVO_3(\eta^2\text{-}NH_2O)]^- + H_2O \quad (2\text{-}10)$$

2.1.3 由正钒酸衍生的卤化物和酯

若正钒酸 $H_3VO_4[O{=}V(OH)_3]$ 中三个 OH 基团被卤化物正式取代，则生成三卤化物 $VOX_3(X=F、Cl、Br)$。相应的硝酸盐 $VO(NO_3)_3$ 也已被研究证实。三卤氧钒额外添加一个卤化物形成五价阴离子 $[VOX_4]^-(X = F、Cl)$，该阴离子在部分水解后转化为二氧钒酸盐阴离子 $[VO_2X_2]^-$。所有这些化合物在生理学上的影响都是微弱的，因为它们在水溶液中无法稳定地形成和存在。

正如前文所述，与“H_3VO_4”相关的磷酸盐衍生物在磷酸盐-钒酸盐拮抗方面具有重要作用。类似地，钒酸酯是磷酸酯的类似物（5.2.1 节）。正钒酸酯自 1913 年以来就被人们所知[14]。例如，它们是通过钒酸盐和醇（ROH）在水溶液中的缩合（见式 2-11）、$VOCl_3$ 的醇解（见式 2-12）或五氧化二钒与醇在水存在下的反应（见式 2-13）形成的。三酯易与水发生反应，水解的主要产物是六钒酸衍生物 $V_6O_{13}(OR)_4$，当无色三酯与潮湿空气接触时变黄色。

$$[H_2VO_4]^- + xROH \rightleftharpoons [VO_{4-x}(OR)_x]^- + xH_2O\ (x = 1,\ 2) \quad (2\text{-}11)$$

$$VOCl_3 + 3ROH \longrightarrow VO(OR)_3 + 3HCl\uparrow \quad (2\text{-}12)$$

$$V_2O_5 + 6ROH \longrightarrow 2VO(OR)_3 + 3H_2O\uparrow \quad (2\text{-}13)$$

单酯的形成常数（式 2-11 中的 $x=1$）很小，烷基醇的形成常数一般在 0.1 左右，酚类则高一个数量级[15]。由钒酸盐二聚物衍生的酯，如 $[HV_2O_6(OR)]^{3-}$ 也已被发现。与钒酸盐类似，酯也处于质子化-去质子化平衡。

三酯的结构特征很特别（图 2-11）。对于 R = Me，聚合物的钒中心构型为四方锥形[16]，双键合的氧基①位于顶点。在相邻的钒的甲氧基上，形成第六个与顶

① O 部分（以及等电子 V(NR) 部分）中的成键情况，有时用三键（$\sigma + 2\pi$）来解释。因为由 DFT 推断支持的各自的成键轨道可用的观点是合理的。对于价键框架，如果氧基参与额外的（弱）键相互作用，V 和 O^{2-}（或 NR^-）之间的键序为 2 或更小。在整本书中，VO 键被称为双键，因此将使用 V═O 而不是 V ≡O。

点位置相对的弱键。在有机溶剂中，酯是三角锥形的单体，其可以通过弱相互作用来连接二聚体（每个单体单元都是三角双锥排列），类似酶促磷酸酯水解中的三角双锥中间体。如图 2-11 所示，单体和二聚体（以及多聚体）彼此之间处于平衡。在二聚体 $\{VO(O\text{-}cycloC_5H_9)_3\}_2$ 的结构表征中[17]，单体亚基以全顺式排列的方式结合三个烷氧基配体，从而实现理想的 C_{3V} 对称性。在单酯 $VO(O\text{-}tertBu)_3$ 的结构表征中，局部对称性为 C_S[16]。在溶液中，与 IR 和 Raman 光谱结果一致，存在额外的旋转体。以钒酸盐四聚物、六聚物和十聚物为反应物，包括二元酸盐和三元醇如 $RC(CH_2O^-)_3$，在固体状态下合成了聚合（簇型）钒酸酯[18]。

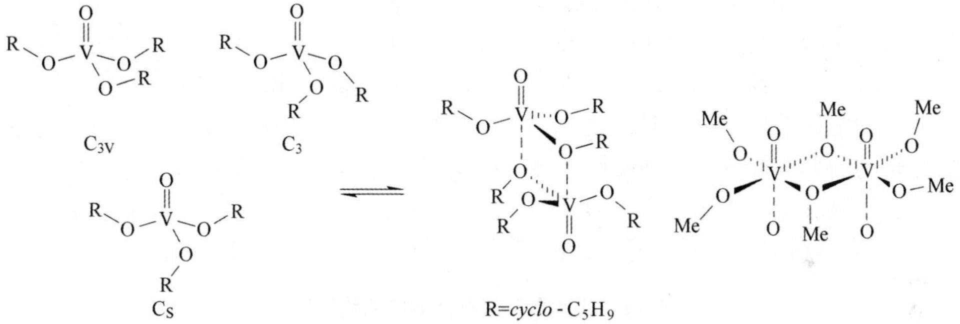

R=*cyclo*-C_5H_9

图 2-11 钒氧三（醇盐）（H_3VO_4 三酯）的结构

（在溶液中，单体和二聚物之间存在与浓度有关的平衡。在固体状态下，存在单体（体积较大的 R 取代基）、二聚物（R 为环戊基）或其他聚合物（R = Me）[16, 17]）

2.2 水合钒酸盐与含生物配体的钒氧基的相互作用

2.2.1 钒酸盐体系的形态分析

生理条件下，可以形成含有醇官能团的生物配体的酯，因而，2.1 节的钒酸酯与本节紧密相关。因此，通过观察钒酸盐激活葡萄糖-6-磷酸脱氢酶催化 $NADP^+$ 氧化葡萄糖的催化作用，可推断出葡萄糖-6-钒酸盐（图 2-12）的形成。由于通过“简单”醇形成 1∶1 酯的形成常数很小（在 0.1~1 的数量级），因此钒酸盐与含有一个以上的 OH 官能团的含醇生物配体（如糖、核苷酸或抗坏血酸），或除 OH 官能团之外的羧酸盐（如乳酸和柠檬酸盐）或肽官能团（如丝氨酸或苏氨酸，是肽或蛋白质构建的组成部分），可能发生更高效的酯化作用。

表 2-5 给出了人体血液中可能成为钒的潜在配体的重要成分的浓度。乳酸（1.5mmol/L）和柠檬酸盐（0.1mmol/L）的浓度相对较高。与磷酸盐（1.2mmol/L）相比，它们是钒酸盐和钒氧基的主要潜在低分子量配体。包含钒

（V）酸盐和乳酸盐（lac）的系统已被广泛研究[19,20]，根据^{51}V NMR 和 H^+ 电位法测定的钒化合物包括单核、双核、三核和四核形式（图 2-13），部分是基于 X 射线衍射研究得到的结果[21]。α-羟基异丁酸（图 2-13 的 Hhba）形成类似的配合物[19]，其形成常数（pH = 7.06）在方程 2-14 中给出，与单醇相比，更易形成由双齿配体形成的配合物。pH = 3～7 时，在钒酸盐-乳酸盐体系中，$V_2(lac)_2^{2-}$ 是最有可能的主导组分（图 2-13）。乳酸形成的配合物仅在酸性状态下观察到，其与乳酸酯竞争性地还原钒酸盐。过氧化物通过形成三元（过氧化物-钒酸盐-乳酸盐）配合物，如 $V(O_2)_2lac^{2-}$，来抵抗系统的氧化还原作用[20]。与含 N-官能团的配体系统相比（见下文），过氧化物不促进配合物的形成，而是将乳酸盐配合物的形成范围扩大到碱性区域。结构表征证明这个二价阴离子是双核乳酸-氧-过氧钒（V）配合物 $[\{VO(O_2)_L\text{-lac}\}]^{2-}$（图 2-13）[22]。这是一个罕见的特例，它的 $\{V(\mu\text{-}O)\}_2$ 核不是平面的。

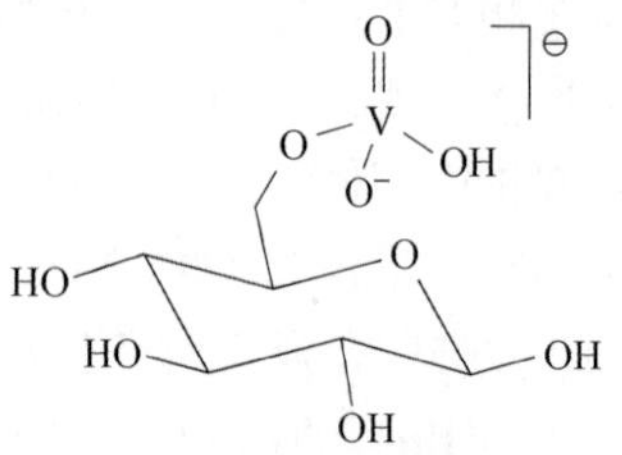

图 2-12　葡萄糖-6-磷酸是由葡萄糖-6-钒酸盐脱氢酶催化的钒酸盐活化 NAPD 氧化葡萄糖的可能底物

表 2-5　人体血浆中各组分的平均浓度

组　分	浓度/mol·L^{-1}	浓度/mg·L^{-1}	组　分	浓度/mol·L^{-1}	浓度/mg·L^{-1}
磷酸盐	1.2	115	甘氨酸	2.3	173
碳酸盐	25	1.6×10^3	组氨酸	0.08	12
硫酸盐	0.3	29	半胱氨酸	0.03	4
乳酸盐	1.5	137	谷氨酸盐	0.06	8
柠檬酸盐	0.1	18	清蛋白①	0.6	44×10^3
草酸盐	0.015	1.3	转铁蛋白②	0.04	3.2×10^3

① $M\approx$70kDa。

② $M\approx$80kDa。

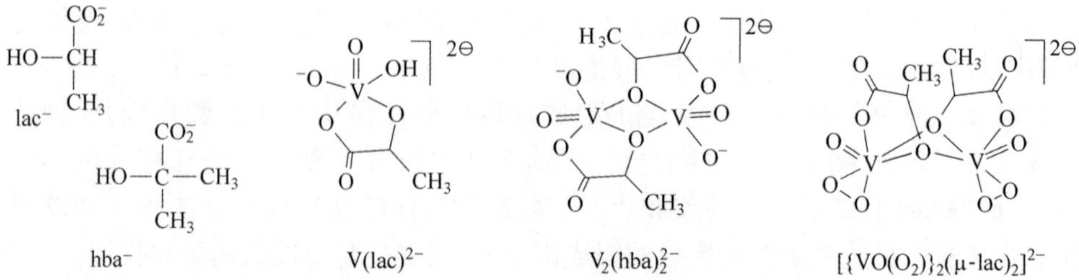

lac⁻　hba⁻　V(lac)$^{2-}$　$V_2(hba)_2^{2-}$　$[\{VO(O_2)\}_2(\mu\text{-lac})_2]^{2-}$

图 2-13　在水溶液中与钒酸盐形成的羟基羧酸盐及其配合物

（缩写：lac = L-乳酸；hba = L-α-羟基异丁酸。二元双核配合物的结构是基于从溶液中分离的单晶的 X 射线结构测定的[21,22]。注意，固态结构不一定反映溶液结构）

$$[H_2VO_4]^- + Hhba^- \rightleftharpoons [HVO_3(hba)]^{2-} + H_2O \quad K = 26 \qquad (2\text{-}14a)$$

$$2[HVO_3(hba)]^{2-} + 2H^+ \rightleftharpoons [V_2O_4(hba)_2]^{2-} + 2H_2O \quad K = 6.8 \times 10^3 \qquad (2\text{-}14b)$$

$$[V_2O_4(hba)_2]^{2-} + [H_2VO_4]^- \rightleftharpoons [H_2V_3O_8(hba)_2]^{3-} \quad K = 3.5 \times 10^3 \qquad (2\text{-}14c)$$

不同于乳酸，柠檬酸盐（cit）在强酸性和碱性范围也能与钒酸盐形成配合物[23]。pH=1~5、钒酸盐浓度为15mmol/L、柠檬酸过量3倍时主要物质是$V_2(cit)_2^{2-}$（图2-14）；pH=3~9时，主要物质是$V_2(cit)^{n-}$（n=2~4，随着pH值的增加而增加）。在钒浓度低至1μmol/L且柠檬酸过量10^4倍时，由$V(cit)^{n-}$（n = 1，2）、$V_2(cit)_2^{2-}$和$V_2(cit)^{n-}$（n=2~4）组成的复合物在pH=1~7时占主导地位。双核柠檬酸配合物有一个常见的平面“菱形”核$\{(O{=}V)_2(\mu\text{-}O)_2\}$（参见2.3节）。通过将每个单核亚基上的一个氧基与过氧化物配体交换，加入H_2O_2，以及由$V_2(cit)_2^{2-}$衍生的$V_2(O_2)_2(cit)_2^{2-}$（图2-14），生成了各种三元过氧化物-钒酸盐-柠檬酸盐配合物。有趣的是，混合配体配合物$V_2(cit)(lac)^{2-/3-}$在钒酸盐-柠檬酸盐-乳酸三元体系中形成（图2-14）。

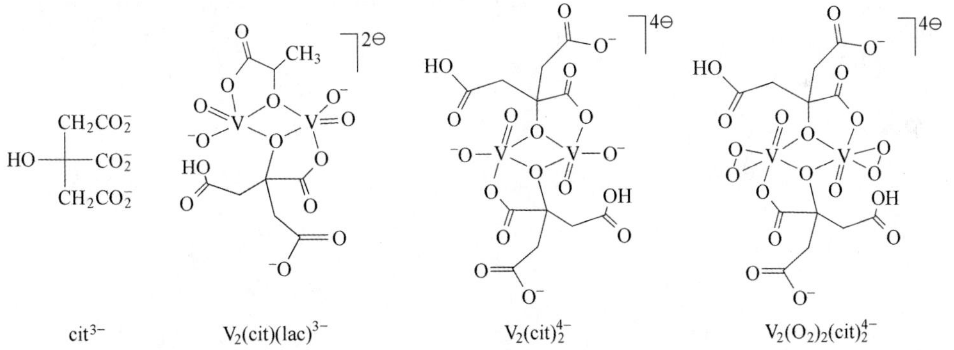

cit^{3-} $V_2(cit)(lac)^{3-}$ $V_2(cit)_2^{4-}$ $V_2(O_2)_2(cit)_2^{4-}$

图2-14 Citrato配合物

（缩写：cit=柠檬酸盐，lac=乳酸。配合物的结构特征参见参考文献［24］。配合物的电荷随pH值而变化）

羟基氨基酸丝氨酸（ser）存在于被钒酸盐抑制的几种磷酸酶的活性中心。钒酸盐在某些蛋白（如肌球蛋白）亚基片段中与钒酸盐相关的丝氨酸光氧化及肌浆网ATP酶的光裂解中起作用。在所有这些例子中，形成钒酸盐-丝氨酸酯$[HVO_3(Oser)]^-$（如钒酸盐抑制的大肠杆菌碱性磷酸酶），或直接将丝氨酸与钒酸盐配位可能是活化步骤。模型系统钒酸盐-丙氨酰丝氨酸（ala-ser，见图2-15）① 清楚地展示了配合物V(ala-ser)（pH = 3.5 ~ 9）和$V(alaser)^{2-}$（pH = 7 ~ 10，pK_a = 8.22）的形态[25]，图2-16中的形态图给出了更多细节，图2-15展示出了一价阴离子配合物和二价阴离子配合物可能的结构。在过氧化物的存在下，三

① 以传统方式描述二肽结构式的肽键，即sp^3杂化的氮和碳与氧之间的双键。实际上，这只是两种中间形式中的一种，第二共振结构（sp^2-N，N与C的双键，N上的正电荷和O上的负电荷）更为常见。

元配合物 $V(O_2)(ala\text{-}ser)^-$的形成非常缓慢（长达 10 天），并且随着过氧化物过量，在 pH = 6~10 的范围内形成 $V(O_2)_2(ala\text{-}ser)^{2-}$。在所有这些配合物中，与通过末端 NH_2 和羧酸盐以及去质子化酰胺的配位相比，醇盐官能团的配位作用甚小，如图 2-15 中 $V(ala\text{-}ser)^{-/2-}$ 所示。类似的结论也适用于其他含有丝氨酸的多齿配体系统。对 $[H_2VO_4]^-$-gly-ser 系统的二维傅里叶变换计算表明，侧链醇和羧酸配位所需的能量都是最小的。

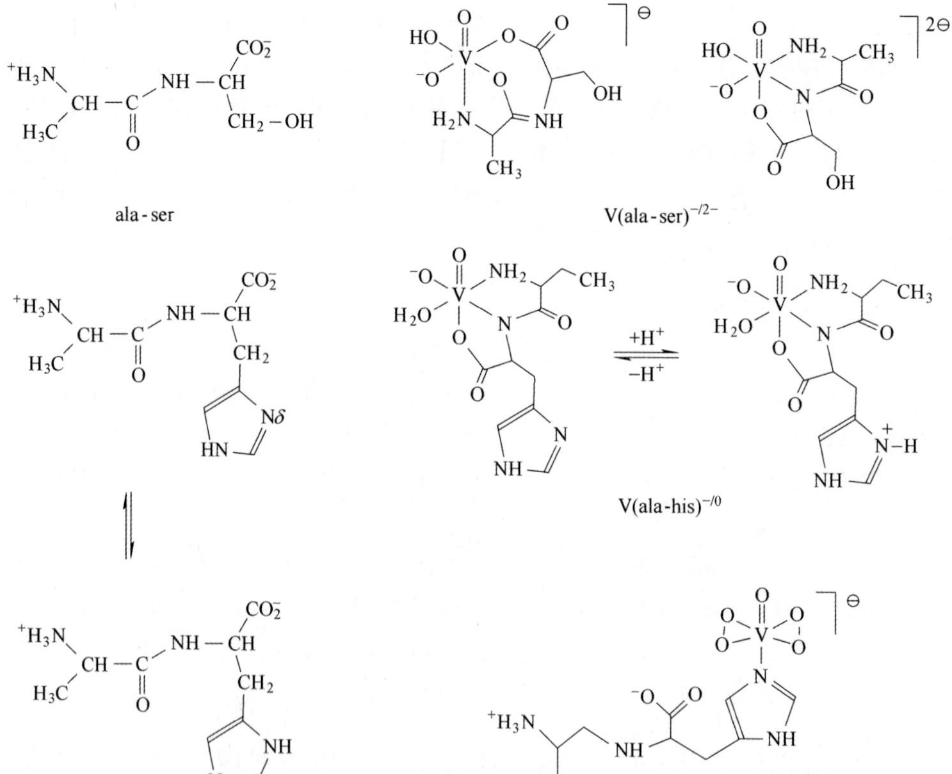

ala-ser　　$V(ala\text{-}ser)^{-/2-}$

$V(ala\text{-}his)^{-/0}$

ala-his　　$V(O_2)_2(ala\text{-}his)^-$

图 2-15　L-丙氨酰-L-丝氨酸（ala-ser）和 L-丙氨酰-L-组氨酸（ala-his）的两性离子结构式以及主要钒酸盐配合物的结构
（ala-ser 配合物，参见图 2-16 中的形态图）

类似的情况也存在于二肽丙氨酰组氨酸（ala-his）中。氮原子 Nδ 和 Nε 是组氨酸咪唑基的两种互变异构形式（参见图 2-15），它们是几乎所有与生物相关的金属（包括钒）的极好的供体官能团。钒在某些钒酸盐抑制的磷酸酶中（见 5.2.1 节），以及在与钒酸盐相关的卤代过氧化物酶中与 Nε 配位，参与后者配位

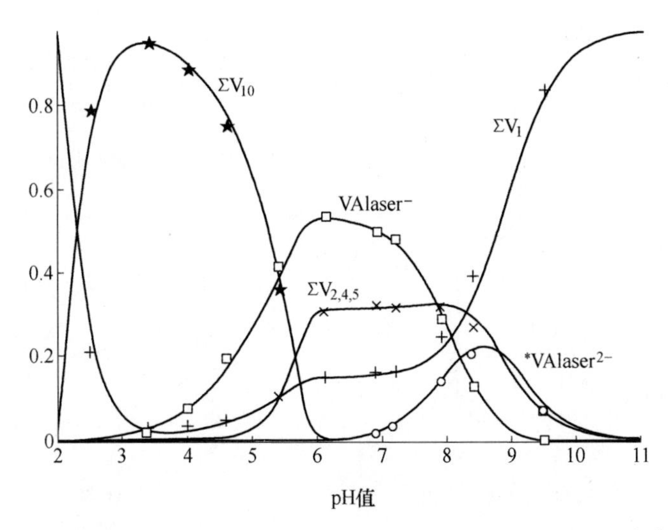

图 2-16 钒酸盐和 V（ala-ser）配合物的分布与 pH 值的关系[25]

（c(V) = 4mmol/L，c(丙氨酰-丝氨酸) = 16mmol/L，$I_{Na(Cl)}$ = 0.15mol/L。

出处：A. Gorzsas et al.，Dalton Trans，pp. 2873~2882。版权（2004）为英国皇家化学会所有）

反应的都是+Ⅴ（钒酸盐）和+Ⅳ（钒氧根）价态的钒（见 4.3 节）。虽然建立了这些配位模式，咪唑残基“似乎不发生”二元钒酸酯-丙酰基组氨酸系统中的“配位”[26]。配合物形成很缓慢，长达数小时。系统中存在的主要成分是 V(ala-his)(pH = 3 ~ 8) 和 $V(ala\text{-}his)^-$(pH = 5.5 ~ 9)，根据 ^1H 和 ^{13}C NMR 特征（见 3.2 节）可知，配体（如 ala-ser）通过末端氨基和羧酸官能团以及去羰基酰胺-N 发生三齿配位。酰胺基的去质子化可能是配合物形成缓慢的原因。

与上述系统（即含有乳酸、柠檬酸或丙酰丝氨酸的配体）相比，丙酰基组氨酸与钒酸盐的配位通过过氧化物的伴随配位而显著增强，这一现象也适用于咪唑的配位，其在过氧化物缺乏时，只与钒酸盐形成非常弱的配合物。在过氧化物-钒酸盐-丙氨酰组氨酸三元体系中，当 pH = 4 ~ 9 时，存在的主要配合物是 $V(O_2)_2(ala\text{-}his)^-$。在过氧钒酸盐中，丙氨酰组氨酸通过 Nε 配位（图 2-15）[26]。

在巯基的存在下，钒酸盐如谷胱甘肽三肽（图 2-17 中的 GSH 为 γ-葡萄糖-半胱氨酸-甘氨酸）易被还原，即被还原成在细胞内处于毫摩尔水平的 VO^{2+}，这一反应将钒酸盐还原成钒氧根，并通过配合作用保持钒维持氧化价态为Ⅳ价[27]。GSH 因而被氧化成二硫化物 GS-SG，最可能的反应如式 2-15 所示。

$$2[H_2VO_4]^- + 2GSH + 6H^+ \longrightarrow 2VO^{2+} + GS\text{-}SG + 6H_2O \qquad (2\text{-}15)$$

因为含有多官能团的硫醇如二硫代苏糖醇（H_4dtt）（图 2-17）能有效地与钒（Ⅴ）配位，所以钒酸盐的还原会被减缓。二硫苏糖醇还原钒酸盐的时间尺度大约为 90min，这使得作为中间产物的钒酸盐配合物能够被识别，如 $V_2(Hdtt)$，pH = 7

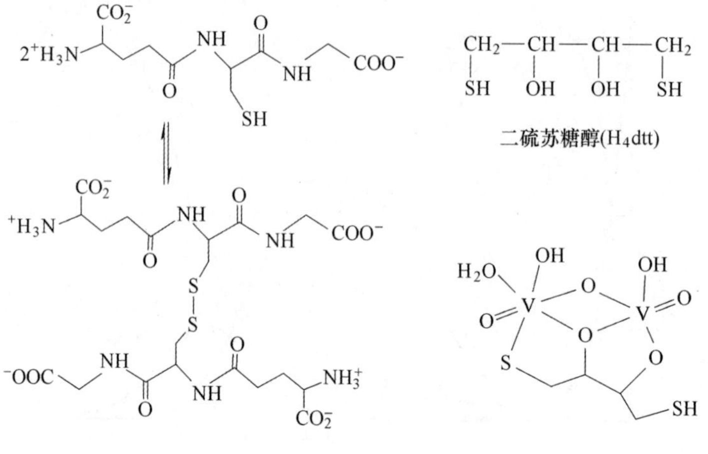

二硫苏糖醇(H_4dtt)

$2GSH/GSSH+2e^-+2H^+$

$V_2(Hdtt)$

图 2-17　硫官能团配体与钒酸盐（V）（谷胱甘肽，GSH）发生氧化还原作用，或与钒酸盐在发生氧化还原（二硫苏糖醇）之前形成（相对）短寿命配络合物（见参考文献［27］和［28］）

时其形成常数（见式 2-16）为 $K=10^7$。由于该双核配合物在 ^{51}V NMR 波谱中产生了两个共振信号，因此存在两个不同位置的钒。图 2-17 中描述了一种可能的结构[28]。

$$2[H_2VO_4]^- + H_4L \rightleftharpoons [(HVO_2)_2L]^{2-} \tag{2-16}$$

2.2.2　钒氧基体系的形态分析

在形态分析中，通常用 p、q、r 表示质子（H^+）、金属中心（V）和配体（L），即

$$pH^+ + qV + rL \rightleftharpoons H_pV_qL_r$$

如果在配合物形成过程中发生配体和（或）配位水的去质子化，则产物的质子平衡状态可以逆向进行，这与排出的质子有关，可用 $H_{-x}V_qL_r$（或 $V_qL_rH_{-x}$）表示，其中 x 为损失的质子数量。例如，在水溶液中，由钒氧根离子（VO^{2+}）和乳酸（H_2lac；一个 H 指羧酸，另一个 H 指醇基）形成配合物：

$$pH \approx 3: H_2lac + VO^{2+} + 2H_2O \longrightarrow [VO(H_2O)_2Hlac]^+ + H^+ \quad VLH_{-1}$$

$$pH \approx 7(假定): H_2lac + VO^{2+} + 2H_2O \longrightarrow [VO(OH)_2(H_2O)lac]^- + 3H^+ \quad VLH_{-3} \tag{2-17}$$

配位化学家过去常常通过配合物的完整公式和（或）结构式来构想配合物，然而这种方法不一定能提供配合物的准确信息。此外，这样构想出的配合物不一定能得到公认。因此，在讨论物质的存在形式时，本书将尽量避免使用构想出的

配合物信息，并尽可能将其“转化”为更可被检测到的信息，如电荷。这些公式仍可被进一步删减，因为并非所有信息都能实现，例如配位水分子的数目，是$[VO(Hlac)]^+$而不是$[VO(H_2O)_2Hlac]^+$。

钒氧（Ⅳ）在生物体内除了通过钒酸盐的还原而形成外，也可能通过作为补品、食品添加剂或口服治疗糖尿病的药剂进入血液（动物体内）。

顺磁d^1离子VO^{2+}是电子顺磁共振（EPR）光谱的良好探针。结合质子电位法和（或）电子吸收光谱法（UV-Vis），已经获得了存在于各种配体中的VO^{2+}的存在形态分布图，结果与在2.2.1节中所讨论的根据^{51}V NMR法和电位滴定法导出的钒酸盐（Ⅴ）体系相似。EPR还可以通过场向各向异性超精细耦合常数（A_z或$A_{\parallel}$，与V＝O轴重合）确定钒氧配合物在赤道平面上的配位函数（3.3节），这大大方便了在溶液中钒化合物结构的确定。

含有半胱氨酸基团的配体，如GSH或甘氨酰-L-半胱氨酸（gly-cys），很容易与VO^{2+}配位且不发生进一步的氧化还原反应。在pH=7的水溶液中形成的主要物质是$[VO\{(gly\text{-}cys)_2H\}]^-$，其中一个二肽通过羧酸盐+硫醇盐配位，另一个通过末端NH_2和肽键的羰基-O配位（图2-18）[29]。

与钒酸盐-ala-his体系（见2.2.1节）一样，至少在酸性到中性pH范围内，二肽甘氨酰-L-组氨酸（gly-his）优先通过与除咪唑-N以外的官能团进行配位。gly-his的pK_a=2.5（末端羧酸基）、6.9（咪唑基质子化的Nδ）和8.3（末端铵基）①。因此，在酸性介质（pH=1~5）中，羧酸盐官能团与肽键的羰基氧配位形成单配体配合物$[VO(gly\text{-}his)H_2]^{3+}$和双配体配合物$[VO\{(gly\text{-}his)_2H_3\}]^{3+}$，其中含有的质子表明N-末端和Nδ的质子化，如图2-18中的$[VO\{(gly\text{-}his)H_2\}]^{3+}$所示。随着pH值的增加，配体逐渐脱附，末端$NH_2$开始取代羰基-O，参见图2-18中的$[VO\{(gly\text{-}his)_2H_2\}]^{2+}$。在中性至弱碱性的pH范围内，咪唑Nδ发生配位，脱羰基酰胺-N也参与配位，形成图2-18中$VO(gly\text{-}his)_2$稳定的双环螯合物结构[29]。

从结构特征上来讲，在VO^{2+}和α-羟基羧酸之间形成的大多数配合物是双核的。然而，在水溶液中存在单核配合物，其底层结构是稍有向三角双锥畸变的四方锥形（顶端有氧基）。畸变程度取决于碳上取代基的位阻，这可以从EPR参数中获得（见3.3节）[30a]。例如，在pH=3时VO^{2+}可以与乳酸（H_2lac）发生配合作用，形成的$[VO(Hlac)]^+$（乳酸，羧酸官能团去质子化：pK_a=3.4，见式2-17）的形成常数是$K=10^{-2.48}$。这约比与未连有官能团的碳酸（如乙酸，$K=10^{-1.86}$）形成的配合物高1个数量级，如图2-19中的$[VO(Hlac)]^+$所示[30b]，醇基参与了配

① pK_a即$-\lg K_a$，其中K_a是酸常数，值随温度和离子强度I的变化而变化，文中的值在25℃和离子强度为I_{KCl}=0.2mol/L时有效。

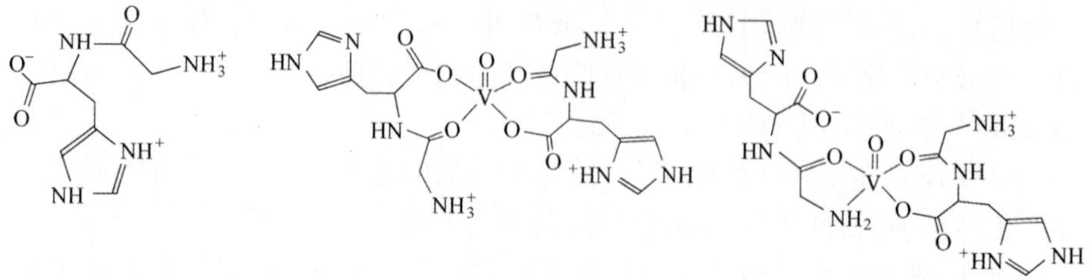

gly-L-His　　$VO(gly\text{-}his)_2H_3^{3+}$　　$VO(gly\text{-}his)_2H_2^{2+}$

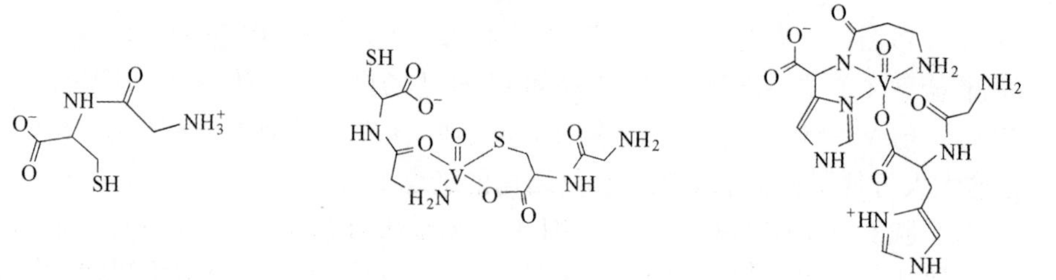

gly-L-Cys　　$VO(gly\text{-}cys)_2H^-$　　$VO(gly\text{-}his)_2$

图 2-18　二肽甘氨酰-L-组氨酸（gly-his）和甘氨酰-L-半胱氨酸（gly-cys）以及它们与钒氧根离子 VO^{2+} 形成的几种配合物的结构（所提出的配位模式是基于 EPR 光谱超精细耦合常数 A_z 所得）

位。随着 pH 值的增加，OH 官能团也发生去质子化（[VO(lac)]），同时开始形成双配体配合物。pH = 7 时，配合物存在的主要形式是 $[VO(lac)_2]^{2-}$（见图 2-19）。两种醛糖酸（D-葡萄糖二酸和 D-粘酸）表现出类似于 α-羟基羧酸的配位形式[31]，即通过羧酸和邻近的醇基在酸性条件下进行配位（见图 2-19），然后在

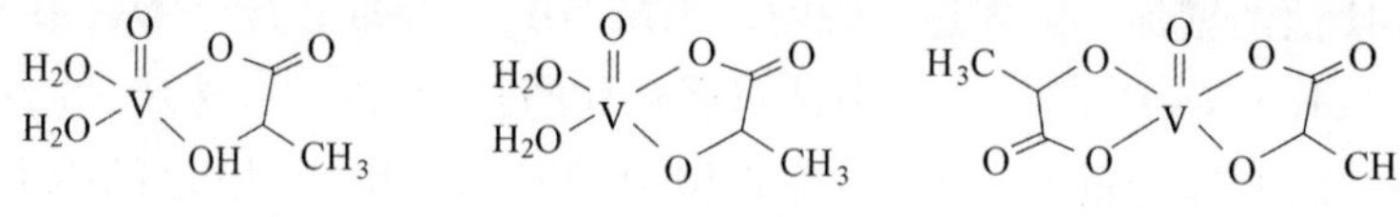

$[VO(Hlac)]^+$　　[VO(lac)]　　$[VO(lac)_2]^{2-}$

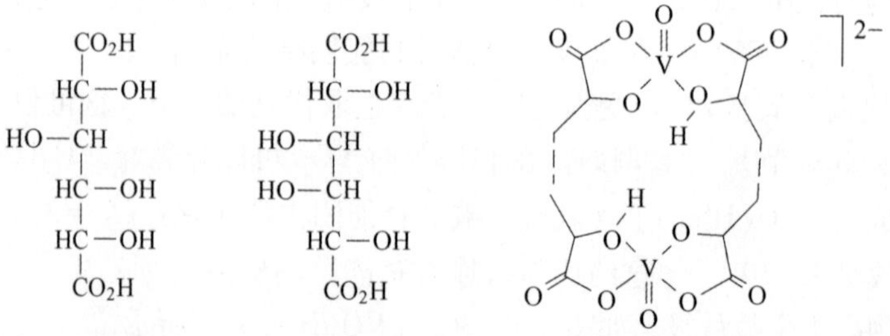

D-糖精酸　　D-粘酸　　$cis\text{-}(VO)_2L_2H_x$

图 2-19　基于配合物的形成常数和 EPR 参数，提出乳酸[30b]以及两种醛糖酸[31]的钒氧基配合物的结构

pH 值达到中性时羧酸盐和醇化物发生配位。pH>8 时发生水解，这一现象也与乳酸相一致。

$$VO^{2+} + H_2lac \rightleftharpoons [VO(Hlac)]^+ + H^+ \tag{2-18}$$

与乳酸相比，柠檬酸（H_4cit）对于钒氧离子是一种更有效的配体。pH=1 时配合物开始形成，在 pH=9 时同样也可以形成，即只有当 pH>10 时才开始水解。当 pH<5 和 pH>8 时，单核单配体化合物是次要形态，当 pH=3.5~8.5 时，存在形态为阴离子二核双配体配合物 $[(VO)_2(Hcit)(H_2cit)]^-$（弱酸性）和 $[(VO)_2(Hcit)_2]^{2-}$（pH=4.5~9）[32]。两种配合物的结构在图 2-20 中给出。无论在哪种情况下，两个柠檬酸配体都桥联在两个钒氧基的中心。这两种不同的结构都是基于 EPR 参数得出的。$[(VO)_2(Hcit)_2]^{2-}$ 的结构，在反式位置上有双键合氧基，在 pH=8 时结晶为一种稳定的固态结构 $[(VO)_2(cit)_2]^{4-}$[24b]，在 pH=5 时，分离出含有阴离子 $[(VO)_2(cit)(Hcit)]^{3-}$ 的晶体，同样如图 2-20 所示，其中氧基是异构形式（顺式）。$\{VO(\mu\text{-}O)\}_2$ 核构象的更多细节将在 2.3.1 节中讨论。

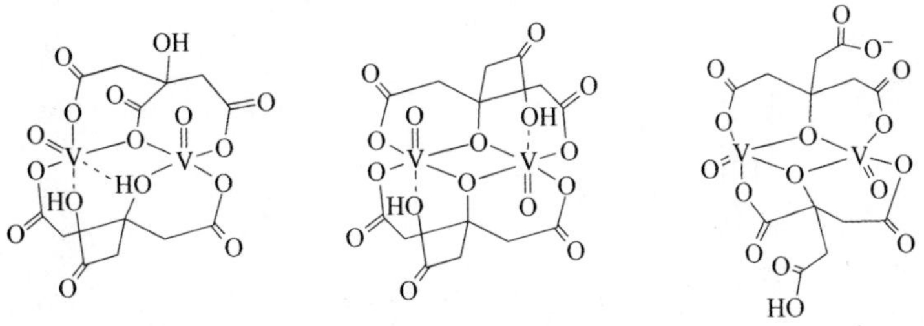

$[(VO)_2(Hcit)(H_2cit)_2]^-$　　$[(VO)_2(Hcit)_2]^{2-}$ / $[(VO)_2(cit)_2]^{4-}$　　$[(VO)_2(cit)(Hcit)]^{3-}$

图 2-20　柠檬酸钒氧基配合物的结构[32]

（改写柠檬酸配合物 $[(VO)_2(Hcit)(H_2cit)]^-$ 和 $[(VO)_2(Hcit)_2]^{2-}$ 的分子式以解释配位柠檬酸盐的去质子化水平。注意，在有结构特征的配合物 $[(VO)_2(cit)(Hcit)]^{3-}$ 中[24b]，$Hcit^{3-}$ 存在两种不同的配位方式）

在表 2-5（2.2.1 节）中，高分子量血液成分白蛋白和转铁蛋白与主要低分子量组分一起列出。转铁蛋白对钒基离子有极强的结合能力［$\lg K = 14.3(6)$］，因此或多或少地取代了其他配体。钒（钒酸盐）与转铁蛋白的配位在钒-蛋白质的相互作用下进行（5.2 节）。

2.3　钒配合物

2.3.1 节的重点将放在钒化合物的一般结构特征上，所讨论的钒化合物的存在形式仅限于（除少数例外）单核和双核化合物。因为聚合度更高的钒化合物的钒浓度一般较低，因此不太可能在生物体内发挥作用，所以在此不做进一步探讨。虽然钒酸盐十聚物可能是一个例外（见图 2-7），但是这种高度聚合的钒酸盐的作用原理可以直接追溯到其单核的结构单元上，与单核钒具有共同点。2.3.2 节中将给出不同结构类型的钒配合物的例子，例子中的钒化合物由功能类型排序，并着重强调其在生物钒系统中的（可能的）模型。生物钒化合物更多的配合物模型将在后面的章节中介绍并讨论。

2.3.1　结构特征

在各种配位化合物中，钒可以在各种配位几何构型中以 4~8 个配位数（*cn*）参与配位（图 2-21）。在四面体（三棱锥）排列中，钒的配位数是 4，例如：$[V^{III}Cl_4]^-$、$V^{IV}Cl_4$(Ia)、$V^{V}O(OR)_3$(正钒酸酯类，Ib) 或$[V^{V}O_2Cl_2]^-$ (Ic)。

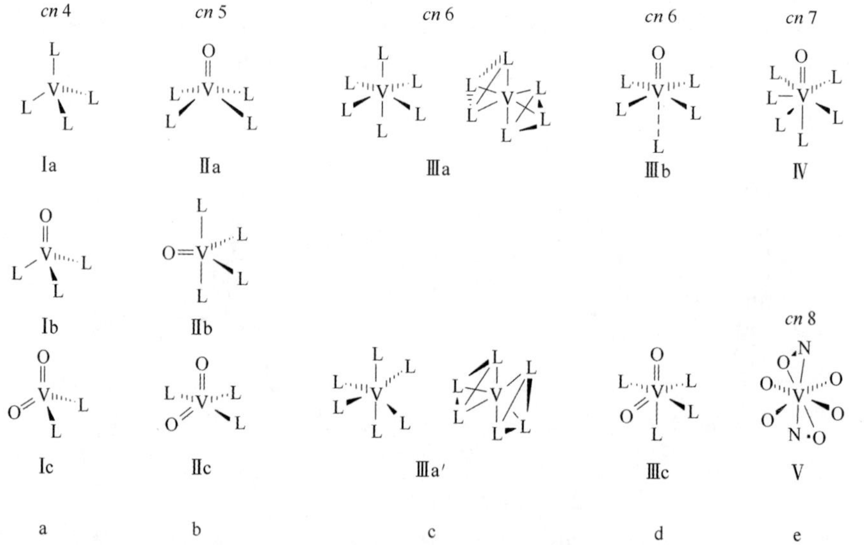

图 2-21　钒的配位几何构型（*cn*=4~8）
（具有配位数 *cn* = 4(Ⅰ)、5(Ⅱ)、6(Ⅲ)、7(Ⅳ)、8(Ⅴ) 的非钒氧（a）、钒氧（b）和二氧钒配合物（c）的结构变化，重点是 *cn*=6，结构类型为Ⅲa 和Ⅲa′的钒配合物的棱镜（八面体）和棱柱形排列）

大量的钒氧配合物（Ⅳ）和（Ⅴ）是五配位的，即 *cn*=5。在钒的这种存在形态中最常见的结构是正方（四方）锥形，如Ⅱb，在顶端的桥氧基和平面上方的钒中心由位于四个顶点的配体组成，钒与这个平面的距离通常是 0.3×10^{-10}m；然而，两个方向上的平均值通常存在偏差，在许多情况下，可以观察到畸变的三角双锥形结构，但是理想的三角双锥结构是罕见的（Ⅱb，例如在与钒酸酯有关的卤代过氧化物酶的辅因子中）。用 τ 作为参数量化其畸变程度，α 和 β 定义了四方锥形底部相互对立的配体之间的夹角（图 2-22）。在一个理想的四方锥结构中（点对称 C_{4v} 即所有的配体 L 都相同），α 和 β 相等，τ=0。在一个理想的三角

双锥结构中（对称点 D_{3h}），一个角是180°（轴向配体的夹角），另一个角是120°（顶点配体的夹角），$\tau=1$。

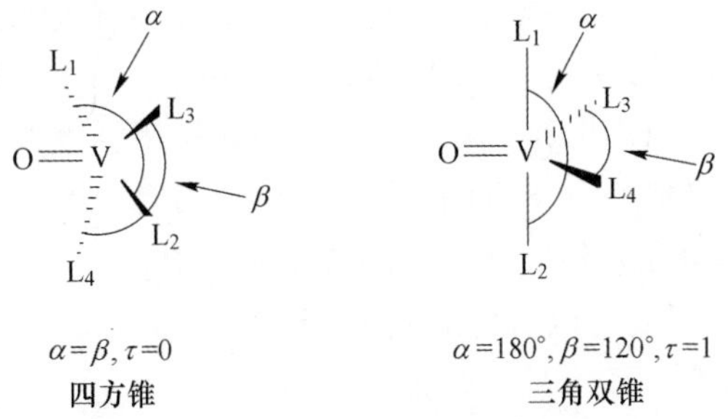

$\alpha=\beta, \tau=0$
四方锥

$\alpha=180°, \beta=120°, \tau=1$
三角双锥

图 2-22 四方锥和三角双锥的结构示意图

非氧五配位钒配合物可为三角双锥结构（VF_5；符合价电子对排斥（VSEPR）理论），或者是四棱锥结构（可能是 $V(CH_3)_5$）[33]。

水中阳离子可以以八面体构型（*cn* = 6）存在，包括 V^{III}，如 $[V(H_2O)_6]^{3+}$（Ⅲa）①、钒氧（Ⅳ），如 $[VO(H_2O)_5]^{2+}$（Ⅲb）和钒氧二聚物（Ⅴ），如 $[VO_2(H_2O)_4]^+$（Ⅲc）。作为一种 *cn*=5 的二氧钒配合物，$\{VO_2\}$ 是唯一的顺式结构，在这种结构中，两个强 π-供体 O^{2-} 配体可以与所有的3个钒-d轨道形成 π 键（d_{xz}，d_{yz}，d_{xy}）。如果非桥氧基处于反式位置，d_{xy} 则未被利用。由于钒的相同结合轨道的竞争，V＝O 的反式配体受到反式影响。反式影响会弱化 V—L 反式配体与其他键的结合，这在钒氧单体中尤为显著。这种效应的大小是不同的，长度一般为 1.8×10^{-10}~2.0×10^{-10}m（见下文），也可能达到 2.5×10^{-10}m（或更大）的反式配位基 V—O 单键，作为一个消去基团，易在Ⅲb（八面体）和Ⅱb（四方锥体）结构之间进行转换。图2-21右边给出了钒在固体甲酯中的配位情况，这是Ⅲb和Ⅱb之间的中间产物构型。反式影响（有时不正确地称为"反式效应"）实际上确实对五配位和六配位钒配合物溶液的化学性质有影响，因为反式桥接含氧官能团的六配位的钒很容易被溶剂分子占据或耗尽（溶剂分子包括如水、甲醇、二甲基亚砜和四氢呋喃等）。这些溶剂分子之后反过来又很容易被更为有效的配体交换下来。最值得注意的是，这些有效的配体官能团能否通过螯合作用被稳定下来。

O^{2-} 官能团是强 σ+π 供体②，可生成短的 V—O 键。一般来讲，其键长介于 1.57×10^{-10}~1.61×10^{-10}m 之间，且由于 V＝O 的伸缩振动 v(VO)，可引起(980±

① 这里指的是八面体几何而不是八面体对称性（点基团 O_h）。d^2 体系 $[V(H_2O)_6]^{3+}$ 由于 Jahn-Teller 畸变对称性低于 O_h。

② 关于 V＝O 双键的顺序，参见2.1.3节中的注脚①。

20)cm^{-1}处强烈的红外吸收。键长超过 1.61×10^{-10}m 且 v(VO) 发生明显的红移表明与基质分子发生了相互作用。这些基质分子可以是（1）晶格中的相邻分子，从而生成 V ═ O…V ═ O，或是（2）与极性、含氢分子形成氢键，或与晶格或周围介质中的官能团，如 V ═ O…H—X，相互作用。H_2O、HOR（R 为脂肪族或芳香族）、HO_2C—、H_2NR 和 HN ═ C—的相互作用强度与钒氧基形成氢键的强度相当。这种相互作用以 V ═ O 转化为 {V—OH^+} 结束（见图 2-25）。V ═ O 基团的质子化作用可以在钒氧配合物的酸化反应中发生。氧基参与额外成键作用（甚至质子化）的程度可以从价键顺序 s 得到，s 的定义是：

$$s = \Sigma(d/R_0)^N$$

最初由布朗（Brown）推导得到[34]，d 是实验所得的 V—O 键距，$R_0 = 1.78$ 是钒—氧键的标准长度，指数 $N=-5.1$（固定常数）与氧（配体）与钒的结合有关。如果存在多个这样的相互作用，需要对所有与氧相关的相互作用求和。当氧存在于配体官能团中（醇化物等），或者多核钒化合物中（如癸酸盐），其除了末端氧化物之外，还有单桥连氧、双桥连氧、三重桥连氧和六桥连氧（见图 2-7a）。氧的理想键合顺序是 2。当 s 下降到 1.7 时，可能会发生额外的键合作用。因为每个原子的键价 s 的总和等于原子价（这里指原子钒）[34]，这个公式可以用来区分混合价钒化合物中的 V^{IV}(4 价原子) 和 V^{V}(5 价原子)。

图 2-23 概括了由钒氧化物和钒氧化合物的固态结构得到的一些八面体形（桥氧和二氧）和四方锥形（二氧）配合物中 V—O 键长的变化。正如在 2.3 节开头的引言中指出的那样，包括 O ═ VO_4、O ═ VO_5、O ═ VO(O_4) 和 VO_6 单元也是聚合钒配合物的结构单元，即含有“钒氧化物”核的钒低聚物，包括桥氧基官能团，例如聚氧烷类化合物，其位于 VO_n角、边和面的交界处发挥作用。因此，在钒酸盐十聚物中，Va 和 Vb 符合结构Ⅲb，Vc 符合结构Ⅲa（图 2-21）。上面关于键价和原子价的概述可以（并且已经）有效地应用于这些聚合物中。

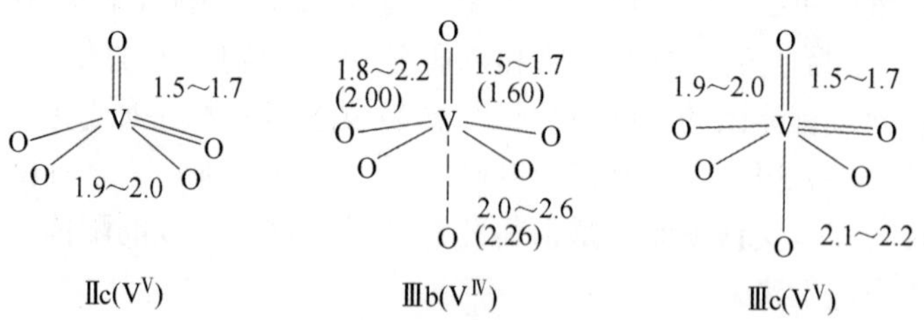

Ⅱc(V^V)　　Ⅲb(V^{IV})　　Ⅲc(V^V)

图 2-23　配位几何构型和化学键长度

（图 2-21 中结构类型Ⅱc 的 $cn=5$；结构类型Ⅲb 和Ⅲc 的 $cn=6$，改写自参考文献［35］，化学键长度以平均值表示）

八面体形也可以看作是三角反棱柱形。对于另一个端点，采用的是三棱柱的排列方式，而非三角反棱柱形（Ⅲa）。这种稀有的几何构型模式主要存在于几个

非氧桥基（“裸”）钒（Ⅳ）配合物中。

七配位（$cn=7$）的几何构型是五角双锥形，这种构型一般存在于过氧化物中。如果在一个八面体的二氧钒配合物（Ⅲc）中，位于赤道面的含氧配体被一个过氧化物配体取代，并且如果该过氧化物配体为二齿配体，就会出现这种几何排列。只有在少量的Ⅳ型配合物中不存在过氧配体。同样的，$cn=8$ 的例子也较少见，其中一种是存在于鹅膏（*Amanita*）菌中的非氧钒（Ⅳ）化合物鹅膏钒素（amavadin），它是 V^{IV} 和 V^{V} 的模型配合物，如图 2-21 中的结构 V，都包含两个双配位基的氢氧配体相互转化。

在双核①的钒氧配合物中，两个钒氧中心可以通过一个或两个配体来连接。配体可以是 O^{2-}（μ-O）、卤化物，特别是 Cl^- 或醇类官能团 OR^-。双键合的氧基和二氧钒的单核结构单元也可以是有桥接作用的配体（如上面所讨论的键级别的降低）。桥接模式在以｛V_2(μ-O)｝或｛V(μ-O)｝$_2$ 为核心（这个菱形的核心通常被称为“钻石核”）的时候可以是对称的，V—O 的键长在这两个钒中心是一样的，或“非对称的”。此外，双键氧基团的相对取向存在显著不同的情况，这对于 V^{IV} 配合物中钻石核心的磁性行为是至关重要的。对称单桥和平面双桥式二核钒化合物的可能构型如图 2-24 所示，其同样包含了与 $[\{VO(O_2)\}_2(\mu\text{-lac})_2]^{2-}$ 一样的折叠方式（图 2-13），图 2-24 中描述的中间过程是已知的。两个钒中心可能处于相同的氧化态（+Ⅳ或+Ⅴ），或是比较少见地处于不同氧化态。

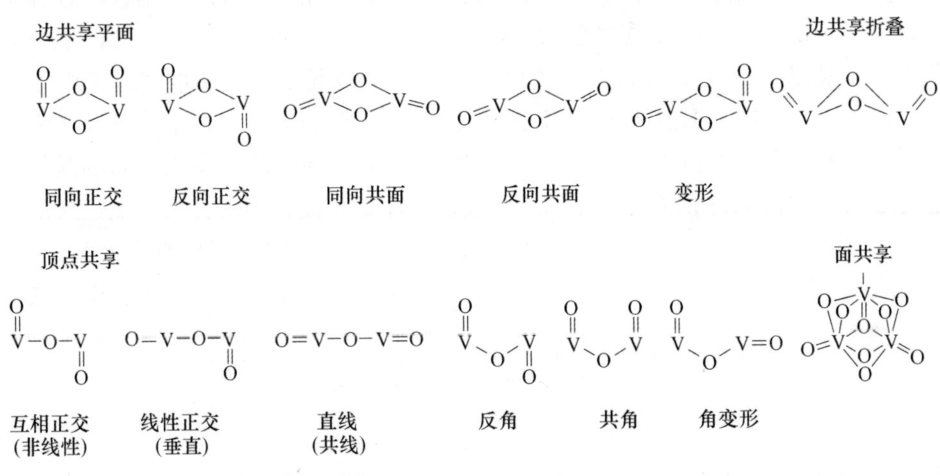

图 2-24 双核钒氧配合物的中心｛V═O(α-O)｝$_2$ 和｛(V═O)$_2$π｝的构型
（所展示的是处于末端氧基相对于平面（边缘共享单元）或 V—O—V 片段（角共享单元）的方向的形式，见参考文献［36］）

① 通常不宜将含有在相同环境中的两个钒中心的配合物称为二聚体，因为当分解为“单体”时，会发生重排和（或）吸收其他的配体。相反，“双核”这个词是恰当的。

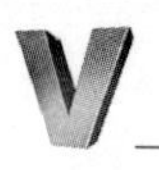

由中央顺式二氧钒配位得到的结构（图 2-23 中的Ⅰc、Ⅱc 和Ⅲc），可以通过逐渐质子化一个氧基或用过氧化物或超氧物取代一个氧基来产生变化（见图 2-25）。质子化生成氧-羟基和氧-水核心，过氧化物取代羰基变成氧代-过氧配合物，在这种情况下，过氧基团通常以对称的方式结合在一起。过氧基的质子化产生了一种氢过氧化物配合物，其被认为是一种卤代过氧化物酶发挥活性作用的中间产物。这种过氧中间体的有机衍生物可以在（某种程度上不对称）侧面或末端模式下与有机过氧化物发生配位。过氧配体的单电子氧化导致了超氧钒化合物的形成[37]（见 3. 3. 3 节）。

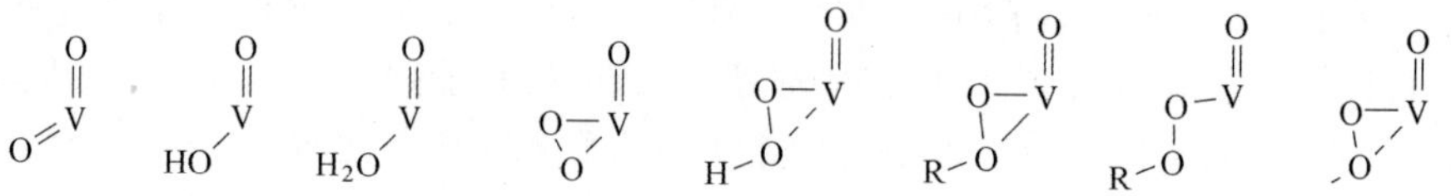

图 2-25 顺式二氧钒核心通过（正式）质子化或取代作用产生的变化

如果钒配合物没有 S_n 轴（缺少反转中心 i 和镜面 σ），则钒中心是手性的。对于配位数为 5 或 6 的配合物，则出现如下情况：存在两个螯合环结构，或者至少存在四个与钒配位的不同官能团（图 2-26 中进行了证明）。对于有螯合配体的配合物，使用符号 Λ 和 Δ 区分这两种对映体：当沿着三维坐标（模拟）轴观察时，螯合骨链可能形成一个左手（Λ）或右手（Δ）螺旋。可以借用天然存在的非氧钒化合物鹅膏钒素来说明这一情况（见 4. 2 节）。对于有不同配体的钒氧化合物，建议使用 C/A 的命名法对其命名。在这种情况下，公认规则是类似手性碳中心的优先规则，通过由发现者来定义主轴来进行修正，在这里特指 V ═ O 键的发现者。中心配体的转动方向遵循它们的优先顺序，从优先级最高的配体开始（最高优先级别是原子序数，如果直接键合原子相同，则来自第二配位层的成键原子等）。右旋使用 C（顺时针方向）表示，左旋使用 A（逆时针方向）表示。如果除了手性钒中心之外，在配体系统中还存在其他手性元素，即手性中心或平

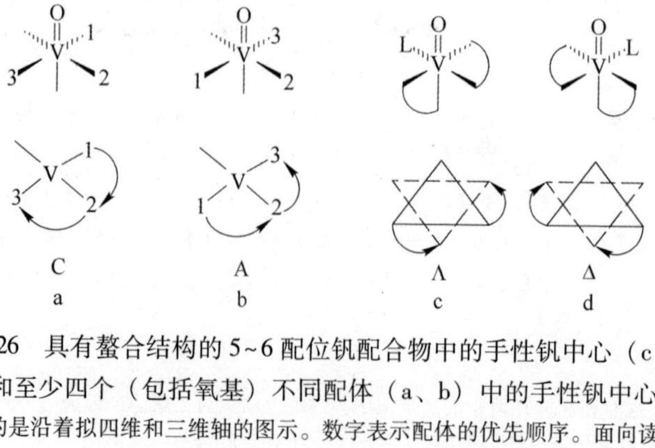

图 2-26 具有螯合结构的 5~6 配位钒配合物中的手性钒中心（c、d）
和至少四个（包括氧基）不同配体（a、b）中的手性钒中心
（下面一行展示的是沿着拟四维和三维轴的图示。数字表示配体的优先顺序。面向读者的是氧桥基）

面，则会产生具有不同物理（和化学）性质的非对映体。典型地，当氨基酸是配体组分时就会发生这种情况。图 2-27 以席夫碱为例进行了解释说明。

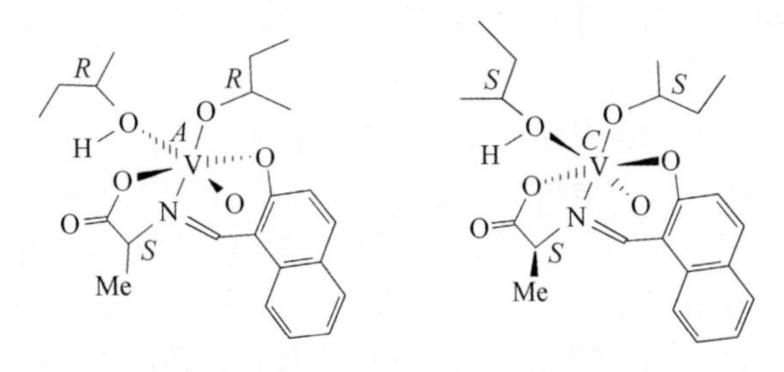

图 2-27 配体外围含钒席夫碱配合基与手性钒中心外加三个手性中心的两个非对映（异构）体[38]

（席夫碱的成分是邻羟基萘醛和 S-丙氨酸；另外的单配位基是仲-丁醇和仲-丁酸酯）

2.3.2 生物钒体系配位化合物（可能的）模型特征

在这一节中，将介绍有代表性的钒配位化合物，目的在于提供与生物学相关的氧化态的钒（+Ⅲ、+Ⅳ和+Ⅴ）与生物配体配位相关或可能相关的配位模式的概述。第 4 章和第 5 章将从化学模型方面介绍更多配合物的结构。简而言之，将根据主导配位区的配体官能团的类型对配合物进行分组讨论：

（1）醇、醇和醚，酮和烯醇；

（2）酚酸与儿茶酚酸盐；

（3）羧酸盐（脂）；

（4）硫代官能团配体；

（5）多官能团配体中的硫；

（6）混合配体配位层。

这种排序也是有结构层次的，因为具有两个或多个不同官能团的配体通常会出现在更高级的组别中。

2.3.2.1 由醇、乙醇化物、醚等衍生的含 O 官能团配体的配位

正如在 2. 1. 3 节中已经指出的那样，根据醇的浓度和性质不同，简单的醇可形成单聚和低聚醇配合物。低聚物（主要是二聚物）与单体处于平衡状态（见图 2-11），它们之间的交换通常发生在毫秒范围内。$\{VO(O\mathit{i}Pr)_3\}_2$（图 2-28 中的 1）是这类配合物的典型代表[17]：在全顺式排列中具有 O*i*Pr 取代基的两个 $VO(O\mathit{i}Pr)_3$ 基团通过两个松散 OR^- 半桥①连接形成二聚物。在更复杂的结构中，除

① 这里的“半桥接”用于 OR 基团产生的正常 V—O 键长（$1.9(1)\times10^{-10}$m）和一个弱 V—O 键（$2.3(1)\times10^{-10}$m）。

了其他配体之外，还含有一到两种醇或二醇，其中一个醇的功能可能是保持了质子化状态（如图 2-27 所示），或是如图 2-28 中的结构 5 所示的烷氧基配体，即含有酯和醇这两类可以与钒发生配位的配体（图 2-28）[39]。二醇和三醇可形成低聚配合物，如图 2-28 中的配合物 3[40] 和 4[41]。4 中的 3-3-二甲基丙二酸酯与钒发生的是二齿配位。其中一个醇基也连接到第二个钒上，从而形成一个双核基团，其中两个钒中心被 OH 不对称地桥联。这两个双核单元在一个四聚物中，通过弱键连接在一起，包括三重桥 OH。二醇（片段）端加桥接模式（图 2-28 中的 6）是糖或糖衍生物与钒配位的共同特征。用 1,3,5-三氨基-1,3,5-三脱氧-顺式肌醇（taci）（即 $[V(taci)_2]^{4+}$(图 2-28 中的 7)）[42] 和安息香（图 2-28 中的 8）[43] 对单核非氧钒（Ⅳ）配合物进行表征。在 8 中，二（去质子化的）安息香配合物源于它的烯二醛形式。

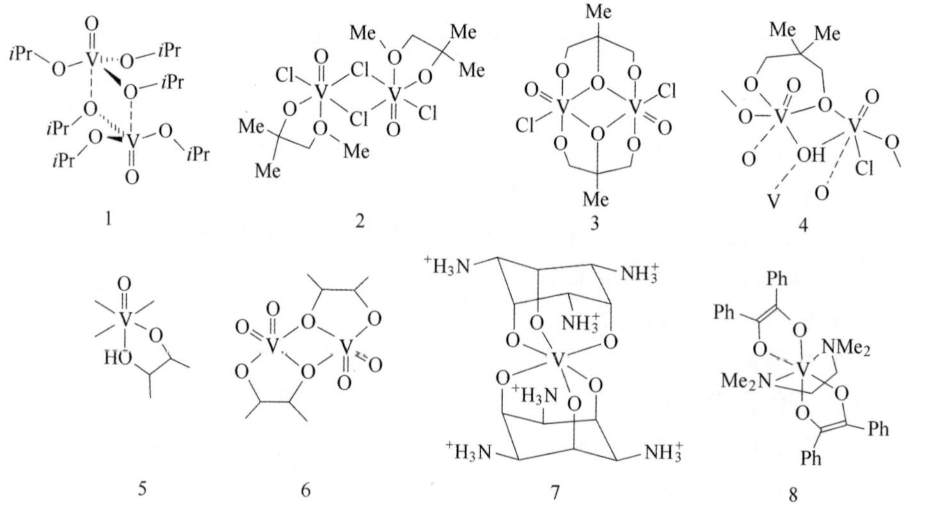

图 2-28　醇类化合物配位模式的实例
（见参考文献［17］和［39］~［43］）

2.3.2.2　酚盐、儿茶酚酸盐和烯醇化物的 O-功能配体的配位

酚类化合物，如 1,6-双（异丙基）酯类与正钒酸盐形成酯类化合物的过程可类比在醇类化合物中观察到的现象。图 2-29 中的化合物 9 就是一个例子[44]。儿茶酸（邻氢醌）可与钒（+Ⅲ、+Ⅳ和+Ⅴ）发生配位。还有一些关于钒与被囊素（tunichromes，一种天然的邻苯二酚类似物）之间有趣的氧化还原化学反应，这将在与海鞘相关的钒中进行更详细的介绍（见 4.1 节）。儿茶酚可进一步形成儿茶酚基铁磷载体，例如肠杆菌素和偶氮螯合素，它们可以非常有效地与许多金属离子发生配位，包括 V^{4+} 和钒酸盐（见 4.5 节），从而使在中性的和微碱性条

件下的不溶性沉淀物中的金属矿化形态的金属离子发生移动成为可能。配位阴离子 $[V^{III}(trencam)]^{3-}$ 在儿茶碱钒配合物中以扭曲的八面体几何形状存在[45]，其三角扭转角为41°。配体 trencam(6−) 含有胺三（酰胺）主链，不直接参与钒的配位。V^{IV} 和 V^{V} 配合物 11a 和 11b 含有邻菲咯啉作为辅助配体[46]。V^{V} 配合物为轻微扭曲的八面体形，V^{IV} 配合物为三角棱柱形（分别为图 2-21 中的Ⅲa 和Ⅲa′）。配合物 11a 和 11b 又是非氧钒（Ⅳ）和-（Ⅴ）配合物小家族的代表。儿茶酚还可以在桥接模式下进行配位（图 2-29 中的 12）[47]，其配位方式类似于邻二醇。配合物 13 是嘧啶酮（1−）配体通过酮和烯醇-O 进行配位所得[48]，该配合物是双核的，包含 $\{O=V\}_2(\mu\text{-}O)$ 骨架，V—(μ-O)—V 键夹角是 110.4°，垂直（线性正交，图 2-24）方向有两个 V ═ O 基团。钒嘧啶酮配合物作为与麦芽酚相关的配合物，具有增强胰岛素的作用。

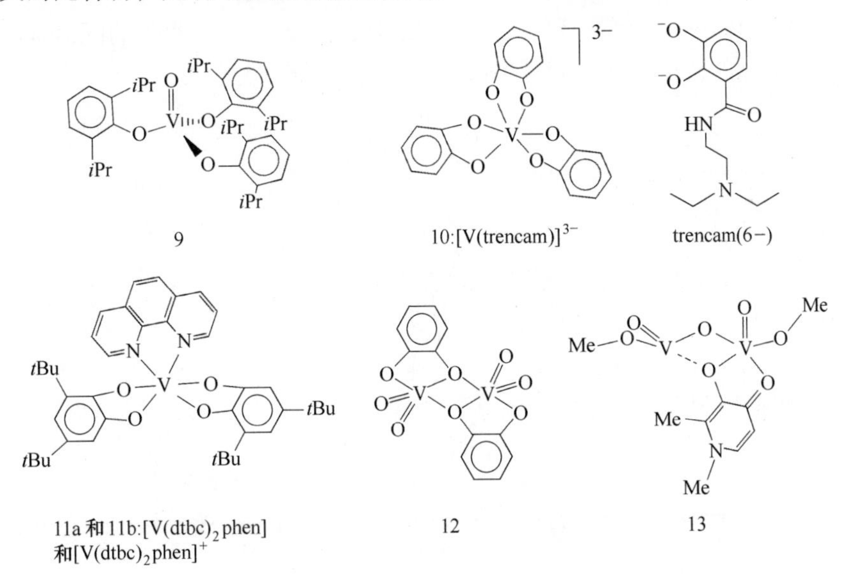

图 2-29 酚酸盐、儿茶酚酸盐和烯醇化物
（见参考文献［44］~［48］）

2.3.2.3 羧酸盐的含 O 官能团配体的配位反应

嗜碱性羧基钒的配合物相对稀少，图 2-30 中的化合物 14~18 是这类化合物的例子。在由偏戊酸和甲酸生成的聚合物 VO^{2+} 甲酸盐 14 中，八面体配位的 $[VO(O_2CH)_2H_2O]$ 形成了双层结构，在这个结构中，甲酸盐是以 $\eta^1:\mu_2$ 的模式存在[49]。配位数 7 在五角双锥体形排列中是比较少见的，图 2-21 中的Ⅳ型是通过丙戊酸酯（乙酸叔丁酯）生成的：配合物 15 是原戊酸和丙戊酸的混合酸酐[50]。V—O 键反式连接到双键氧基的键能相当弱，键长是 2.2×10^{-10}m，而正

常的 V—O 键键长是 $1.98\times10^{-10}\sim2.08\times10^{-10}$m 。六核混合价（$V^{V}$）$_5$$V^{IV}$(16) 含有苯甲酸酯，实际上由双核和一种由二钒酸酯衍生而来的四聚氰氨酸酯 $[H_2V_2O_7]^{2-}$或线性钒酸四聚物 $[HV_4O_{13}]^{5-}$ 构成[50]。这两个亚基都含有 η^1 ：μ-羧酸盐和对称桥联氧基，由两个苯甲酸酯和 μ_3-O^{2-} 连接在一起，通过微弱的键（$2.27\times10^{-10}\sim2.43\times10^{-10}$m）相互作用。不对称三重桥联氧基是化合物 17 所示的三核钒氧（Ⅳ）配合物中的共同基序，其中 R 是甲基或苯基。有钒离子、羧酸盐和（少量）水的溶液中易形成淡蓝色 17 型配合物，“碱性钒”羧酸铵。双（草酸）配合物 18 是同质钒羧基配合物的实例，其是含有双官能团（双羧基）的钒羧酸配合物，这是一种能够形成稳定螯合环结构的配体[51]。对于双官能团羧酸盐配合物，除了羧酸盐（典型的乳酸和柠檬酸）外，还对含有醇基的双官能羧酸盐配合物在水溶液中的形态进行了研究（参见图 2-13、图 2-14 和图 2-20）。羧酸盐作为一个更复杂的配合物的组分，配位 1~3 个额外的配体官能团是一个非常常见的特征，图 2-15 和图 2-30 展示了二肽的配位方式。

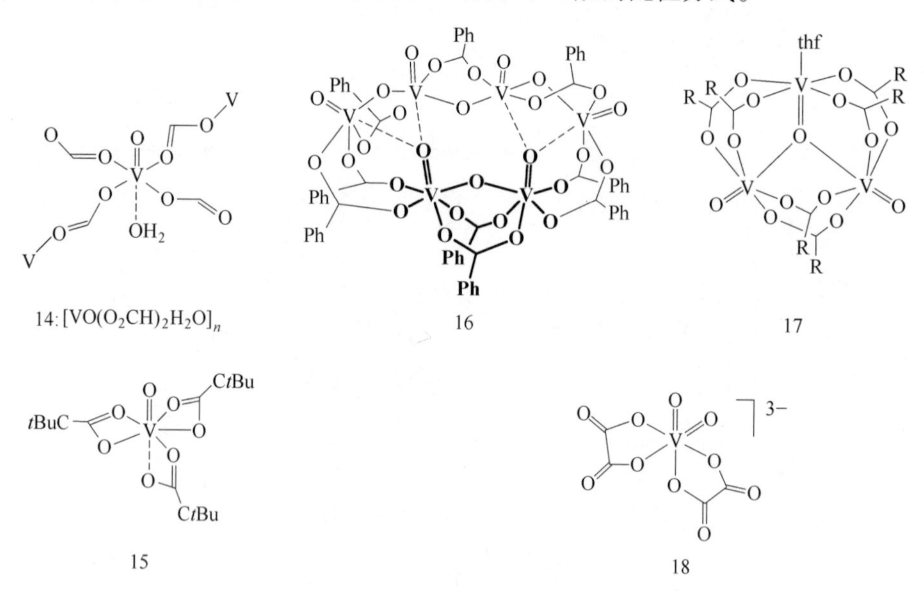

图 2-30 羧酸盐的二肽配位方式

（羧基钒（Ⅳ和Ⅴ）配合物 16 中的二钒酸盐单元用粗体突出显示。17 中的 R 是甲基或苯基。见参考文献［49］~［51］）

2.3.2.4 含 S 官能团配体的配位

本书对钒与半胱氨酸（也可能与蛋氨酸）的肽链和蛋白质的侧链（见 5.2.1 节）的反应中含硫官能团配体与钒的配位进行了讨论。并且钒的存在是钒固氮酶的 FeV 辅因子 M 簇中的一个主要部分（见 4.4 节）。硫代官能配体是软的，因此

不易与硬钒（V）中心进行“交流”。因此，正如已经在2.2.1节中指出的（也参见该节中的图2-17），包含V^{V}和硫配体的系统通常是氧化还原不稳定的。已知含硫配体的钒（V）化合物仅有几个无机化合物的例子，即钒酸盐和钒酸盐二聚物的硫代类似物［VS_4］$^{3-}$和［V_2S_7］$^{4-}$、相关的噻吩［$VS_2(S_2)SPh$］$^{2-}$（图2-31中的19）[52]和某些钒酸盐（V）抑制的磷酸酶，其中钒酸盐进入活性位点处阻碍氧化还原相互作用的进行（见5.2.1节）。四硫化钒的铜（Ⅰ）盐有天然的存在形态，即矿物硫钒石（表1-1）。阴离子19中的二硫①配体还存在于钒（Ⅳ）矿物$V(S_2)_2$中，以及若干更复杂的钒化合物中，如图2-31中的双核三（硫代碳酸根）配合物20[52]和三核二硫代氨基甲酸配合物21[53]。20中氧化态的钒是+Ⅳ价；两个钒中心是耦合的，而化合物是反磁性的。21中$V_3(\mu_3\text{-}S)(\eta^2\text{-}S_2)_3$核形式上被两个$V^{III}$和一个$V^{IV}$电子离域，导致三个钒中心中每个钒中心的平均氧化数为3.33。在阴离子、四方锥形钒（Ⅳ）配合物［$VS(SPh)_4$］$^{2-}$(22)和［VS(二硫代乙二胺)$_2$］$^{2-}$(23)中存在四个硫代巯基官能团[54]。配合物22的硒类似物［$VSe(SPh)_4$］$^{2-}$也已被表征。

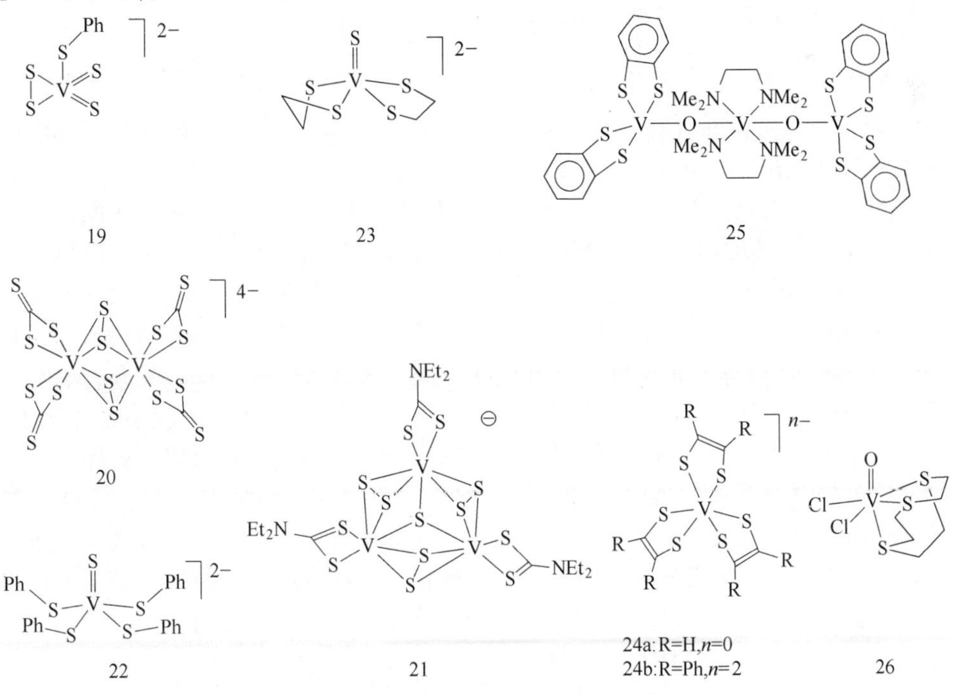

图2-31　具有硫官能团配体配位的钒配合物
（参见参考文献［52］～［57a］）

① S_2^{2-}配体也被称为“persulfido”，类似于过氧配体O_2^{2-}。

二硫烯是钼（和钨）基加氧酶和脱氧酶中钼蝶呤辅因子的主要部分，基于这个事实，对含二硫烯配体的模型配合物的化学性质已进行广泛的研究。尽管在生物体内还没有发现相应的钒体系，由于钼和钒之间的化学相似性（对角关系），因此很可能会发现钼蝶呤的钒类似物①。图 2-31 中的三（二硫代烯）配合物 24a 和 24b 是畸变的八面体（R＝H，24a）和稍微畸变的三角棱形（R＝Ph，24b）[55]。配体骨架上很长的 C—C 距离（24b 为 1.41×10^{-10}m，24a 为 1.33×10^{-10}m）和短的 C—S 键长（24b 为 1.69×10^{-10}m，24a 的平均值为 1.72×10^{-10}m）合理地解释了图 2-2 中的共振结构 Ⅱ。如果配体是二价阴离子，化合物 25 的两个 $V(\mu\text{-}O)(dtc)_2$ 部分（dtc＝二硫代氨基甲酸酯）的钒中心的价态在形式上是+V[56]。对于儿茶酚，虽然二硫代氨基甲酸酯是非无害的，电子情况可能是不同的。化合物 26 是硫醚配合物的一个罕见的例子[57a]。配体是 1,4,7-三噻环酮，通常缩写为[9]ane S_3。V—S 键长分别为 2.470×10^{-10}m 和 2.634×10^{-10}m，与 V-硫醇盐（23 中为 2.378×10^{-10}m）和 V-硫代胆酸盐（25 中平均为 2.36×10^{-10}m）相比长很多。

2.3.2.5　含硫多官能团配体的配位

配体 1-硫-4,7-二氮环壬烷（[9]aneN_2S）形成钒氧（Ⅳ）配合物（图 2-32 中的 27）[57b]，其对应于由 [9]aneS_3（图 2-31 中的 26）得到的配合物。硫醚的作用与双键氧相反，键长 d(V—S) 为 2.69×10^{-10}m。在阳离子配合物 28 中，还观察到硫醚与钒氧（Ⅳ）中心的配位，这代表该配合物是强扭曲的八面体，具有无序的 Cl/O（轴向位置为 65%O，赤道位置为 35%），d(V—S)＝2.530×10^{-10}m 和 2.597×10^{-10}m[58a]。在阴离子 V^{II} 配合物 29 中，存在了含有噻吩盐、羧基和芳香胺的配体层[58b]。配体是 O-巯基苯胺的吡啶羧酸酰胺，平均 d(V—S) 为 37×10^{-10}m。由 O-巯基苯胺和 O-羟基萘醛衍生的希夫碱形成钒（Ⅳ）配合物 30[59]。这两个配体处于强烈扭曲的三角非棱柱排列中。该配合物代表一个罕见的例子：(1) 代表一个非氧钒（Ⅳ）配合物，(2) 代表希夫碱+硫醇官能团在损坏互变异构二氧噻唑啉的形式的情况下被保留。配合物 30 是由 [$VOCl_2(thf)_2$]、O-羟基萘醛和邻巯基苯胺反应生成的。一般而言，在好氧条件下，钒离子与硫醇形成配合物通常伴随着钒的脱氧和硫醇氧化成二硫化物。在该反应过程中，钒离子可以根据方程 2-19a～方程 2-19c 所描述的反应顺序来取代氧化催化剂的作用[58b]。

$$VO^{2+} + 2RSH \longrightarrow V^{4+} + 2RS^- + H_2O \qquad (2\text{-}19a)$$

$$2V^{4+} + 2RS^- \longrightarrow 2V^{3+} + RS\text{-}SR \qquad (2\text{-}19b)$$

$$2V^{3+} + 1/2O_2 + H_2O \longrightarrow VO^{2+} + 2H^+ \qquad (2\text{-}19c)$$

① 已有关于从化学-结石-自养菌硝化还原硫代碱弧菌中分离的含钒的硝酸还原酶（除蝶呤辅因子）的报道，参见 4.4.2 节。

在图2-32中的阴离子双（半胱氨酸）钒（Ⅲ）配合物31中，硫醇盐、羧酸盐和酰胺实现了共轭配位，V—S距离为2.395×10^{-10}m。在半胱氨酸相关配体和含半胱氨酸的配体（如谷胱甘肽）的水溶液中的形态研究中，也发现了钒氧（Ⅳ）类似的配位模式。因此，配合物31可被认为是半胱氨酸残基（连同蛋白质组分的其他官能团）与钒在其生理相关氧化态+Ⅳ和+Ⅴ中相互作用的模型。如配合物32所示，含硫的多官能配位甚至可以稳定二氧钒（Ⅴ）。配合物32包含由吡哆醛和*S*-甲基二硫代氨基甲酸酯组成的配体体系，可提供苯酚-O和亚胺以及硫官能团。

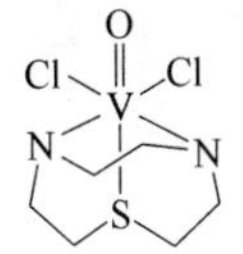

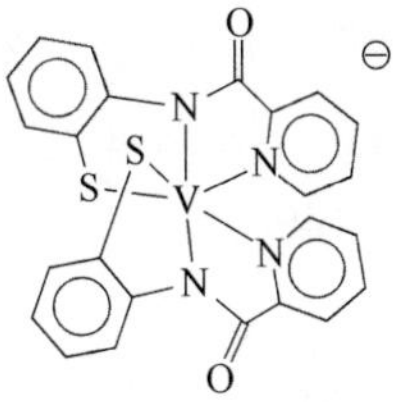

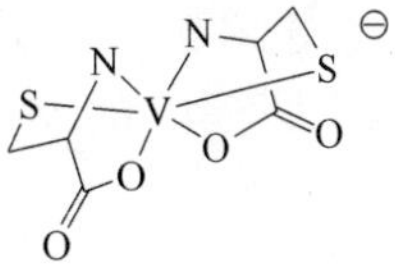

图2-32　含硫多官能团配体的钒配合物的结构
（参见参考文献［57b］~［61］）

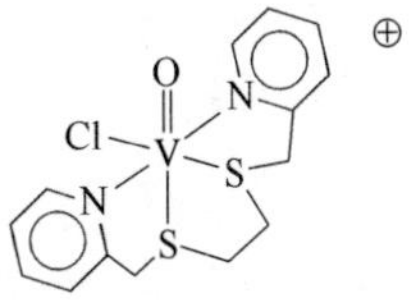

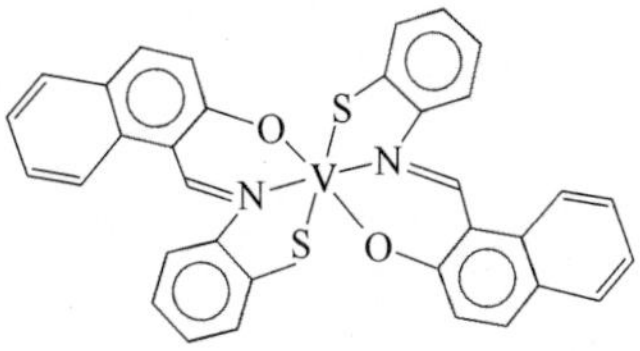

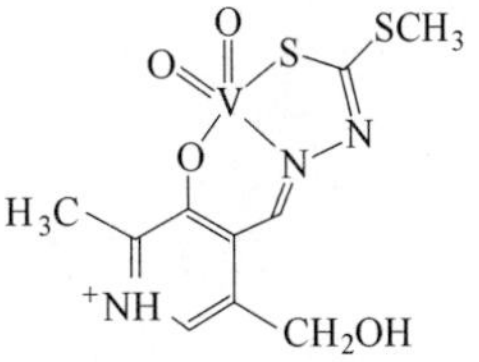

2.3.2.6　混合配体配位层

以图2-33中的单核配合物33~40为例，对有大量含ON或ONS配位层的钒氧（Ⅳ）和钒氧（Ⅴ）配合物进行了综述[62]。含钒配合物33~38处于其氧化态+Ⅴ，配合物39和40处于其氧化态+Ⅳ价。钒（Ⅴ）配合物可以以VO_2^+（33[63]，36）或VO^{3+}（34，35[64]，38）为基础，配位数通常为*cn*=5（33~35）或6，或介于两者之间，即第六配位体仅有弱配位。如图2-33中38所示，在第二轴向位置有一个甲醇配体。对于VO^{2+}部分（39和40[65]），*cn*值为5或6也是钒氧（Ⅳ）配合物中最常见的。与氧化状态无关，*cn*=5的配位几何通常是轻微变形的四方锥形（33，34，39），角参数τ可达0.2（τ的定义请参见2.3.1节中的图2-22）。三角双锥排列显然不那么常见，化合物35是其中的一个例子；

τ=0.72，即35是轻微变形的四方锥形。稳定氧钒和二氧钒中心的典型双齿至四齿配体包含O-供体酚酸盐和羧酸盐，N-供体芳香胺或脂肪胺，以及希夫碱或脎的亚胺氮。

图2-33中的阴离子41和42是双核希夫碱配合物的例子，该双核希夫碱配合物在反线性（41[66]）和同角构象（42[67]）中包含$(V=O)_2(\mu\text{-}O)$（图2-24）。在这两个配合物中，分子的两个半部表现出扭曲的四方锥体配位几何特征。这两个配合物是混合价V^{V}/V^{IV}物质。而在41中存在快速的价间交换，42的价态是独立的，可以通过^{51}V NMR和EPR谱分别检测[68]（见第3章）。阴离子41（V—O—V角为170.9°）的$V_2(\mu\text{-}O)$部分几乎是线性排列，两个氧基相互转换（顺向桥联），两个钒中心的d_{xy}轨道几乎是共面的，这种取向允许电子通过氧桥（x轴）的p_x轨道相互作用。阴离子41中两个单元中的钒中心位于C构型中（图2-26）。阴离子42的V—O—V角为149.7°。

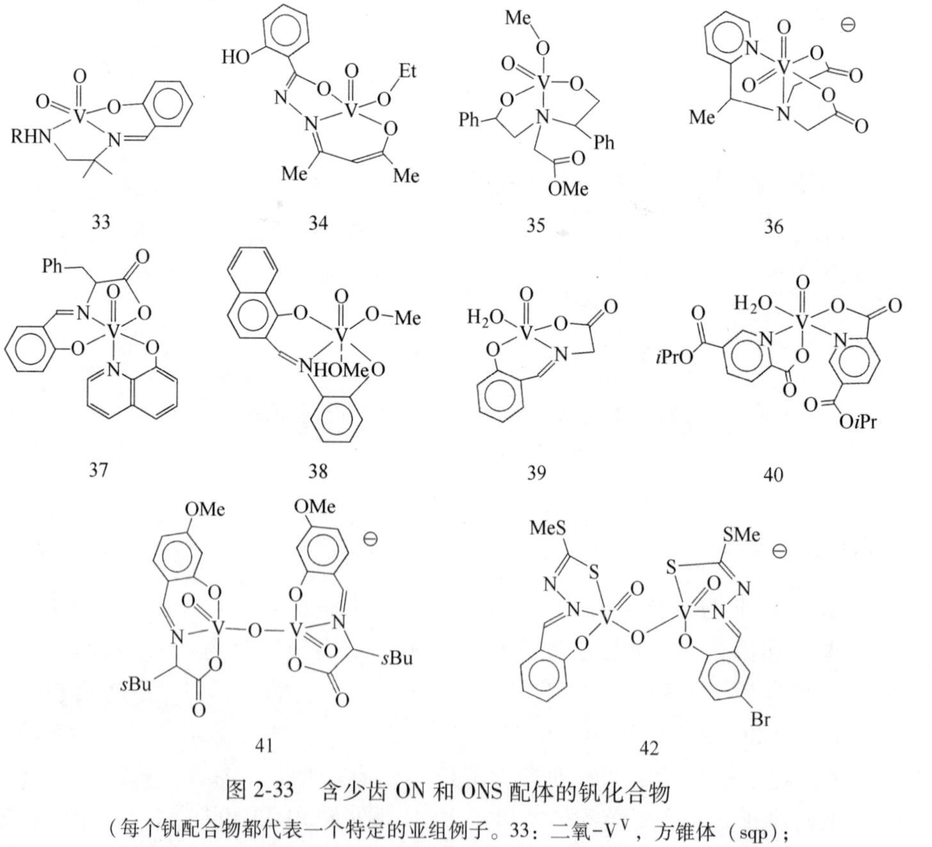

图2-33　含少齿ON和ONS配体的钒化合物

（每个钒配合物都代表一个特定的亚组例子。33：二氧-V^{V}，方锥体（sqp）；34：单氧-V^{V}，sqp；35：单氧-V^{V}，三角双锥体；36：二氧-V^{V}，八面体（oct）；37：单氧-V^{V}，oct；38：单氧-V^{V}，oct/sqp；39：单氧-V^{IV}，sqp；40：单氧-V^{IV}，oct。在混合价双核配合物41和42中，两个钒中心分别是不可区分的（41）和独立的（42））

2.4 钒碳键

在本节中，将选择包含至少一个 V—C 键的配位化合物来研究。迄今为止，V—C 键在自然界中还没有被观测到。然而，有证据表明，在钒固氮酶催化的炔烃、烯烃和异腈的还原质子化反应中，形成了具有 V—C 键的中间体（见 4.4 节）。此外，钒基催化剂在氧化还原、加氧、加氢和聚合反应中的一般能力在科学研究和工艺过程中有机底物的相应转化中是显而易见的[68]，表明钒在环境转化中可以起到类似的作用。环戊二烯基钒配合物已显示出抗癌性质（见 5.1.2 节）。图 2-34 中展示了一些代表了有机钒化合物的基本特征的配合物的结构。

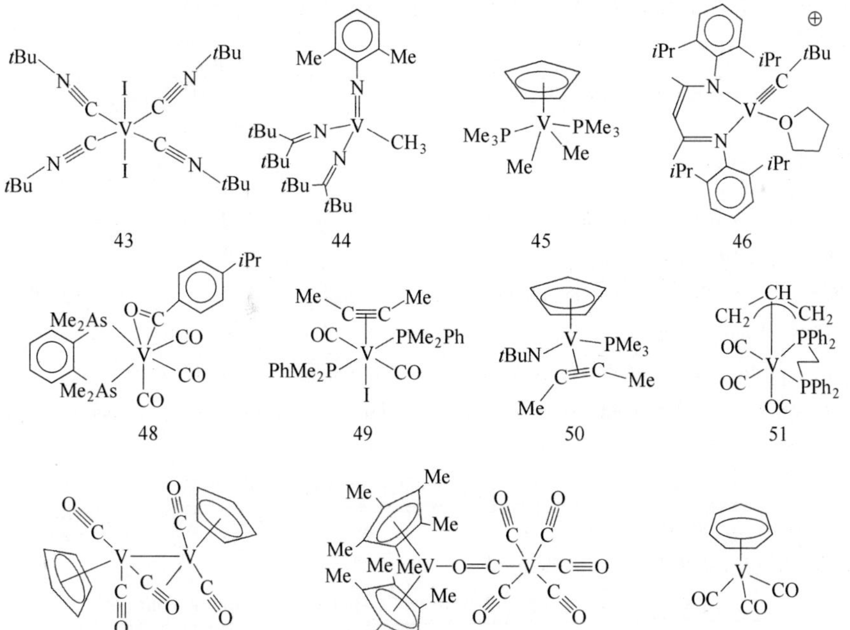

图 2-34 含有至少一种 V—C 键的钒配位化合物

在其有机化合物中，钒可以达到所有可能的氧化态。高到中等氧化状态与 σ-烷基、亚烷基（苏丹草-碳烯，π-供体）和烷基吡啶（碳烯，σ，π_x，π_y-供体）配体稳定配位，由含甲基配体的 V^V 和 V^{III} 配合物 44 和 45[69]，以及含烷基（3−）配体的阳离子 V^V 配合物 46 表示[70]。羰基配体和其他配体能够通过 π 反键使低氧化态稳定而使金属离域（接受）电子密度。η^2-炔配合物 49 和 50(Ⅵ)[71]、异腈配合物43(V^{II})[72]、η^2-酰基配合物48 (V^{I})[73a]和η^3-烯丙基配合物51(V^{I})[73b]是一些代表性的例子。氧化态-Ⅰ在六羰基钒酸阴离子[$V(CO)_6$]$^-$和夹层配合物54中发现，其中夹层配合物54中含有三个羰基配体和η^7键模式下的卓鎓[环庚三烯(1+)]阳离子。在[$V(CO)_5$]$^{3-}$中，钒处于其可能的最低氧化态-Ⅲ。夹层η^5-环戊二烯基(1-)(Cp;化合物45、50、52、53)是非常常见的配体，{CpV}部分在整个钒氧化态和生理条件下是相当稳定的。

羰基的共配位模式是通过碳端接，并且通常以协同的σ-供体和π-受体的相互作用来描述键的相互作用，导致金属-碳键的增强和碳-氧键的减弱（“活化”）。这种键合情况也适用于与CO等电子的其他配体，如异腈（RNC）、亚硝基阳离子（NO^+）和二氮原（N_2），它们的活化在固氮（固氮酶）、反硝化（NO）和固氮酶（RCN加氢）的副反应中起作用。除了羰基配体的共同端接键合之外，还有半桥联模式（52）和桥联异羰基模式（53）[74]。

参考文献

[1] C. F. Baes and R. E. Messmer, The Hhydrolysis of Cations, Wiley Interscience, New York, 1976, pp. 197-210.

[2] R. Meier, M. Boddin, S. Mitzenheim and K. Kanamori, in: Metal Ions in Biological Systems (H. Sigel and A. Sigel, Eds), Marcel Dekker, New York, 1995, Ch. 2.

[3] (a) L. Pettersson, B. Hedman, A. M. Nennen and I. Andersson, Acta Chem. Scand., Ser. A 1985, 39, 499; (b) H. Schmidt, I. Andersson, D. Rehder and L. Pettersson, Chem. Eur. J. 2001, 7, 251.

[4] D. Wang, W. Zhang, C. Grüning, and D. Rehder, J. Mol. Struct. 2003, 656, 79-91.

[5] L. Pettersson, I. Andersson and O. W. Howarth, Inorg. Chem. 1992, 31, 4032-4033.

[6] Y. P. Zhang and R. H. Holm, Inorg. Chem. 1998, 27, 3875-3876.

[7] I. Andersson, A. Gorzás, C. Kerezsi, I. Tóth and L. Pettersson, Dalton Trans. 2005, 3658-3666.

[8] M. J. Gresser, A. S. Tracey and K. M. Parkinson, J. Am. Chem. Soc. 1986, 108, 6229-6241.

[9] (a) M. E. Leonowicz, J. W. Johnsom, J. F. Brody, H. F. Shannon, Jr, and J. M. Newsman, J. Solid State Chem. 1985, 56, 310-378; (b) M. Roca, M. D. Marcos, P. Amorós, J. Alamo, A. Beltrá-Porter and D. Beltrá-Porter, Inorg. Chem. 1977, 36, 3414-3421; (c) R. V. Panin, R. V. Shpanchenko, A. V. Mironov, Y. A. Velikodny and E. Antipov, Chem. Mater. 2004, 16, 1048-1055.

[10] (a) P. Buglyó, T. Kiss, E. Alberico, G. Micera and D. Dewaele, J. Coord. Chem, 1995, 36, 105-116; (b) T. Kiss, E. Kiss, G. Micera and D. Sanna, Inorg, Chim. Acta 1998, 283, 202-210.

[11] I. Andersson, S. Angus-Dunge, O. W. Howarth and L. Pettersson, J. Inorg. Biochem. 2000, 80,

51-58.

[12] P. Schwendt, J. Tyršelová and F. Pavelčíc, Inorg, Chem. 1995, 34, 1964-1966.

[13] (a) S. J. Angus-Dunne, C. P. Paul and A. S. Tracey, Can. J. Chem. 1997, 75, 1002-1010; (b) P. C. Paul, S. J. Angus-Dunne, R. J. Batchelor, F. W. B. Einstein and A. S. Tracey, Can. J. Chem. 1997, 75, 429-440.

[14] W. Prandl and L. Hess, Z. Anorg. Allg. Chem. 1913, 82, 103-129.

[15] (a) A. S. Tracey and M. J. Gresser, Proc. Natl. Acad. Sci. USA 1986, 83, 609-613; (b) A. S. Tracey and M. J. Gresser, Can. J. Chem. 1988, 66, 2570-2574.

[16] J. Spandl, I. Brüdgam and H. Hartl, Z. Anorg. Allg. Chem. 2000, 626, 2125-2132.

[17] F. Hillerns, F. Olbrich, U. Behrens and D. Rehder, Angew. Chem. Int. Ed. Engl. 1992, 31, 447-448.

[18] (a) D. C. Crans, R. A. Felty, H. Cheng, H. Eckert and N. Das, Inorg. Chem. 1994, 33, 2427-2438; (b) Q. Chen and J. Zubieta, Coord. Chem. Rev. 1992, 114, 107-167; (c) A. Müller, J. Meyer, H. Bgge, A. Stammler and A. Botar, Z. Anorg. Allg. Chem. 1995, 621, 1818-1831.

[19] S. Hati, R. J. Batchelor, F. W. B. Einstein and A. S. Tracey, Inorg. Chem. 2001, 40, 6258-6265.

[20] A. Gorzsás, I. Andersson and L. Pettersson, Dalton Trans. 2003, 2503-2511.

[21] M. Biagioli, L. Strinna-Erre, G. Micera, A. Panzanelli and M. Zema, Inorg. Chim. Acta 2000, 310, 1-9.

[22] P. Schwendt, P. Švančárek, I. Smatanová and J. Marek, J. Inorg. Biochem. 2000, 80, 59-64.

[23] A. Gorzsás, K. Getty, I. Andersson and L. Pettersson, Dalton Trans. 2004, 2873-2882.

[24] (a) M. Kaliva, E. Kyriakakis and A. Salifoglou, Inorg. Chem. 2002, 41, 7015-7023; (b) M. Tsaramyrsi, M. Kaliva, A. Salifoglou, C. P. Raptopoulos, A. Terzis, V. Tangoulis and J. Giapintzakis, Inorg. Chem. 2001, 40, 5772-5779.

[25] Gorzsás, I. Andersson, H. Schmidt, D. Rehder and L. Pettersson, Dalton Trans. 2003, 1161-1167.

[26] H. Schmidt, I. Andersson, D. Rehder and L. Pettersson, Chem. Eur. J. 2001, 7, 251-257.

[27] A. Dörnyei, S. Marcão, J. Costa Pessoa, T. Jakusch and T. Kiss, Eur. J. Inorg. Chem. 2006, 3614-3621.

[28] P. C. Paul and A. S. Tracey, J. Biol. Inorg. Chem. 1997, 2, 644-651.

[29] E. Garribba, E. Lodyga-Chruscinska, G. Micera, A. Panzanelli and D. Sanna, Eur. J. Inorg. Chem. 2005, 1369-1382.

[30] (a) E. Garribba, G. Micera and A. Panzanelli, Inorg. Chem. 2003, 42, 3981-3987; (b) G. Micera, D. Sanna, A. Dessì, T. Kiss and P. Buglyó, Gazz. Chim. Ital. 1993, 123, 573-577.

[31] À. Doernyei, E. Garribba, T. Jakusch, P. Forgo, G. Micera and T. Kiss, Dalton Trans. 2004, 1882-1891.

[32] T. Kiss, P. Buglyó, D. Sanna, G. Micera, P. Decock and D. Dewaele, Inorg. Chim. Acta 1995, 239, 145-153.

[33] R. J. Gillespie, I. Bytheway, T. -H. Tang and R. F. W. Bader, Inorg. Chem. 1996, 35, 3954-3963.

[34] I. D. Brown, Structure and Bonding in Crystals, Vol. II, Academic Press, New York, 1981, Ch. 14.

[35] M. Schindler, F. C. Hawthorne and W. H. Baur, Chem. Mater. 2000, 12, 1248-1259.

[36] W. Plass, Inorg. Chem. 1997, 36, 2200-2205.

[37] H. Kelm and H. -J. Krüger, Angew. Chem. Int. Ed. 2001, 40, 2344-2348.

[38] R. Fulwood, H. Schmidt and D. Rehder, J. Chem. Soc. , Chem. Commun. 1995, 1443-1444.

[39] E. C. E. Rosenthal, H. Cui, K. C. H. Lange and S. Dechert, Eur. J. Inorg. Chem. 2004, 4681-4685.

[40] J. Salta and J. Zubieta, Inorg. Chim. Acta 1997, 257, 83-88.

[41] D. C. Crans, A. M. Marshman, M. S. Gottlieb, O. P. Anderson and M. M. Miller, Inorg. Chem. 1992, 31, 4939-4949.

[42] B. Morgenstern, S. Steinhauser, K. Hegetschweiler, E. Garribba, G. Micera, D. Sanna and L. Nagy, Inorg. Chem. 2004, 43, 3116-3126.

[43] M. Farahbakhsh, H. Schmidt and D. Rehder, Chem. Commun. 1998, 2009-2010.

[44] R. A. Henderson, D. L. Hughes, Z. Janas, R. L. Richards, P. Sobota and S. Szafert, J. Organomet. Chem. 1998, 554, 195-201.

[45] A. R. Bulls, C. G. Pippin, F. E. Hahn and K. N. Raymond, J. Am. Chem. Soc. 1990, 112, 2627.

[46] T. A. Kabanos, A. J. P. White, D. J. Williams and J. D. Woollins, J. Chem. Soc. , Chem. Commun. 1992, 17-18.

[47] M. J. Manos, A. J. Tasiopoulos, C. Raptopoulos, A. Terzis, J. D. Woollins, A. M. Z. Slawin, A. D. Keramidas and T. A. Kabanos, J. Chem. Soc. , Dalton Trans. 2001, 1556-1558.

[48] F. Avecilla, C. F. G. C. Geraldes, A. L. Macedo and M. M. C. A. Castro, Eur. J. Inorg. Chem. 2006, 3586-3594.

[49] T. R. Gilson, J. Solid State Chem. 1995, 117, 136-144.

[50] D. Rehder, in: Polyoxometalates: from Platonic Solids to Anti-Retroviral Activity, M. T. Pope and A. Müller (Eds), Kluwer , Dordrecht, 1994, pp. 157-166.

[51] M. -H. Lee and K. Schaumburg, Magn. Reson. Chem. 1991, 29, 865-869.

[52] S. C. Sendlinger, J. R. Nicholson, E. B. Lobkovsky, J. C. Huffman, D. Rehder and G. Christou, Inorg. Chem. 1993, 32, 204-210.

[53] H. Zhu, Q. Liu, Y. Deng, T. Wen, C. Chen and D. Wu, Inorg. Chim. Acta 1999, 286, 7-13.

[54] (a) J. K. Money, J. C. Huffman and G. Christou, Inorg. Chem. 1985, 24, 3297-3302; (b) J. R. Nicholson, J. C. Huffman, D. M. Ho and G. Christou, Inorg. Chem. 1987, 26, 3030-3034.

[55] R. J. H. Clark and P. C. Turtle, J. Chem. Soc. , Dalton Trans. 1978, 1714-1721.

[56] W. Tsagkalidis, D. Rodewald and D. Rehder, J. Chem. Soc. , Chem. Commun. 1995, 165-166.

[57] (a) G. R. Willey, M. T. Lakin and N. W. Alcock, J. Chem. Soc. , Chem. Commun. 1991, 1414-

1416; (b) U. Heizel, A. Henke and R. Mattes, J. Chem. Soc., Chem. Commun. 1997, 501-508.

[58] (a) H. Nekola, D. Wang, C. Grüning, J. Gätjens, A. Behrens and D. Rehder, Inorg. Chem. 2002, 41, 2379-2384; (b) D. Wang, A. Behrens, M. Farahbakhsh, J. Gätjens and D. Rehder, Chem. Eur. J. 2003, 9, 1805-1813.

[59] M. Farahbakhsh, H. Nekola, H. Schmidt and D. Rehder, Chem. Ber./Recl. 1997, 130, 1129-1133.

[60] H. Maeda, K. Kanamori, H. Michibata, T. Konno, K. Okamoto and J. Hidaka, Bull. Chem. Soc. Jpn. 1993, 66, 790-796.

[61] M. R. Maurya, A. Kumar, A. R. Bhat, A. Azam, C. Bader and D. Rehder, Inorg. Chem. 2006, 45, 1260-1269.

[62] M. R. Maurya, Coord. Chem. Rev. 2003, 237, 163-181.

[63] E. wiatkowski. G. Romanowski, W. Nowicki, M. K wiatkowski and K. Suwinska, Polyhedron, 2003, 22, 1009-1018.

[64] C. Wikete, P. Wu, G. Zampella, L. De Gioia, G. Licini and D. Rehder, Inorg. Chem. 2007, 46, 196-207.

[65] J. Gätjens, B. Meier, Y. Adachi, H. Sakurai and D. Rehder, Eur. J. Inorg. Chem. 2006, 3573-3585.

[66] J. Costa Pessoa, M. J. Calhorda, I. Cavaco, I. Corriera, M. T. Duarte, V. Felix, R. T. Henriques, M. F. M. Piedade and I. Tomaz, Dalton Trans. 2002, 4407.

[67] S. K. Dutta, S. Samanta, S. B. Kumar, O. H. Han, P. Burckel, A. A. Pinkerton and M. Chaudhury, Inorg. Chem. 1999, 38, 1982-1988.

[68] T. Hirao, Chem. Rev. 1997, 97, 2707-2724.

[69] (a) J. Yamada and K. Nomura, Organometallics 2005, 24, 3621-3623; (b) G. Liu, D. J. Beetstra, A. Meetsma and B. Hessen, Organometallics 2004, 23, 3914-3920.

[70] F. Basuli, B. C. Bailey, D. Brown, J. Tomaczewski, J. C. Huffman, M. -H. Baik and D. J. Mindiola, J. Am. Chem. Soc. 2004, 126, 10506-10507.

[71] (a) H. Gailus, H. Maelger and D. Rehder, J. Organomet. Chem. 1994, 465, 181-185; (b) M. Billen, G. Hornung and F. Preuss, Z. Naturforsch, Teil B 2003, 58, 975-989.

[72] C. Boöttcher, D. Rodewald and D. Rehder, J. Organomet. Chem. 1995, 496, 43-48.

[73] (a) J. Schiemann and E. Weiss, J. Organomet. Chem. 1983, 255, 179-191; (b) U. Francke and E. Weiss, J. Organomet. Chem. 1977, 139, 305-313.

[74] J. H. Osborne, A. L. Rheingold and W. C. Trogler, J. Am. Chem. Soc. 1985, 107, 6292-6297.

本章缩写

(1) NHE：标准氢电极，normal hydrogen electrode。

(2) NMR：核磁共振，nuclear magnetic resonance。

(3) VSEPR：电子对排斥，valence shell-electron pair repulsion。

(4) ATP：三磷酸腺苷，adenosine triphosphate。

（5）ADP：二磷酸腺苷，adenosine diphosphate。

（6）NADP：烟酰胺腺嘌呤二核苷酸磷酸，nicotine adenine dinucleotide phosphate。

（7）Lac：乳酸，lactate。

（8）hba：L-α-羟基异丁酸，L-α-hydroxyisobutyric acid。

（9）cit：柠檬酸盐，citrate。

（10）GSH：γ-葡萄糖-半胱氨酸-甘氨酸，γ-glu-cys-gly。

3 表征钒的天然和模型化合物的物理化学方法

3.1 ^{51}V NMR 波谱

3.1.1 概况

要获得^{51}V核磁共振（NMR）信号，钒化合物必须是逆磁性的，此类物质包括$V^{V}(d^0)$、低自旋$V^{III}(d^2)$、低自旋$V^{I}(d^4)$、$V^{-I}(d^6)$和$V^{-III}(d^8)$。此外，具有强反铁磁耦合的双核$V^{IV}(d^1)$中心也可被NMR检测到。只要d^0和d^1两个体系之间没有交换，顺磁“杂质”（如V^{V}经还原剂部分还原形成的物质同时含有V^{IV}与V^{V}）不会妨碍V^{V}化合物产生^{51}V NMR信号。然而，信噪比通常会因此下降，并且图谱的化学位移和线宽也可能会受到影响，而这取决于两个体系之间是否存在大量的接触。如果将V^{IV}/V^{V}复合物的两个中心隔离（没有内部电荷转移），则能分别产生V^{V}和V^{IV}中心的^{51}V NMR信号和电子顺磁共振（EPR）信号。图2-33中的配合物42就是一个例子。由于钒（Ⅳ）是优良的EPR活性物质（见3.3节），所以对于含V^{V}或V^{IV}的钒化合物，EPR和^{51}V NMR是两种互补和高效的分析工具。

在过渡金属原子核中，^{51}V是唯一具有优异NMR性质的原子核（表3-1）。它的NMR活性接近质子，这是因为其具有高天然丰度和良好的磁旋比，后者还增加了^{51}V在^{13}C的探测频率附近的信号活性。^{51}V核的核自旋为7/2。核自旋>1/2时原子核电荷为非球形分布，从而产生四极矩。^{51}V核的四极矩为$-4.8fm^2$，相对较小，因此通常可以获得高分辨率光谱。然而四极矩会产生较强的弛豫，从而导致光谱线展宽（见3.1.3.1节），当考虑到光谱分辨率时这可能会被认为是一个缺点。通常这种弊端会被大跨度的化学位移范围所消除，范围大约为化学位移$\delta=4600$。因此，即使钒原子核中电子状态的微小变化也能通过化学位移的变化被检测到。化学位移对温度很敏感，所以化学位移δ值的比较要在大致相同的温度下进行测定。这对于低价钒化合物的测定特别重要。

表 3-1　两种磁性钒核的 NMR 相关参数

核	核自旋数 I	四极矩 Q/fm^2	丰度/%	回旋磁比 $\gamma/\mathrm{rad}\cdot(\mathrm{s}\cdot\mathrm{T})^{-1}$	相对敏感度 ^{1}H	频率 v_0/MHz①
^{50}V	6	+21	0.24	$+2.6721\times10^7$	1.3×10^{-4}	9.988
^{51}V	7/2	−4.8②	99.76	$+7.0492\times10^7$	0.38	26.350

① 频率于 2.35T 磁场中测定（在 TMS 中 ^{1}H 在 100MHz 时产生共振）。

② $Q(^{51}\mathrm{V})$ 的值通常被报道为 $-5.2\mathrm{fm}^2$，近期被修改了[1]。

因为四极核的短弛豫时间极大地缩短了在两个脉冲之间进行 NMR 检测的延迟时间，所以检测所需时间很短，即在微摩尔浓度水平下只需很短的检测时间就可得到多种 ^{51}V NMR 信号。除了这个明显的优势之外，四极核还能在“经典”参数（如化学位移（或屏蔽）和耦合常数）的基础上提供一些额外信息。四极核线宽的变化是另一个敏感的量，用于评价钒化合物第一配位层的电子和位置情况、其外围情况、（局部）对称性以及与基质（即反离子、溶剂分子以及溶液的其他组分）的相互作用。

约 0.24%的天然存在的钒以 ^{50}V 的形式存在，其 NMR 性质要差得多（表 3-1）。因此该核不常用于 NMR 分析光谱。

^{51}V 化学位移值的参比物质是纯 $VOCl_3$，其化学位移值被设置为零。由于 $VOCl_3$ 是一种在潮湿空气中容易水解的腐蚀性液体，因此有必要使用更易保存的“辅助性”参比物质。有时会使用 1mol/L 偏钒酸钠的水溶液（pH＝12）作为参比物质，其含有的阴离子为 VO_4^{3-}（化学位移 $\delta=-535.7$）和 $V_2O_7^{4-}$（化学位移 $\delta=-559.0$）。已有关于 ^{51}V NMR 谱的综述[1]。

3.1.2　各向同性介质中的屏蔽效应

在这一节中，屏蔽效应将在特殊环境中被消除，在这种环境中，与 ^{51}V 核相结合的分子或离子在溶液中基本上是自由移动的，这里的“基本上”是指钒没有优先取向，或者说其任何优先取向在 NMR 时间尺度（毫秒级）上都是均匀的。在慢运动条件下，在中间相（液晶）和固体状态下遇到的屏蔽情况将在 3.1.3 节中重点讨论。本节首先介绍屏蔽的背景理论，然后是此参数可用于分析的屏蔽范围和特殊屏蔽情况的例子，这使得此参数成为了一个分析手段。最后，本节还将简要讨论二维交换光谱。

3.1.2.1　背景理论

术语“屏蔽常数 σ”和“化学位移 δ”经常被同时使用。式（3-1）表明了它们的相互关系，在本文中，σ_{ref} 是参考物质 $VOCl_3$ 的屏蔽常数①：

① 虽然 δ 是一个无量纲的数，并且 IUPAC 不建议使用 ppm（百万分之几）作为“量纲”，但是为了表述清晰，本书将使用国际单位制单位 mg/L。

$$\delta = \sigma_{ref} - \sigma \tag{3-1}$$

本节将向读者介绍一些相对基本的知识，这些理论解释了一些“正常”分子在各向同性溶液中可获得的屏蔽参数，正常指的是尺寸不是特别大的分子（如与蛋白质结合的钒），其处于所谓的“极窄限度”（extreme narrowing limit），其特征条件为 $2\pi v_0\tau_c \ll 1$，其中 v_0 是测量频率，τ_c 是分子相关时间，是溶质分子在溶剂中迁移性的量度。“极窄化”仅仅是指分子是自由移动的，并且 NMR 检测的频率变化不影响其各个参数的值。虽然这个术语包含了“极”字，但各条件仍处于正常范围内。

NMR 波谱分析的应用实践多是基于一些常用的原子核如 ^{1}H 和 ^{13}C（或许还可算上 ^{19}F 和 ^{31}P），在实际理解和解释 NMR 参数时也几乎只基于 ^{1}H NMR，这可能会导致人们错误地理解能影响“重”核屏蔽效应的因素，“重”指的是所有超过 ^{1}H 和 ^{2}H、^{6}Li 和 ^{7}Li 的核。即使对于锂核，由影响质子屏蔽效应的因素所估算的锂核对应值仅为真实值的一半。在本书的框架中明确屏蔽效应背景理论的一些基本概念可能有助于纠正文献中大量关于 ^{51}V 化学位移肤浅并且不完整或不正确的解释。现将以下两个系列的屏蔽趋势变化作为一个例子进行说明（EN = Allred-Rochow 电负性）：

项　目	$VOBr_3$	$VOCl_3$	$VO(OC_3H_7)_3$	VOF_3
$\delta(10^{-4}\%)$ =	+432	0	−549	−757
EN	2.74	2.83	3.50	4.10
项　目	$[VSe_4]^{3-}$	$[VS_4]^{3-}$	$[VO_4]^{3-}$	VF_5
$\delta(10^{-4}\%)$ =	+2570	+1574	−541	−895
EN	2.48	2.44	3.50	4.10

在这两个系列中，人们可能直观地认为屏蔽效应会随着钒取代基的电负性（吸电子能力）的增加而降低。与此相反的是一种被称为屏蔽效应的“反电负性依赖性”的现象①。显然，这两个系列中的屏蔽效应不易解释。

各向异性屏蔽常数为一个 3×3 的张量，其主（对角线）分量 $\sigma = 1/3\ (\sigma_{xx} + \sigma_{yy} + \sigma_{zz})$，可用三项之和表示：

$$\sigma = \sigma_{dia} + \sigma_{para} + \sigma_{nl} \tag{3-2}$$

① 在“闭壳”钒配合物如 $d^4(V^{+1})$ 和 $d^6(V^{-1})$ 中能观察到“正常电负性依赖性”，即屏蔽效应随着配体配位原子的电负性（或配体的基团电负性）增加而降低。由于这些氧化态与钒的生物化学关系不大，如果有的话，所以这里将不讨论“正常依赖性”。感兴趣的读者阅读参考文献［1］。

式中，σ_{nl}为非局部贡献，即不来自于钒直接配位层的贡献。这个参数值主要反映了抗衡离子和其他基体效应的影响，在^{51}V NMR 中通常小到可以忽略。参数σ_{dia}代表局部贡献，即抗磁性贡献，控制着质子屏蔽效应的变化情况，在锂NMR 中也控制着屏蔽效应的改变。在其他核中（包括^{51}V），σ_{dia}主要由核心电子控制，即σ_{dia}是值相当大但基本恒定的一项，因此几乎不参与屏蔽中的任何变化。剩下的是局部顺磁σ_{para}这一项。在这一参数中，“para”的选择有失偏颇，可能是因为将未成对电子（如顺磁性$V^{IV}(d^1)$配合物中）的顺磁性与此处混淆了。在屏蔽效应的相关章节中，σ_{para}所指的是由电子激发的“顺磁状态”，当双占用的反磁性（$S=0$）的基态电子被激发到原本未被占用的状态时就会产生顺磁状态。

在配位场理论框架中，纳入了配位层钒中心和配体之间的共价结合的贡献，σ_{para}可以通过简化后的式 3-3 来表示，其中共价结合的贡献由 LCAO（原子轨道的线性组合）系数 c 等参数来量化。在式 3-3 中，$(\Delta E)_{av}$代表实际（或平均）激发能量，即贡献电子跃迁的平均 ΔE。因子$\langle r^3\rangle$是 r^3的期望值，是 3d 电子云扩展效应的量度，对 V^V 化合物来说是 4p 电子云。

$$\sigma_{para}=-\text{常数}\times(\Delta E^{-1})_{av}\langle r^{-3}\rangle c^2 \tag{3-3}$$

因此σ_{para}取决于：

配体场的强度，即 ΔE^{-1}；

配体电子云的重排效应或软性或极化性，即$\langle r^{-3}\rangle$；

金属配位键的共价性，即 c^2，对于排斥离子（静电）相互作用，$c=1$，否则$c<1$。

注意，σ_{para}对屏蔽提供了负面的贡献，即σ_{para}是一个去屏蔽项。因此，当σ_{para}变小时，总屏蔽增加（式 3-3）。一个小的σ_{para}项以及其导致的强整体屏蔽效应可能具有以下特性：

较强的配体场（ΔE 大，ΔE^{-1}小）；

配体是软性的（$\langle r^3\rangle$大，$\langle r^{-3}\rangle$小）；

钒与配位键的共价性质占主导地位（$c\ll1$）。

这些影响可以相互抵消。在上面提供的两个系列的钒（V）化合物中，取代基电荷最负的物质产生了最强的总体屏蔽效应，其最主要的影响来自于配体强度。图 3-1 中显示了 ΔE 的高占比率以及钒氧三卤化物 VOX_3（X=Br、Cl、F）的半定量分子轨道分布示意图。当 X=Cl 或 Br 时，产生主要贡献的 $HOMO_S$是（V═O）π 键（3e，27% V_{3d}）和（V—Cl）σ_p键（4e 和 $5a_1$，25% V_{3d}）所占据的轨道。X=F 时，其唯一的相对占比率是（V═O）π 键（5e 和 $5a_1$，34% V_{3d}）。在所有三种情况下，LUMO 本质上都是约-10.5eV 的钒 3d 空轨道。未键合轨道与卤素 n（X）杂化，因为不与钒结合所以其没有 ΔE 贡献。

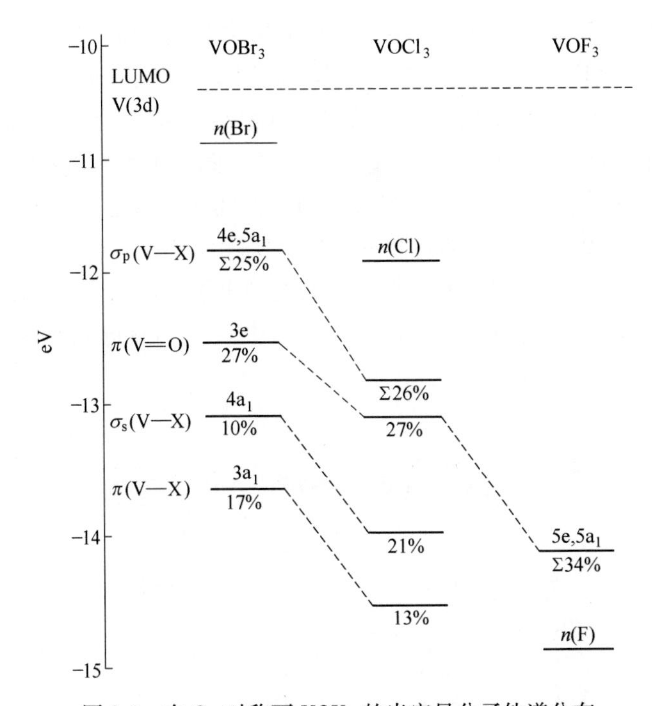

图 3-1　在 C_{3v}对称下 VOX_3 的半定量分子轨道分布

（能量尺度为电子伏特（eV）。$LUMO_S$处于约−10.5eV 的地方，约等于几乎空的 V(3d) 轨道的能量。对 ΔE 的主要 $HOMO_S$ 贡献已被加粗显示。能量水平条下面的数字是 V(3d) 轨道对这些能量水平的贡献百分比。非键合 n(X) 无贡献。图片根据参考文献［2］重新绘制）

3.1.2.2　屏蔽范围

对于无机钒化合物，化学位移的低场极限①为［VSe_4］$^{3-}$（化学位移 δ= +2570），高场极限为 VF_5（化学位移 δ= −895），即分别对应于极软性（电负性相对较低）和极刚性（高电负性）配体的钒化合物。对于有机钒化合物，化学位移的范围从［$(CpV)_2\mu$-O(μ-Te)(μ-Te_2)］［Cp = η^5-环戊二烯基(1-)］的化学位移 δ = + 2382 到［CpV$(CO)_3SnPh_3$］$^-$ 的化学位移 δ = − 2054[1]。判断屏蔽效应时可以引用以下经验规则：

（1）电负性。如 2.1.3 节和 2.3.4 节在钒氧三卤化物 VOX_3 和四硫杂钒酸盐［VX_4］$^{3-}$中所讨论的，电负性和屏蔽效应之间存在明显的相关性：在一系列类似的化合物中，屏蔽效应随着 ΣX 的电负性的增加而增加。“类似”是指非边靠边侧向配位（η^2）的“单纯”配体［本书对“单纯”的定义参见下面的（5）］。

① 高/低场是指磁场的高/低场。

含 O-和 N-官能配体的配合物其化学位移 δ 通常会处于−400～−600 的范围内[2]。引入氯配体或一个简单的硫配体如 S^{2-} 或 RS^- 可以消除钒原子核的屏蔽效应。

（2）配位数和配合物结构。在一系列具有相同配体功能的配合物中，如 VO_n（n=4～6），屏蔽效应通常随着 n 的增加而减弱。图 2-3 的 NMR 钒谱和表 2-3 中的数据展示了一些代表性的钒酸盐作为示例。四面体钒酸盐在化学位移 δ=−534 到化学位移 δ=−586 的范围内都会产生共振，实际的化学位移取决于核和质子化状态（图 3-2）。在图 2-7 中的钒酸盐十聚物的外围钒中心，即 Va 和 Vb 的 C_{4v} 位点，钒的配位环境可以用 $O═VO_4O'$ 描述，其中 O′上与双键氧处于反位的键是

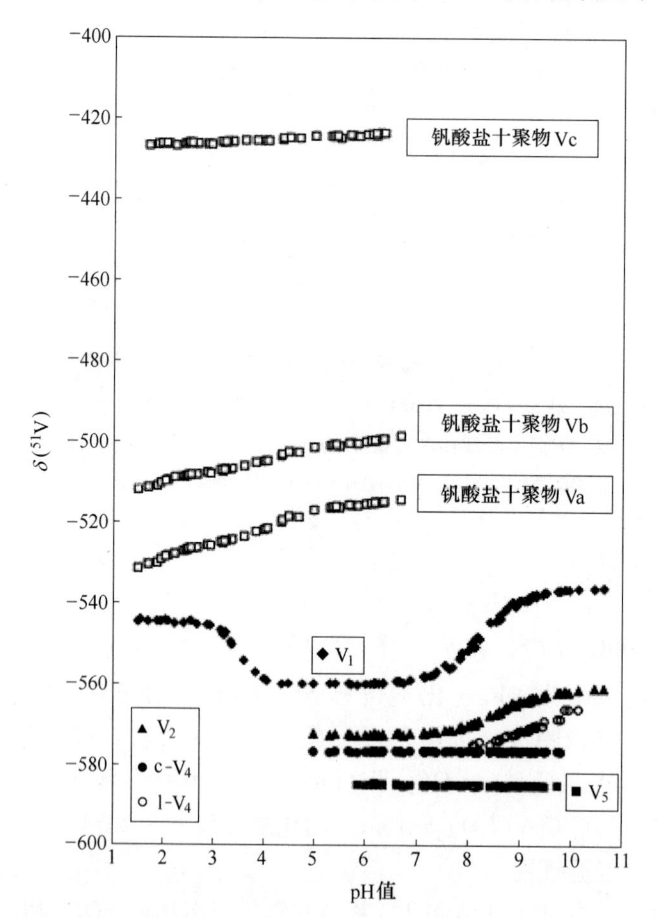

图 3-2 pH 值对钒酸盐十聚物（三个钒位点 Va、Vb 和 Vc 参见图 2-7a）、单钒酸盐［$V_1 = H_xVO_4^{(3-x)-}$，低于 pH=2 时为 VO_2^+］，二钒酸盐［$V_2 = H_xV_2O_7^{(4-x)-}$］、环状钒酸盐四聚物（$c-V_4=V_4O_{12}^{4-}$）、线性钒酸盐四聚物（$l-V_4=V_4O_{13}^{6-}$）以及钒酸盐五聚物（$V_5=V_5O_{15}^{5-}$）的化学位移的影响

（V_1、V_2、c-V_4 和 V_5 的结构参见图 2-6。版权由瑞典 Umeå 大学 L. Pettersson 所有）

弱键。这些位点的配位环境介于四方锥型和四角双锥型之间；其化学位移集中在δ=−500 附近。对于四面体钒酸盐，在钒酸盐十聚物的中心钒原子（Vc 的 O_h 位点）上能观察到更明显的去屏蔽作用，其化学位移 δ=−420(2)。

通过式 3-4，可用单钒酸盐的屏蔽常数和质子化状态之间的关系来计算液态介质的 pH 值：

$$pH = pK_a + \lg[(\delta_2 - \delta_{obs})/(\delta_{obs} - \delta_1)] \tag{3-4}$$

式中，pK_a=8.17（K_a是在 0.15mol/L NaCl 中，即等渗条件下 $[H_2VO_4]^-$ 的酸度常数）；δ_1 和 δ_2 分别为 $[H_2VO_4]^-$（δ_1=−538.8）和 $[H_2VO_4]^-$（δ_2=−560.4）的化学位移；δ_{obs}为实际观察到的化学位移。

配位数对屏蔽作用的影响的第二个例子为正钒酸酯 $VO(OR)_3$。对于较大的取代基 R 或在稀溶液中，这些酯以单体存在，在配位结构为三角锥型时，配位数是 4。对于较小的取代基 R 或在浓度足够高的溶液中，这些酯将发生二聚和低聚，并且导致配位数为 5 的三角双锥配位，如图 2-11 所示。例如，$VO(OEt)_3$ 的极限化学位移值分别为−605（单体）和−573（低聚物）[3]。

（3）空间效应。高价钒化合物中体积大的配体会引起高化学位移值。仍旧以正钒酸酯 $VO(OR)_3$ 为例，R=Et 时 δ=−605，R=*i*Pr 时 δ=−623，R=CMe_3 时 δ=−681[3]。对于含有两个或更多手性元素的配合物，其不同的非对映异构体的化学位移是不同的。如果钒处于其中一个手性中心（图 2-26），非对映异构体之间的化学位移差通常为 5~20，这取决于配位层中钒中心和手性元素（中心或平面）之间的分离程度；参见下面的（5）。

（4）过氧和羟酰胺配体。这些配体几乎完全平行于侧链，从而产生三环结构。屏蔽的净效应是每单位过氧化物（O_2^{2-} 或 RO_2^-）或羟基酰胺（NR_2O^-，R ═ H 和/或烷基；官能化 R 参见下面的（5））导致化学位移上升约 50（或更多）。表 2-4 列出了相关数据。

（5）非单纯配体。能够使电子密度向金属离域的配体称为“非单纯配体”。这种配体－金属电荷转移（LMCT）产生了图 3-3 中所示的共振杂化，从而导致了钒核大量的去屏蔽效应。事实上，化学位移与 LMCT 带在可见光和近红外区域中的能量线性相关[4]，即式 3-3 中的 ΔE 项：低能量的 LMCT 跃迁会产生强烈的去屏蔽效应。

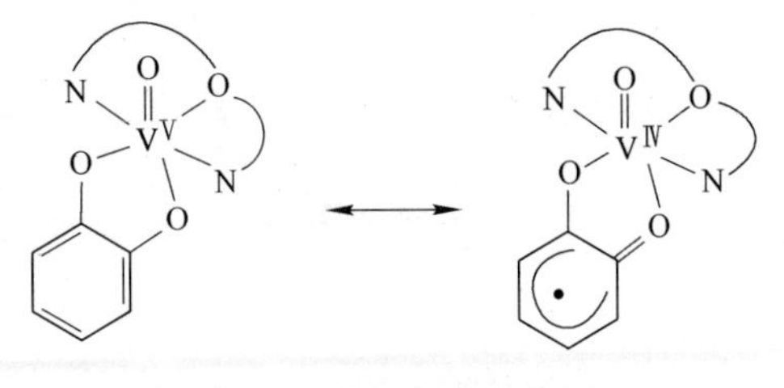

图 3-3　共振杂化示意图

非单纯配体通常是羟肟酸和儿茶酚类物质。作为示例，图 3-4 对比了三个含有衍生自水杨醛和氨基乙基咪唑的希夫碱配体的配合物以及它们的化学位移值。“非单纯”的希夫碱配体产生了一个正常的 δ 值，羟肟酸和儿茶酚衍生物产生了大量的去屏蔽效应，且儿茶酚诱导产生的去屏蔽效应强于羟肟酸。杯芳烃和官能化的羟肟化合物 NR_2O^- 一定程度上也是非单纯化合物，其中取代基 R 的终端结构为羧酸酯。这种类型的配体存在于鹅膏钒素（amavadin）（见 4.2 节）中。图 3-5 显示了人造鹅膏钒素的氧化形式（即 V^V）的 ^{51}V NMR 谱［由钒化合物前体与外消旋 2, 2′-（羟胺）二异丙酸反应得到］。值得注意的是，观察到了三个前所未有的低场信号，化学位移约为-240。这三个信号对应于三个非对映异构体，这是由于配体上 R-和 S-中心的不同组合，以及相对于钒具有不同取向的 Δ 和 Λ 对映体的不同组合。

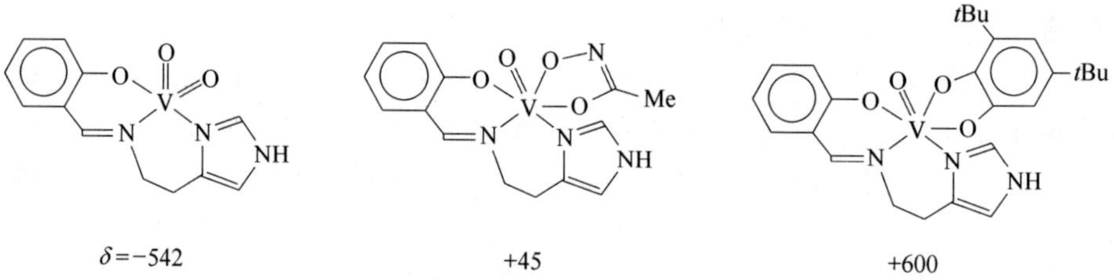

$\delta=-542$　　+45　　+600

a　　b　　c

图 3-4　钒氧配合物的化学位移 $\delta(^{51}V)$

（非单纯配体诱导的低场化学位移（去屏蔽效应）[4]）

a—单纯的亚水杨胺氨基乙基咪唑配体；b，c—非单纯的甲基羟肟酸和双（叔丁基）儿茶酚酸盐

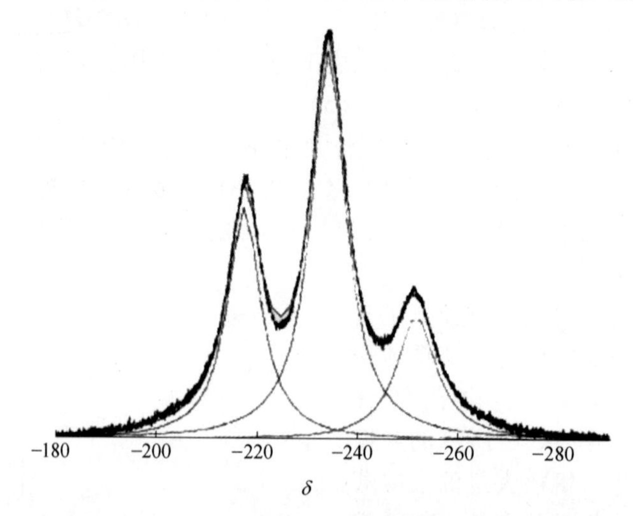

图 3-5　在 0.1mol/L HCl 中，三个氧化鹅膏钒素非对映异构体的混合物的 ^{51}V NMR 谱

（化学位移为-217，-234 和-252[5]。J. Lenhardt et al.，Chem. Commun.，4641~4643. 版权（2006）为英国皇家化学会所有）

3.1.2.3　二维交换光谱

两种或更多种不同形态的钒之间的化学交换速率与弛豫速率（NMR 实验中

激发态物质的寿命）处于相同的时间尺度上，即毫秒级。钒的这一优点，加之此时间尺度上的平衡系统通常是非合并的，这支持了二维交换光谱（2D-EXSY）的应用。用 EXSY 对钒酸盐体系进行研究，在图 2-6 中展示了单、二、四和五聚钒酸盐之间的平衡关系[6]。图 3-6 描述了上面提到的 $\{VO(OR)_3\}_n$［（2）和图 2-11］中单、二聚酯之间的平衡情况。EXSY 中的关键是选择“正确”的混合时间，即从一种交换物质到另一交换物质所能形成的最大磁化转移所对应的时间。根据具体的系统，这些混合时间通常在 0.1～10ms 之间。

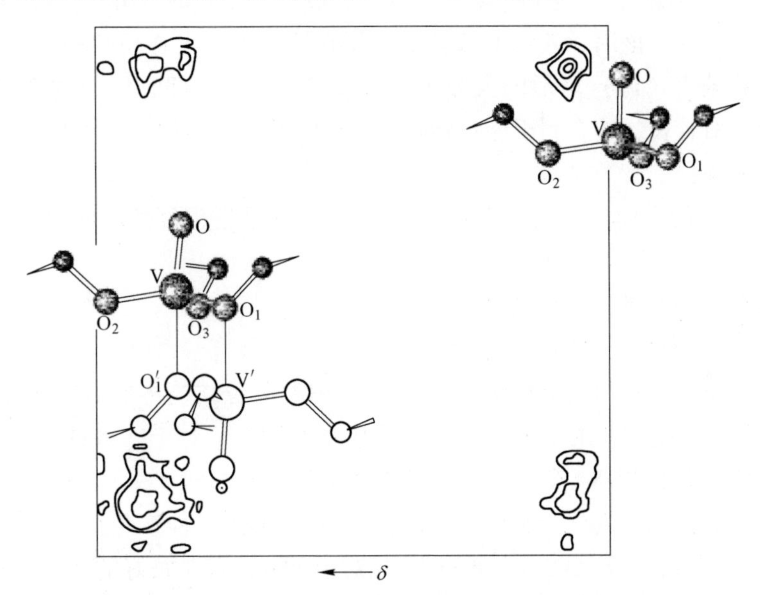

图 3-6　$\{VO(OEt)_3\}_n$ 的二维同核^{51}V 交换光谱

（混合时间为 1.5ms，$n=1$ 和 2。非对角线上的峰（左上角和右下角的交叉峰）表示交换。二聚物 $\delta=-573$，单体 $\delta=-605$）

3.1.3　其他的^{51}V NMR 参数

在各向同性条件下，线宽和核自旋-自旋耦合常数可用于表征钒化合物的附加参数。

3.1.3.1　线宽

线宽通常在信号的半高处测量，用 $W_{1/2}$表示，单位为赫兹（Hz）。线宽与弛豫时间 T 成反比。有两种弛豫机制，分别为自旋-晶格（或纵向）弛豫 T_1 和自旋-自旋（或横向）弛豫 T_2。T_1 对应于从激发核到环境的能量转移。对于四极核来说，这种能量转移可使其从激发态“松弛”到基态，以电场梯度为媒介的四极相互作用是弛豫的主要方式。T_2 对应于熵转移；在各向同性条件下 $T_2\approx T_1$。弛豫过程可以通过式 3-5 来描述：

$$W_{1/2} = (\pi T)^{-1} = 0.041\pi^2 \times C_Q(1 + \eta^2/3)\tau_c \tag{3-5}$$

式中，C_Q为四极耦合常数，$C_Q = e^2 q_{zz} Q/h$，Q 为四极矩（-4.8fm^2），e 和 h 分别为基本电荷和普朗克常数，q_{zz}为 zz 方向上的电场梯度。四极耦合常数描述了特定配位环境中的^{51}V 核与矩阵产生的电场之间的相互作用强度。它的值对直接配位配体的官能团的电性质以及局域对称性非常敏感。局部对称性也会影响对称参数 η，对于轴对称结构其值为 0。最后，当涉及线宽的变化时，分子关联时间 τ_c是一个重要的因素。该因子表示所涉及的分子在溶剂中自由移动的程度。大分子，特别是形状偏离（近）球形的大分子，会缓慢地翻滚，即它们与溶剂偶极子关联的时间相对较长，这有利于能量转移，从而降低 T 并增加 $W_{1/2}$。半高宽度的影响因素可分为：

（1）黏度的增加将通过 τ_c使 $W_{1/2}$增加。黏度主要随温度的降低和浓度的增加而增加。

（2）配体体积的增大会使 $W_{1/2}$增加。

（3）具有螯合结构的环配合物的拉伸会引起线展宽。

（4）在立方对称（T_d，O_h）和类立方对称的配位结构中能观察到最窄的线宽。钒酸盐，包括它们的质子化形式就是典型的例子。对于许多具有局部 C_{nv}对称性的系统，例如 $VOX_3(C_{3v})$，也会出现窄线。

（5）在相同结构的化合物中，硬配体（强 σ-供体）能产生比软供体更窄的信号。$[VO_4]^{3-}$相对于 $[VS_4]^{3-}$和 VOF_3 相对于 $VOBr_3$ 都是很好的例子。

在实践中，线宽是由包含所有这些影响的复杂模式决定的，因此几乎不可能规定特定配合物种类的“典型”线宽范围。基本上，在线宽介于 30～3000Hz 之间，T_d和 C_{3v}化合物接近范围下限，具有大体积配体的低对称化合物则接近范围上限。为了获得最佳分辨率，可以通过选择适当的溶剂、温度和浓度，将上述（1）、（2）两点的影响最小化。当需要防止松弛解耦时，这些也很重要（见 3.1.3.2 节）。

正如本章开头所提到的，VO^{2+} 顺磁性的存在可能进一步恶化这种情况。最后，应该注意的是，式 3-5 对线宽的影响可以通过动态化学平衡系统产生的线宽变化来抵消。因此，增加温度（降低黏度）时预期的线宽减小可能不会出现，因为随温度升高而增加的交换速率使线宽增加且接近积聚限度。

3.1.3.2 核自旋-自旋耦合

核自旋-自旋耦合常数 J，也被称为标量耦合，在钒核 V 和配体核 L 之间，由费米接触项（式 3-6）决定。这个术语描述了原子核磁矩、电子磁矩之间的相

互作用对各向同性的贡献。

$$J_{VL} \propto \gamma_V \gamma_L (^3\Delta E)^{-1} |S(O)_V|^2 |S(O)_L|^2 \sigma(s)^2 \tag{3-6}$$

式中，γ_V和γ_L为两个耦合核的磁化比；$|S(O)_V|^2$和$|S(O)_L|^2$分别为各自核的s-电子密度；$(^3\Delta E)^{-1}$为平均三重激发能量［需注意，在量化J时，三重态能量是相关的，而在顺磁性去屏蔽的相应式3-3中，会涉及单重能量］；$\sigma(s)^2$为σ对V—L键的贡献，包括π相互作用产生的协同效应。根据式3-6，以下情况会产生高效耦合（大耦合常数）：

强电负性配体（主要通过s轨道的收缩而导致的$|S(O)_L|^2$增加）；

通过加强V—L键的$\sigma(s)$特性来增强V—L相互作用。

根据V和L核之间的键的数目，可以观察到一个或两个键的耦合，^1J或^2J，或者更一般地，^nJ，其中J的大小随着n的增加而迅速减小。影响耦合的一个主要因素是弛豫。有效弛豫可将共振线扩展到耦合无法被分辨的程度，甚至由于松弛解耦而使耦合消失，即弛豫太快以至于两个核之间无法接触。降低黏度（见3.1.3.1节）可以改善这种情况。一个高辨析度耦合模式的例子是富^{17}O正钒酸盐的^{51}V NMR谱（图3-7a）。核^{17}O的自旋数为5/2，因此能产生6个等积分强度的等值线。此外，借助L核（而非^{51}V）还可有所帮助，如果L核的自旋数为1/2（例如^{19}F和^{31}P），只要光谱能够被分辨则会显示8个等距线。虽然分辨率很低，但耦合会导致类似于高台的信号，即8条等距线模式的包络，从中仍然可以提取耦合信息。图3-7b的^{31}P NMR光谱是一个例子[7]。平稳阶段的凹陷是由于（未解析的）八线模式的最左和最右分量比中心分量窄。

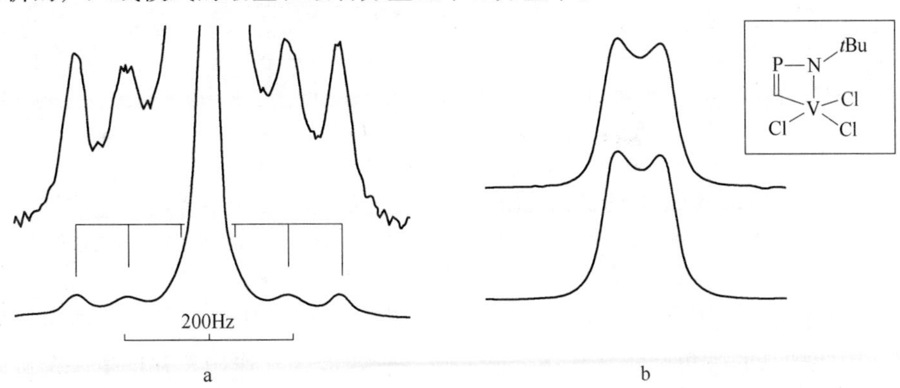

图3-7 ［VO_4］$^{3-}$的23.7 MHz^{51}V NMR谱（a）和环状亚胺钒配合物（插图）的^{31}P NMR谱（b）
（［VO_4］$^{3-}$富集于180（50.7%）和170（8.3%），主要（中心）共振来自于［$V^{16,18}O_4$］$^{4-}$；
$^1J(^{51}V\text{-}^{17}O)$ = 62Hz导致的耦合模式被叠加。$^2J(^{31}P\text{-}^{51}V)$的包络为30.3Hz。顶部，
实验数据；底部，模拟数据。参考文献［7］。由D. Gudat et al., Magn. Reson. Chem.
40, 139～146的数据重制。版权（2002）为John Wiley & Sons公司所有）

3.1.4 “约束”条件下的 NMR 参数

在各向异性条件下，四极核的 NMR 线型主要受化学屏蔽和（第一和第二阶）四极相互作用影响。偶极相互作用通常只是次要决定因素。一阶四极相互作用增加了 $2I$ 的简并数（在 ^{51}V 的情况下为 7，$I=7/2$）。塞曼跃迁（如图 3-8 所示），能产生 7 个等距离线，一条中心线（$m_I=+1/2 \to -1/2$，不受四极相互作用影响）和 6 条卫星线。光谱的总宽度由核四极耦合常数 C_Q 的大小决定；轴对称性的偏离程度以及图谱的包络形状由不对称参数决定。因此，静态固态 NMR 提供了附加参数，特别是四极耦合常数，这与钒化合物中的电子状态相关[1,8]。中心分量反映了化学位移的各向异性。

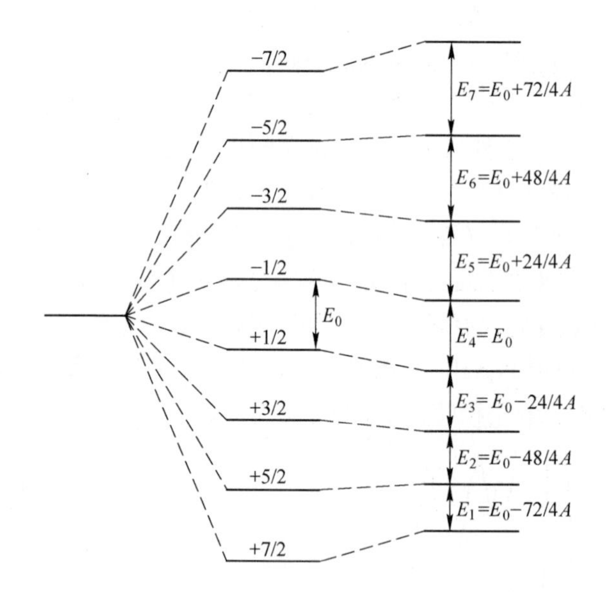

图 3-8 ^{51}V 核的塞曼跃迁和一阶四极分裂（核自旋数 $I=7/2$）

（$A = C_Q(3\cos^2\theta - 1)/8hI(2I - 1)$[8]，$\theta$ 角度定义了（结晶）样品的主轴相对于场方向的取向）

四极扰动包含了（$3\cos^2\theta-1$）因素，在 $\theta=54.7°$ 时其值为零，被称为“魔角”。因此样品的魔角旋转（MAS）能去除一阶四极相互作用，并产生一个旋转侧键，并可从中得到中央突跃的 δ_σ 值，因为改变旋转频率时中央突跃的键位不移动。δ_σ 的量与各向同性化学位移 δ_{iso} 相关，$\delta_\sigma=\delta_{zz}-\delta_{iso}$，而 $\delta_{iso} = 1/3(\delta_{xx} + \delta_{yy} + \delta_{zz})$。图 3-9 中 $VO(CH_2CH_2Cl)_3$ 酯的静态和 MAS 光谱图就是一个典型的例子[9]。表3-2比较了一些钒氧醇盐在各向同性和各向异性环境下的化学位移数据，以及核的四极耦合常数。

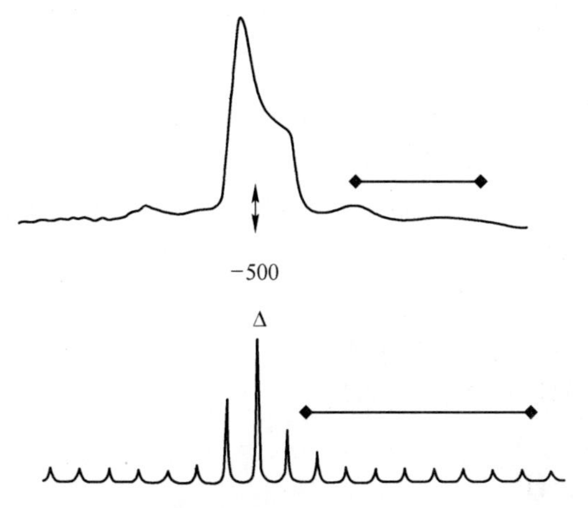

图 3-9 $VO(CH_2CH_2Cl)_3$ 固体的静态（上）和 MAS（下）^{51}V NMR 图谱

（MAS 图谱的中间分量为 Δ[9]。线段表示图谱线宽为 500。根据 D. C. Crans et al.，Inorg. Chem. 33，2427~2438 重制。版权（1994）为美国化学学会所有）

表 3-2 钒（V）氧醇盐的各向同性和各向异性 NMR 参数

组成成分	各向同性介质中的 δ① （戊烷//纯物质）	固体样品的 δ_{iso}②	四极矩耦合常数 C_Q/MHz
$VO(OnPr)_3$	-604 到-587//-555		4.4③
$VO(OiPr)_3$	-624//-628		5.2④
$VO(OtBu)_3$	-681	-666.5	2.1②
$VO(CH_2CH_2Cl)_3$	-609 到-586	-500.6	2.6②

① 室温下，当范围被限定，δ 受浓度控制：第一入口为约 15mmol/L，第二入口为约 350mmol/L，参见参考文献［3］。

② 固态图谱，参见参考文献［9］。

③ 静固态图谱，参见参考文献［3b］。

④ 在向列相 4 中，参见参考文献［8a］。

在一部分有序系统如中间相（液晶、溶致双层系统）中，也观察到了七条分离的等距共振线。分裂的 Δv 再次反映出了一阶四极相互作用，但序参量 S_a 同时显示其值处于中间相的数量级。两个量之间的关系为式 3-7。

$$\Delta v = S_a \times 3C_Q/4I(2I-1) \tag{3-7}$$

因此，光谱分析能提供溶于中间相的钒化合物的核四极耦合常数 C_Q 以及液晶相的序参量。图 3-9 是两个典型的光谱。以溴化十四烷基三甲基铵和十二酸钾为原料在水中产生了溶致中间相介质，以此为基础得到了左侧钒酸盐的一系列图谱[10]。单钒酸盐［HVO_4］$^{2-}$（信号处于低场）在中间相的阴阳离子组分的组成范围内与胶束表面发生弱相互作用，而高场组分［V_2O_7］$^{4-}$ 只与十二烷酸盐有较多的相互作用。右侧图谱显示了 $VO(OiPr)_3$ 溶解在液晶 MBBA 中的情况。

即使没有任何有序限制分子存在，各向同性分子的运动也可以减缓到不使被测系统极窄化的程度，V^V 与蛋白配位形成大分子时会出现这种情况。在这种情况下只能观察到很尖锐的中央突跃（$m_I = +1/2 \rightarrow -1/2$），NMR 参数 δ 和 $W_{1/2}$ 为所用磁场强度 B_0 的函数，以钒酸盐与人血清转铁蛋白的结合为例[11]：

$B_0 = 7.05$T. C-lobe：$\delta = -536.0$，$W_{1/2} = 418$Hz；

N-lobe：$\delta = -536.0$，$W_{1/2} = 418$Hz。

$B_0 = 11.7$T. C-lobe：$\delta = -529.9$，$W_{1/2} = 190$Hz；

N-lobe：$\delta = -531.4$，$W_{1/2} = 268$Hz。

3.2 其他核的 NMR

在反磁性钒配合物中，有关配位模式的信息可以用一维和二维（同核和异核）的方法从配位层中的磁性核获得。在生物活性钒化合物的模型复合物中，信息性自旋探针为-1/2 自旋核 ^{1}H、^{13}C 和 ^{15}N（^{15}N 富集样品中的最后一个优选）以及四极核 ^{2}H($I=1$)、^{14}N($I=1$) 和 ^{17}O($I=5/2$)。^{17}O NMR 是表征过钒氧配合物的有力工具。通常，配体函数越接近钒中心，其化学位移就越偏离未配位配体中的化学位移。偏移差 $\Delta\delta = \delta$（配合物）$-\delta$（游离配体），即所谓的配位诱导位移(CIS)，特别有助于通过 ^{13}C NMR 指定配位模式。图 3-10 中示例了二肽丙酰基组氨酸分别与钒酸盐和过氧钒酸盐进行配位的情况：对于钒酸盐配合物，CIS 值（如图 3-2 中的上侧所示）表明末端羧基与氨基加上去质子化氨基-N 的配位不包括咪唑基部分［参见图 2-15 中的 V(alahis)］。相反，对于过氧钒酸盐［参见图 2-15 中的 $V(O_2)_2$(ala-his)］来说，配位仅通过咪唑基-N（如图 3-10 中下侧所示）进行。[12]

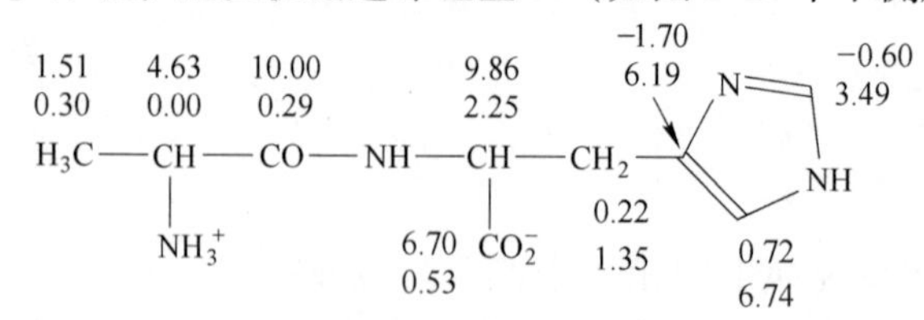

图 3-10　二肽丙酰基组氨酸与钒酸盐及过氧钒酸盐的配位

顺磁性钒（Ⅲ）具有优良的 NMR 位移特性（很短的电子-自旋弛豫时间和很大的超精细耦合常数），能使与钒连接的配体的质子 NMR 信号发生很大的位移。化学位移和顺磁性位移 ^{1}H 共振强度，可用来分析 V^{III} 配合物（且已运用在阐明海鞘的钒细胞中钒的性质；参见 4.1 节）。这包括发生快速配体交换的系统，例如在配位环境中的配位水和“自由”水之间，其中溶剂水“保留顺磁接触信息”。在这种情况下，与顺磁中心接触的水和纯水之间的位移差与钒中心处可用

的可交换配位位点的数量（和钒浓度）成正比；详细内容参见 4.1.2 节[13]。在具有不可变配体的配合物中，如二酮酸盐和酮胺，各向同性接触相互作用使得钙配体质子化学位移达到+150~-60[14]。

尽管 V^{III} 能引起 ^1H 共振，这些共振基本上是偏移的，但仍然尖锐到足以被检测到，V^{IV} 极大地扩展了信号，但不引起可观测的偏移[15]。

3.3 EPR 光谱学

3.3.1 概述

电子顺磁共振（EPR）光谱实际上是 NMR 光谱的补充：尽管 EPR 检测到在磁场中切换电子自旋所需的能量（以及相关的弛豫现象），但 NMR 解决了与核的自旋相关的相应效应（如果核是磁性的，即具有自旋性）。它们的主要区别在于能量尺度：EPR 中的千兆赫兹与 NMR 中的兆赫兹。还应注意的是，虽然在（现有）NMR 中磁场保持恒定并且频率调制以便适应诱导跃迁所需的能量，但是经典 EPR 实验是连续波方法（恒定频率，可变磁场）。

为了能够检测到 EPR 信号，由奇数个电子或在偶数个电子的情况下由高自旋提供的电子层产生的总自旋 S 是必须的。对于钒，最简单的情况用钒（Ⅳ），即 d^1 系统（$S=1/2$）表示。在含有 $(V^{IV})_2\mu$-O 或 $(V^{IV}V^{V})\mu$-O 核的双核配合物中，该配合物提供 EPR 信号，EPR 信号的结构取决于两个中心之间是否存在交流。在钒（Ⅲ）或 d^2 的情况下，总体自旋是 $S=0$（低自旋；EPR 无效）或 $S=1$（高自旋）。原则上，这些 $S=1$ 系统易受 EPR 测量的影响。实际上，正如通过偶数个未配对电子所观察到的那样，EPR 跃迁的能量超出了常规的光谱仪可以观察到的范围。此外，弛豫通常快到信号扩大至超出可检测性的程度。高自旋 V^{II}（d^3，$S=3/2$）的表现相似，而低自旋 V^{II}（$S=1/2$）也可以是可行的 EPR 探针。EPR 对钒化合物氧化态的选择是 V^{IV}。由于在外部磁场中激发电子所需的能量在很大程度上取决于与钒相连的官能团的性质所赋予的特定电子情况，因此 EPR 光谱提供了关于钒配位环境的合理信息——正如 NMR 能提供 V^{V} 化合物的信息一样——忽略大部分蛋白质。在含钒生物系统中应用 EPR 的主要推动者是 Chasteen，他对该方法及应用进行了回顾和总结[16]。对于 EPR 的最新和综合处理（包括 ESEEM 和 ENDOR，参见 3.4 节），见 Smith，LoBrutto 和 Pecoraro 的综述[17]。

EPR 实验中的共振条件由式 3-8 定义，其中 ν 是频率，h 是普朗克常数，β 是玻尔磁子，B 是磁场，g 是所谓的 g 因子：

$$h\nu = g\beta B \tag{3-8}$$

g 因子的自由电子值为 $g=2.0023$。在 V^{IV} 配合物中，g 低于这个值，通常介

于1.94~1.98之间。在某种程度上，g 值与NMR实验中的化学位移 δ 相对应；然而，它没有那么有意义（因为它对配体诱导的电子位置的变化不那么敏感）。更重要的是超精细耦合常数 A，它量化了电子自旋与核自旋的耦合程度，因为 ^{51}V 核的自旋为 $I=7/2$，所以单核 V^{IV} 配合物的EPR谱线分裂（如果分解的话）为 $2I+1=8$ 谱线。在磁场的影响下，电子基态（$S=1/2$）分成两个以 $m_S=+1/2$ 和 $-1/2$ 为特征的电子态。另外的分裂通过核自旋的8个不同的磁取向发生，通过 m_I 进行表征。选择规则，$\Delta m_S=\pm 1$ 和 $\Delta m_I=0$，产生8个允许的跃迁。在各向同性条件下，可以观察到八线特征，其两侧是低场下的 $m_I=-7/2$ 跃迁和高场下的 $m_I=+7/2$ 跃迁。EPR谱中的8条线仅在第一近似中是等距的。实际上，随着磁场的增加，线之间的距离逐渐增大。

在分子的各向同性翻转受到限制或退火的条件下，如在冷冻溶液、粉末和其他固态情况下，不仅可以观察到各向异性光谱，即额外的分裂使光谱复杂化，而且还提供了关于配体集的电子性质和取向的重要信息。就钒氧基配合物来说，以占主导地位的V═O单元确定主坐标轴（Z 方向）。在所谓的轴对称的情况下，观测到两组八线，它们具有不同的 g 值和 A 值，分别表示为 $g_{\parallel}$ 和 $g_{\perp}$，以及 $A_{\parallel}$ 和 $A_{\perp}$。平行分量是与V═O指向矢和磁场 B 方向一致的分量。在四角形复合体（八面体，四方锥体）中，$g_{\parallel}<g_{\perp}$ 且 $A_{\parallel}>A_{\perp}$。典型的轴向光谱如图3-11所示。各向异性参数通过 $A_{iso}=1/3(A_{\parallel}+2A_{\perp})$ 和 $g_{iso}=1/3(g_{\parallel}+2g_{\perp})$ 与各向同性参数相关联。如果分子框架中的所有三个轴都是不同的，就会产生一个“菱形”谱，

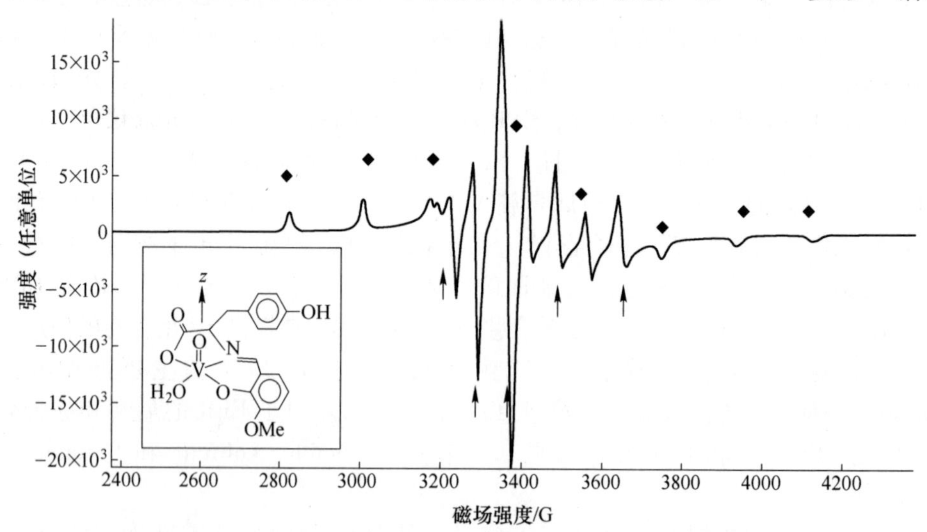

图3-11 典型的钒（Ⅳ）氧配合物（插图）在冷冻THF中的各向异性轴向EPR谱

（配体是由香兰素和酪氨酸衍生的希夫氏碱。金刚石表示 $A_{\parallel}$ 的8个分量（平行的超精细耦合常数；与 z 方向类似的定义，z 方向是磁场的方向）。箭头表示 $A_{\perp}$ 的五个内部组分）

有三个不同的分裂，其特征为 A_x，A_y和 A_z，以及 g_x，g_y和 g_z，其中 z 分量对应于 $A_{\parallel}$ 和 $g_{\parallel}$。x 和 y 分量之间的差异通常较小，并且在整个光谱的中心部分几乎难以分辨。

采用了两条侧线（显示出最宽的分裂）来粗略估计 $g_{\parallel}$ 和 $A_{\parallel}$，$g_{\parallel}$ 是从具有谱中心磁场 B 的式 3-8 中得到的。将两个侧翼共振线之间的分离除以 7 得到 $A_{\parallel}$。通过计算机模拟得到的 g 值和 A 值的细化是必不可少的。

3.3.2 应用

超精细耦合常数的平行分量 $A_{\parallel}$ 对钒（Ⅳ）氧配合物的最常见的几何构型——四方锥形或八面体钒氧配合物的赤道配体组的性质特别敏感。这是配合物的电子基态 d_{xy}导致的结果，允许单钒电子与赤道平面中的供体功能团相互作用。虽然这种基态基本上是非键合的，但是可以产生电子密度向 π 型配体主导的分子轨道的离域，并通过基态轨道总体参数（β^*）^{2} 进行量化。如果电子没有离域，描述 d_{xy}轨道的参数等于 1（即 100%）；若电子有离域，则 d_{xy}轨道的参数小于 1。根据已发表文献得知，含有硫供体的配体组最低（β^*）^{2} 为 0.84，其特别容易产生弱相互作用。由于离域的量与 d_{xy} 轨道中的电子与 V 核之间联系密切，因此低量（β^*）^{2} 将导致 $A_{\parallel}$ 值偏低。$A_{\parallel}$ 和（β^*）^{2} 之间存在近似的线性关系已经被注意到，从而能够对赤道平面上的供体进行初步估计[18]。通过加和关系提供了用于正确分配赤道配体组的更灵敏的工具，根据该关系，$A_{\parallel}$ 是四种赤道配体 i 的贡献总和。这些贡献由一部分超精细耦合常数 $A_{\parallel}(i)$ 量化。典型 $A_{\parallel}(i)$ 的范围在 $32\times10^{-4}\sim46\times10^{-4}$ cm^{-1}之间，如表 3-3 所示。在许多情况下（非全部情况，参见下文），对比测量和计算出的 $A_{\parallel}$ 能够得出关于赤道配体组性质的明确结论。

表 3-3 用于各种结合基团 i 的部分类似的超精细偶合常数 $A_{\parallel}(i)$

合 基 团	$A_{\parallel}(i)$/cm^{-1}
H_2O	45.7×10^{-4}
咪唑环 =N—	$(40\sim46)\times10^{-4}$①
亚胺（席夫碱）=N—；平均值（范围值）	41.6×10^{-4}（$38.1\times10^{-4}\sim43.7\times10^{-4}$）
Cl^-	44.2×10^{-4}
酰胺 C=O	43.5×10^{-4}
SCN^-	43.2×10^{-4}
二甲基甲酰胺	43.7×10^{-4}
羧酸盐 RCO_2^-	$(42.7\sim41.8)\times10^{-4}$
磷酸盐 PO_4^{3-}	42.5×10^{-4}
芳香 N	40.7×10^{-4}

续表 3-3

合 基 团	$A_{\parallel}(i)/cm^{-1}$
酰胺 RNH_2	40.1×10^{-4}
酚盐 RO^-	38.9×10^{-4}
乙酰丙酮 ═C—O⁻	37.6×10^{-4}
芳香族 RO^-	35.3×10^{-4}
噻吩盐 RS^-	35.3×10^{-4}
酰胺 —C(O)NR，平均值（范围值）	35×10^{-4}（$29\times10^{-4}-43\times10^{-4}$）②
脂肪族硫醇盐 RS^-	31.9×10^{-4}

注：数据来源于参考文献［16］~［18］。

① 取决于咪唑环的取向，参见正文。

② 取决于酰胺基团为其组成部分的配体的总电荷（较高电荷的较大值，详细信息见正文）和配位数。

作为多齿配体系统的一个组成部分，特别是对于脱质子化的酰胺氮而言，当配体的总电荷较低时，可产生最低的 $A_{\parallel}(i)$。平均值分别为 $32.7\times10^{-4}cm^{-1}$（电荷-1）、$35.5\times10^{-4}cm^{-1}$(-2)、$38.3\times10^{-4}cm^{-1}$（-3）和 $40.9\times10^{-4}cm^{-1}$（-4）[19]。A 的这种强烈的降低可追溯到脱色氮和钒之间键的离子性/共价性的变化：如果总电荷为-1，则共价性更显著，导致更有效的电子离域，即更小的 $(\beta^*)^2$ 和更低的 $A_{\parallel}(i)$。影响 A 大小的另一个因素是（芳族）配体相对于 V ═ O 矢量的取向。作为组氨酸组分的咪唑配体，它以天然钒（Ⅴ）形式（一个组氨酸）和非活性钒（Ⅳ）形式（两个组氨酸）与钒依赖的卤代过氧化物酶中的钒配位，详细地阐述了这一影响因素。图 3-12 中展示了代表极端的两个钒（Ⅳ）氧化合物的情况。在图 3-12a 中，咪唑和钒氧部分处于同一平面（平行取向）。N（咪唑的芳香族 MO）上的 p 轨道垂直于咪唑平面，因此能够有效地与钒的 d_{xy} 轨道相互作用。其结果是，d_{xy} 电子向配体离域，并且 $A_{\parallel}$（咪唑）相对较小。在图 3-12c 中，咪唑垂直于 V ═ O 矢量。因此，N 上的 p 轨道平行于钒氧基键，通过与 d_{xz} 轨道和 d_{yz} 轨道相互作用与强 π-供体氧基竞争。因此，与供氮轨道只有微小的相互作用。$A_{\parallel}$（咪唑）值已被证明是 $\sin(2\theta-90)$ 的函数，其中 θ 是由钒原子、配位咪唑 N 和其邻位的碳所定义的二面角，如图 3-12c 所示[20]。类似的解释可能适用于表 3-3 中 $A_{\parallel}$（亚胺）所涵盖的范围。

方形的金字塔型钒氧基配合物理想情况下具有局部 C_{4v} 对称性（d_{xy} 基态），并因此代表轴向系统。畸变将这种对称性降低到 C_{2v}，产生菱形系统，从而进一步分裂 $A_{\perp}(\rightarrow A_x$ 和 $A_y)$，这与 e 能级简并度的提高有关（如图 3-13 所示）。A_{xx} 和 A_{yy} 之间的差异反映了失真的程度，除此之外，钒氧配合物与 α-羟基羧酸 H_2L 的合成 $[VOL_2]^{2-}$ 效果显著。其中 $A_{xx}-A_{yy}$ 范围在 8.0×10^{-4} cm^{-1}(L = 乙醇酸）和 $12.2\times10^{-4}cm^{-1}$(L = 苯甲酸盐）之间[21]。这种畸变最终会形成具有双简并基态

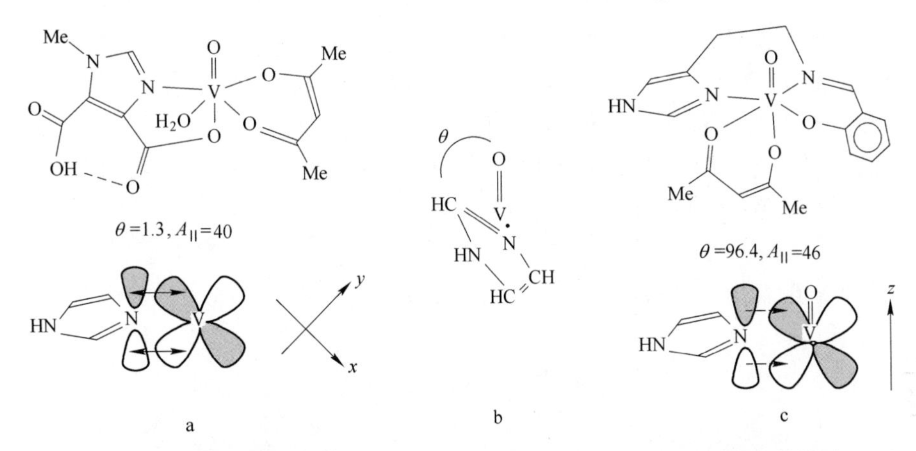

图 3-12　部分平行超精细耦合常数与咪唑环相对于 V＝O 矢量取向的关系

a—平行取向导致 P（芳族）N 供体轨道与 V(d_{xy}）之间的有效相互作用；

b—垂直取向导致配体-金属相互作用无效，这是由于与强 π 供体轴向氧基竞争所致；

c—θ 角示意图，对于二面角 θ 的定义，请参见正文。参见参考文献［20］

（d_{xz}，d_{yz}）的三角形双锥复合体（C_{3v}对称）。一般来说，尽管存在这些畸变，平行分量 A 的加性关系仍然成立，但实验所得 $A_{\parallel}$ 值（或 A_z）略小于计算值。

这种情况随着八面体配合物向三棱柱畸变（如图 3-13 中的左部分）而改变，通常在六配位非钒（Ⅳ）氧配合物中观察到（如图 2-21 中的Ⅲa′所示）[22,23]。配

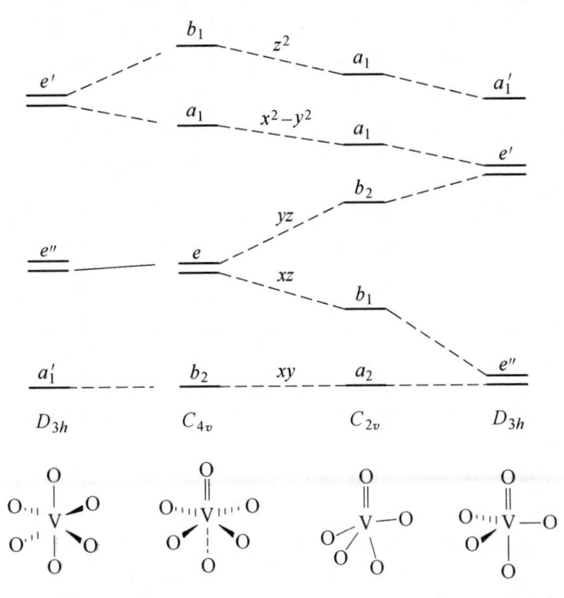

图 3-13　在理想化的局部对称性情况下，将正方形四方锥转换为三角双锥（C_{4v}→C_{2v}→D_{3h}）和八面体转换为三方柱（D_{3h} ← C_{4v}）的轨道相关图

（忽略自旋-轨道耦合）

位体排列中的这种变化与在典型的非氧三元棱柱状钒配合物中从“正常”钒氧配合物中的 d_{xy} 到 $d(z^2)$ 的基态变化有关（例如图 3-14 中的 1c 和 2），导致对参数 g 和 A 产生显著影响（如表 3-4 所示）：

钒氧配合物（四方体，理想状况下的 C_{4v}）：

当所有 g 值<2 时；$g_{\parallel}(g_z)$ < $g_{\perp}(g_x \approx g_y)$：

$$A_{\parallel}(A_z) \gg A_{\perp}(A_x \approx A_y)$$

非钒氧配合物（三棱柱，理想状况下的 D_{3h}）：

$$g_{\parallel}(g_z) > g_{\perp}(g_x \approx g_y);\ g_z \approx 2$$

$$A_{\parallel}(A_z) \ll A_{\perp}(A_x,\ A_y)$$

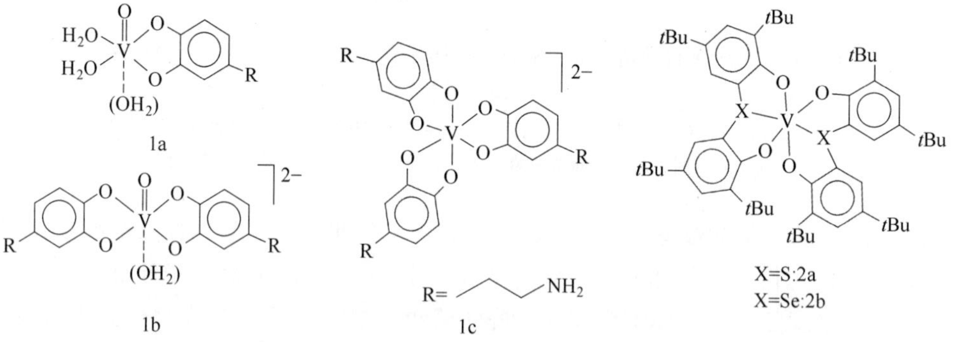

图 3-14　钒氧配合物（1a、1b）和非钒氧配合物（1c、2a 和 2b）

（其 EPR 参数如表 3-4 所示。配合物 1a~1c 中的配体是多巴胺。配合物 2 具有结构特征，配合物 1 的结构是推测的）

表 3-4　钒（Ⅳ）氧配合物和非钒（Ⅳ）氧配合物的部分 EPR 参数

配合物	$g_{\parallel}(g_z)$	$g_{\perp}(g_x/g_y)$	$A_{\parallel}(A_z)$	$A_{\perp}(A_x/A_y)$
VO(L)1a	1.943	1.985	169	69
$[VO(L)_2]^{2-}$ 1b	1.953	1.995	155	57
$[V(L)_3]^{2-}$ 1c	约 2	1.943	—①	109
$VL'_2$2a	1.991	1.961/1.957	13.1	50.0/129.3
V L''_{d2} 2b	1.982	1.958/1.982	19.3	49.7/128.5

注：H_2L 是多巴胺，H_2L'和 H_2L''分别是单萜烯和硒代儿茶酚，结构见图 3-13。A 值的单位为 $10^{-4}cm^{-1}$。数据来自参考文献［22］②和参考文献［23］。

① 太小以致无法检测。

② 重新分配。

含有一个或两个 $V^{Ⅳ}$ 中心的双核钒配合物（有关数据如表 3-5 所示）的 EPR 光谱是一个有趣的例子。在混合价态情况下，即 $V^{Ⅴ}/V^{Ⅳ}(S=1/2)$，可以遇到两种限制情况，即（1）价态局域化和（2）两个钒位点之间的电子的快速交换。

价态局域化产生与单核配合物相同的光谱，即八线谱图（对于每个光谱分量，平行和垂直）。图 2-33 中的配合物 42 和图 3-15 中的配合物 3 是相应的示例。局域化是由（VO)$_2$μ-O 核的同角（如图 2-33 中的 42 所示）和几乎正交的构象（如图 3-15 中的 3 所示）所导致的。仅在固态和冷冻溶液中观察到 3 的局部化状态。在室温下 3 的溶液呈现 15 线谱图，表明电子与两个钒核偶联[24]。低温条件下的双核混合价配合物 41 属于这种情况（如图 2-33 所示）。在图 2-32 的 41 中，(VO)$_2$μ-O 核处于反线性构象：几乎呈线性的 V—O—V 排列使得两个钒中心之间的电子较容易地发生交换。

表 3-5 双核钒配合物的 EPR 参数

配合物	注 释	$g_{\parallel}(g_z)$	$g_{\perp}$ (g_x, g_y)	$A_{\parallel}(A_z)$	$A_{\perp}$ (A_x, A_y)
41（图 2-32）	V^V/V^V，77K	1.949	1.978	168	60.8
3（图 3-14）	V^V/V^V，77K	1.95	1.98	180	67
4（图 3-14）	V^V/V^V，77K	1.95①	1.98	83	25

注：A 值的单位为 $10^{-4}cm^{-1}$。

① 此外，在 $g\approx4$ 中存在半场信号；如图 3-15 所示。

在图 3-15 中的双核柠檬酸盐配合物 4 中，在反共面构象中的两个钒中心都

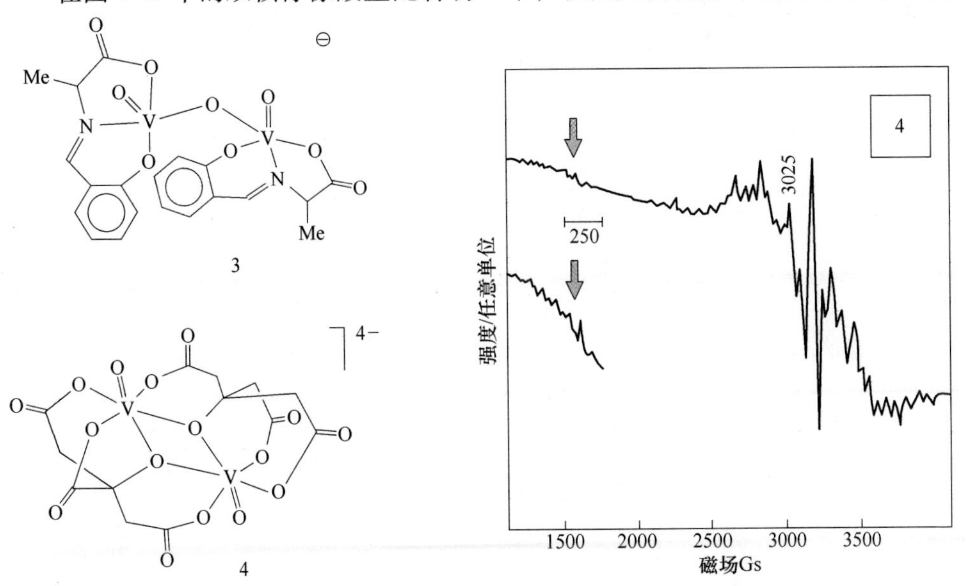

图 3-15 双核 $V^{IV}V^V$ 配合物（3，$S=1/2$；固态和冷冻溶液中的局部自旋态）和 $V^{IV}V^{IV}$ 配合物（4，$S=1$）

（配合物 4 的 EPR 光谱已示出。由平行和垂直分量的 15 条重叠线组成的光谱以约 3200G 为中心。且也存在约 1600G（箭头）的禁戒半场信号。根据 S. Mondal et al.，Inorg. Chem. 36，59~63 重制，版权（1997）为美国化学学会所有）

处于+4 价。铁磁自旋耦合非常微弱，耦合常数为 0.065cm^{-1}。总自旋态为 $S=1$，从而产生具有异常低耦合常数的 15 线谱图（如表 3-5 所示）。有趣的是，在半场处也观察到了 $\Delta m_S=\pm 1$ 所对应的“禁戒”电子跃迁，即 g 因子约为 4[25]。完整的光谱如图 3-15 所示。

3.3.3 其他顺磁中心

儿茶酚或邻醌这样的配体可与钒发生氧化还原反应形成半醌中间体，这是钒酸盐（V）与海鞘中的被囊素（tunichromes）在允许条件下可能发生的反应（4.1 节中的结构图 4-1）。在某些条件下，半醌可通过配合稳定。图 3-16 中的配合物 5 是一个实例，其中钒（V）与两个儿茶酚（2-）和一个半醌（1-）配体配位。单电子是局部的；g 值为 2.004，是有机基团的特征。EPR 谱为十线谱，显示出与一个质子（$A^{H}=4.2\times10^{-4}cm^{-1}$）和^{51}V 核（$A^{V}=2.1\times10^{-4}cm^{-1}$）的耦合，并以十线谱表示[26]。鉴于钒在 O_2、O_2^-和 O_2^{2-} 的产生和转化中的作用，来自过氧配合物 6a（如图 3-16 所示）的超氧配合物 6b 的形成是非常有趣的。在−30℃的乙腈中，通过过氧化物配体的单电子还原，借助电化学生成了超氧配合物 6b[27]。单电子被限制在超氧分子轨道上。与^{51}V 核的耦合产生明显的八线谱图，$A^{V}=2.50\times10^{-4}cm^{-1}$，$g=2.0119$ 为中心。升温至室温得到钒（Ⅳ）氧配合物 6c 和分子氧，即 V^{V} 被超氧配体还原。配合物 6c 提供了钒氧配合物的 EPR 谱：$g_{\parallel}=1.952$，$g_{\perp}=1.986$；$A_{\parallel}=161.3\times10^{-4}$，$A_{\perp}=58.8\times10^{-4}cm^{-1}$。在乙腈-四氢呋喃

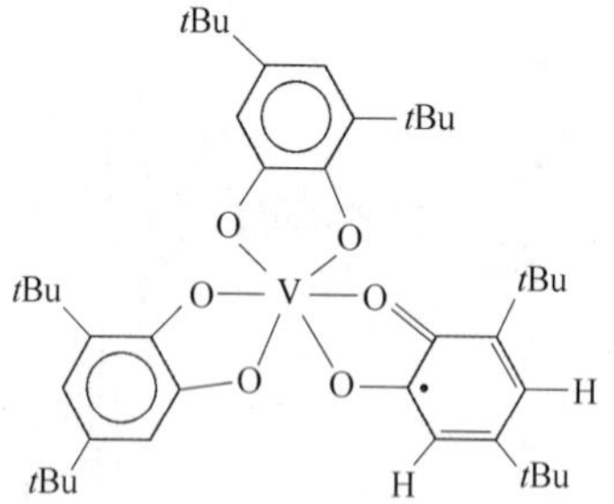

5 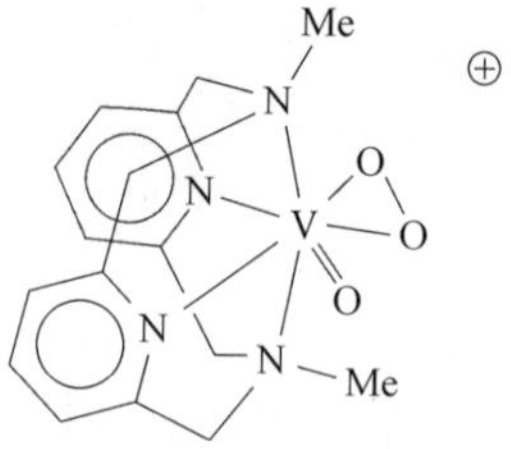　　　　6a

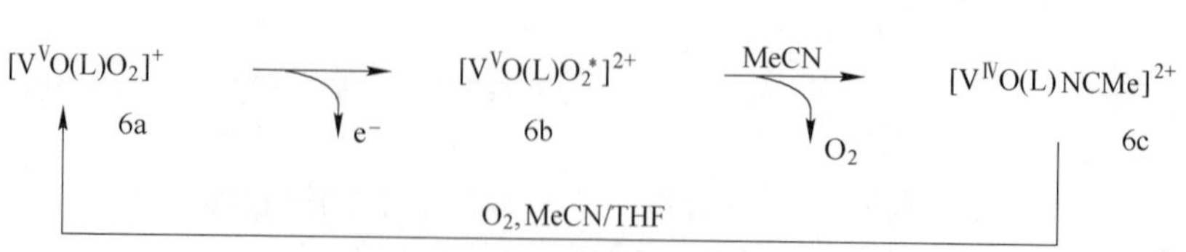

$[V^{V}O(L)O_2]^+$ (6a) → (e^-) → $[V^{V}O(L)O_2^{\bullet}]^{2+}$ (6b) → (MeCN, $-O_2$) → $[V^{IV}O(L)NCMe]^{2+}$ (6c)；6c → (O_2, MeCN/THF) → 6a

图 3-16　在配位体系中具有顺磁中心的两个配合物

（半醌基团的电子（配合物 5，推测的结构）与质子和钒偶联[26]，超氧配体（6b）上的电子与钒偶联。6b 的化学计量是基于已明确结构特征的配合物 6a 推测的[27]）

（氧的双电子还原）中，6c 与氧反应可重新获得起始过氧化物配合物 6a，其中一个电子由 V^{IV} 传递，第二个电子由四氢呋喃传递。

3.4 ESEEM 和 EDOR 光谱法

EPR 的弛豫时间在纳秒级，比 NMR 至少小 3 个数量级。因此其线宽相当宽，通常在 1mT 左右，在大多数情况下，这排除了未配对电子在钒上与配位层中的核耦合的分辨率，该耦合由超精细耦合常数 A^L（L 为配体）进行定量。直接连接到钒的配体的 A^L 对于 ^1H（例如在水配体中）来说通常为约 1MHz，对于 ^{14}N 偶联通常为 5~7MHz，但其值会随配体的性质和取向而变化。ESEEM 和 ENDOR 是基于 EPR 谱发展来的，可以提供超高精细耦合信息[28]。

ESEEM 是电子自旋回波包络调制的简称，是脉冲 EPR 技术。其中最简单（更常用的）的一种是双脉冲序列：在 EPR 光谱的特定分量设置的磁场中，为了产生共振，首先使样品经受短而强烈的 90°（π/2）脉冲，在该脉冲上电子自旋磁化从 z 翻转到 xy 平面。在延迟时间 τ 之后，施加第二个 180°（π）脉冲，使得自旋重新聚焦并在从第一脉冲计数的 2τ 的时间间隔之后发射瞬态信号，该信号称为自旋回波。如图 3-17a、b 所示。测量回波的幅度作为 τ 的函数。如果没有额外的相互作用，则回波的幅度呈指数衰减。然而，如果电子以自旋 $I>0$ 与配体核偶联，则该指数的衰减由每个核相互作用的余弦函数叠加或调节。衰变的傅里叶变换将频谱从时域转换为更熟悉的频域。如图 3-17c 所示，从海鞘分离的钒氧根

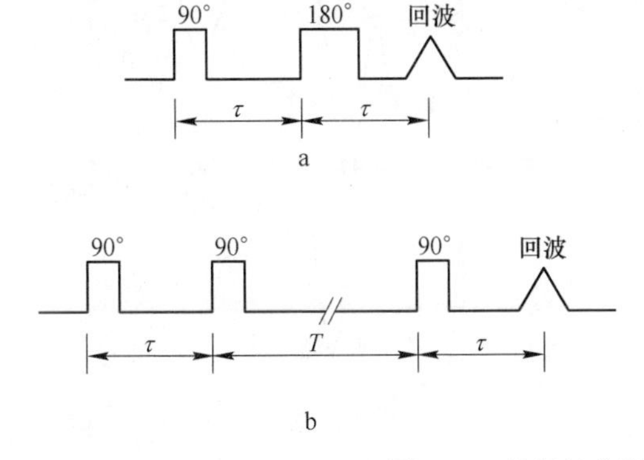

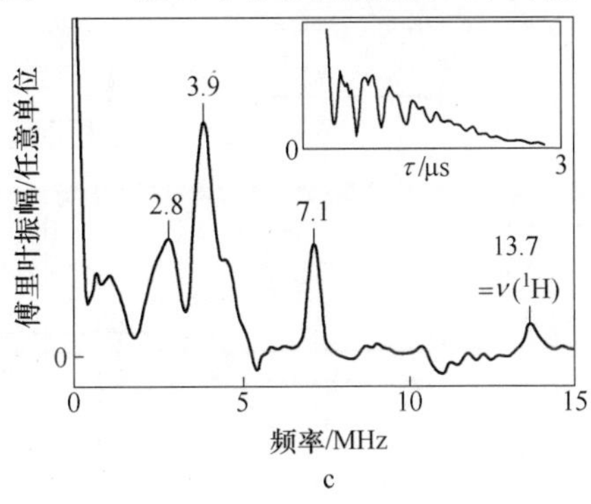

图 3-17 钒氧结合蛋白的 ESEEM 光谱

（双脉冲［（a）初级 ESEEM］和三脉冲［（b）受激回波 ESEEM］序列；τ 是脉冲 1 和脉冲 2 之间的（固定的）延迟时间，而 T 是可变的延迟时间。c 为钒氧根结合蛋白（VO^{2+}- vanabin）的双脉冲 ESEEM 光谱的频域和时域（如内插图所示），于 $m_I=-1/2$ 线，77K，脉冲宽度为 20ns 时记录[29]。超高精细耦合常数 $A^N=4.5$MHz（由 3.9MHz 和 7.1MHz 的 ^{14}N 双量子线获得）与钒结合蛋白的赖氨酸提供的胺氮一致。且在 13.7MHz 还观察到由于质子耦合引起的自旋回波。根据 K. Fukui et al.，J. Am. Chem. Soc. 125，6352~6353 重制。版权（2003）为美国化学学会所有）

结合蛋白的图谱（参见 4.1 节）显示了电子与赖氨酸侧链胺基偶联产生的自旋回波，$A^N=4.5MHz$[29]。与咪唑-N 偶联而产生的超精细耦合常数约为 7MHz。

其他脉冲序列也在使用中，例如三脉冲序列（图 3-16）和超精细能级相关（HYSCORE）光谱，后者是二维技术[17,30]。

"ENDOR 是研究含有顺磁离子如 VO^{2+} 的配合物的有力手段，主要是因为常规 EPR 光谱中不均匀的谱线增宽常常隐藏由配体核产生的超精细分裂。ENDOR 有时可以弥补这点"[17]。ENDOR 是一种结合 EPR 和 NMR 的双共振技术，即通过检测 EPR 信号来观察核（NMR）跃迁。在 ENDOR 实验中，磁场被设置为 EPR 谱的一个分量，并且施加微波功率，使得 EPR 跃迁部分饱和。随后，在保持磁场恒定的前提下，对要研究的原子核（通常是钒化合物的配位层中的 ^{1}H、^{14}N 或 ^{31}P）施加适当的射频，并扫过可能的共振范围。在共振的情况下，向耦合到原子核的电子提供弛豫路径，并且 EPR 信号通过减轻饱和度而恢复强度，这构成了光谱中的 ENDOR 信号。

如果研究的是四极核，例如核自旋为 $I=1$ 的 ^{14}N，核超精细能级 m_I 的四极扰动会导致这些能级的不对称分裂，且因此根据 NMR 跃迁的选择规则（$m_I=\pm1$）会产生四个 ENDOR 共振。如图 3-18 中的能量图和图 3-18 中钒氧基取代的 D-木糖异构酶[31]的 ^{14}N ENDOR 光谱所示。

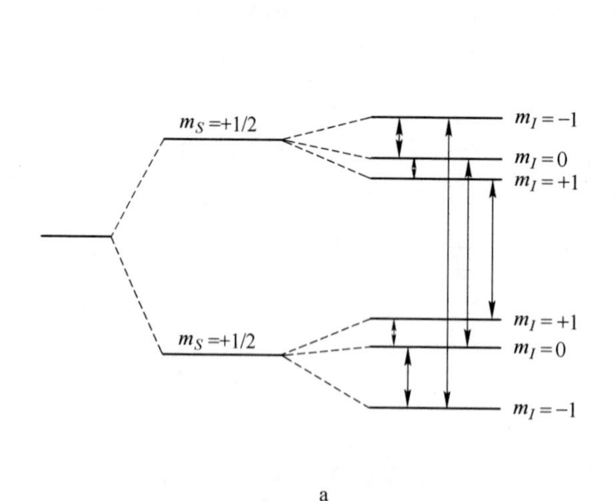

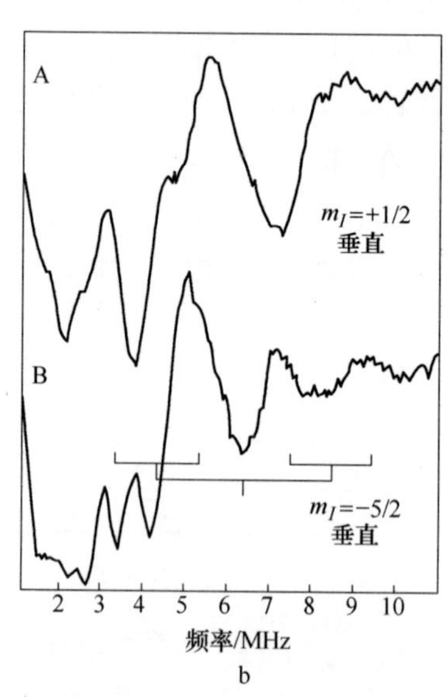

图 3-18 $S=1/2$ 系统的能量分裂图(a)和 VO^{2+} 取代 D-木糖异构酶（B 位点）的 ^{14}N ENDOR 谱(b)
（图 3-18a 中电子塞曼相互作用使电子能级 $m_S=\pm1/2$。核塞曼相互作用加四极扰动（由自旋核 $I=1$）产生的 m_I 如所示水平的 m。跃迁（箭头）由选择规则决定，即 EPR 的 $\Delta m_I=0$，ENDOR 的 $\Delta m_I=1$（粗体箭头）。图 3-18b 中磁场设置为垂直 $m_I=+1/2$(A) 和平行 $m_I=-5/2$ EPR 谱线（B）[31]。根据 R. Bogumil et al., Eur. J. Biochem. 196，305~312 重制。版权（1991）为欧洲生化学会联合会所有）

由式 3-9 可知，ENDOR 的频率 ν_{ENDOR} 与配体核的 NMR 频率 ν_L 和超精细耦合常数 A^L 有关。C_Q 为核四极耦合常数（见 3.1.3 节）。核自旋-1/2 时 C_Q 项消失。图 3-17 的光谱图中，从平行 $m_I = 5/2$EPR 线处的 ENDOR 谱组获得的 $A^N = 13.2$MHz 和 $C_Q = 0.72$MHz 强烈表明组氨酸与钒离子结合。

电子自旋回波 ENDOR(ESE-ENDOR) 是 ENDOR 光谱学的一个较新的发展，其中通过核自旋跃迁对由二或三脉冲激发产生的瞬态 EPR 信号（自旋响应）的影响来检测核自旋跃迁[32]。

$$\nu_{ENDOR} = | \nu_L \pm A^L/2 \pm 3C_Q/2 | \tag{3-9}$$

3.5 光谱学

3.5.1 紫外-可见光谱

从近红外光区域（NIR）、可见光区域（Vis）到紫外光区域（UV）的电子吸收光谱可能是由金属内 d-d 跃迁（奇偶禁戒）、金属-配体电荷转移（MLCT）、配体-金属电荷转移（LMCT）、配体内跃迁和完全跃迁引起。在含有一个以上钒中心的配合物中，钒中心处于不同的氧化态，即价电荷转移（IVCT）。关于金属电子态更有趣的信息来自 d-d 跃迁。“允许”的 LMCT、MLCT 和 IVCT 跃迁的消光系数 ε 通常为数千 $1mol^{-1} \cdot cm^{-1}$，而“禁止”的 d-d 跃迁在 $20 \sim 200mol^{-1} \cdot cm^{-1}$ 范围内产生 ε 值。

不含 d 电子的钒（Ⅴ）显然仅限于配体内和 LMCT 吸收。由于 LMCT 带位于紫外区域，简单的 V^V 化合物如钒酸盐是无色的。且由于 LMCT 尾部从紫外光区域进入紫色范围，钒酸盐十聚物和钒酸盐卤代过氧化物酶（包含钒酸盐与蛋白质基质的侧链咪唑配位）是黄色的。当 LMCT 转移到可见光区域，更复杂的钒（Ⅴ）配合物颜色更加丰富。例如，可用于钒（Ⅴ）的比色定量测定的羟肟酸配合物，以及与非单纯配体配合的其他配合物，例如具有低能配体-金属迁移的儿茶酚-钒配合物[4]。

钒（Ⅳ）的情况被阐述得尤为清晰，即通常含有 VO^{2+} 中心的 d^1 配合物，在理想条件下，配合物具有 C_{4v} 对称性。例如在足够酸的溶液中存在的钒氧基化合物 $[VO(H_2O)_5]^{2+}$。轨道分裂在 3.3.2 节（图 3-13）中已经讨论过了：容纳电子的能量最稳定的轨道是对称性 b_2 的 $d(xy)$。电子可被激发到双简并 e 能级 (d_{xz}, d_{yz})、$a_1[d(x^2 - y^2)]$ 或 $b_1[d(z)^2]$ 能级，从而产生三个能带。在更现实的条件下，发生失真，且 e 能级的简并被解除。因此，最低能带分裂成两个分量。对于 C_{4v} 和 C_{2v} 对称性以及纳米级吸收带的近似位置，能级图参见图 3-13。

C_{4v}			C_{2v}		
$b_2 \rightarrow e$	$d(xy) \rightarrow d(xz, yz)$	900~620	$a_2 \rightarrow b_1$	$d(xy) \rightarrow d(xz)$	ⅠA 谱带
			$a_2 \rightarrow b_2$	$d(xy) \rightarrow d(yz)$	ⅠB 谱带
$b_2 \rightarrow a_1$	$d(xy) \rightarrow d(x^2-y^2)$	690~530	$a_2 \rightarrow a_1$	$d(xy) \rightarrow d(x^2-y^2)$	Ⅱ 谱带
$b_2 \rightarrow b_1$	$d(xy) \rightarrow d(z^2)$	480~330	$a_2 \rightarrow a_1$	$d(xy) \rightarrow d(z^2)$	Ⅲ谱带

ⅠA 谱带和ⅠB 谱带通常是无法判断的，并表现为一个宽带。在许多情况下，谱带Ⅲ被强电荷转移（CT）波段覆盖，或者表现为 CT 波段的低能侧的波峰。当钒和它的配体体系之间存在相当大的稳定的 π 键时，则更是如此。图 3-19 中显示了 pH 值为 7.9 时在钒氧根离子和奎宁酸之间形成的 1∶2 配合物的所有四个谱带的特征光谱[21]。

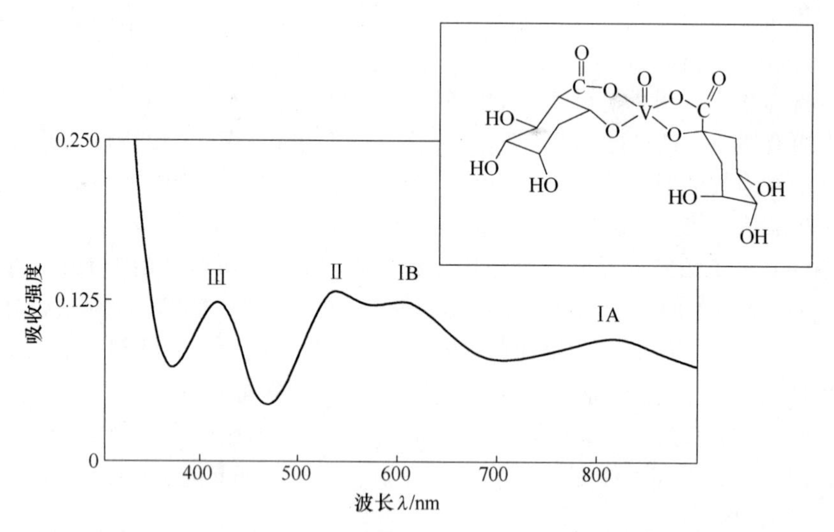

图 3-19　在 pH 值为 7.9，配体与金属比为 10∶1，绝对钒浓度为 4mmol/L 时，VO^{2+}-D-奎宁体系的电子吸收光谱

（插图中显示的结构是基于 EPR 证据的[21]。对于谱带的分配，请参阅正文。分裂带 I 的出现是由三角畸变导致，这也反映在 EPR 数据中。根据 E. Garribba et al., Inorg. Chem. 42，3981~3987 重制。版权（2003）为美国化学会所有）

由于电子间的斥力，钒（Ⅲ）配合物中的 d^2 构型使情况变得更加复杂。再考虑一个理想状况：O_h具对称性（在 $[V(H_2O)_6]^{3+}$ 中近似实现），基态为

$(t_{2g})^2={}^3T_{1g}$。可能发生电子跃迁（只允许三重态和三重态跃迁）的激发态可以是$(t_{2g})^1(e_g)^1={}^3T_{1g}$、${}^3T_{2g}$和$(e_g)^2={}^3A_{2g}$。因此对于$[V(H_2O)_6]^{3+}$有三个跃迁，分别在580nm、391nm和263nm（17200cm^{-1}、25600cm^{-1}和38000cm^{-1}）处发生。低对称性V^{III}配合物的紫外光-可见光光谱不够简洁，因此利用光谱解析结构具有局限性。

3.5.2 圆二色性

如果化合物中含有手性元素（通常是手性中心），在紫外-可见光谱中则会发生圆二色性（CD）。手性中心可以由配位中心（即金属本身）表示，或由手性配体表示。手性化合物使穿过该化合物的线性偏振光平面旋转。线性偏振光可被看作由两个振幅和相位相等的（非对称的）圆偏振分量和一个电矢量沿传播方向均匀旋转的左右圆偏振波组成。这两个组分以不同的速度（它们具有不同的折射率）通过手性介质传播，产生偏振平面旋转角度α。这种现象被称为光学旋转色散（ORD）。另外，这两种成分在吸收范围内具有不同的吸收系数ε。在穿过光学活性介质之后，由于吸收程度的不同，相对圆偏振波的两个矢量具有不同的参数。因此，它们的叠加产生椭圆偏振光而不是重新产生线性偏振光。左圆偏振光和右圆偏振光的摩尔吸收系数之差$\Delta\varepsilon=\varepsilon_L-\varepsilon_R$，称为圆二色性（CD）。$\Delta\varepsilon$可以通过椭圆率计算出来。CD和ORD一起被称为Cotton① 效应。CD效应只能在吸收带内观察到。在CD光谱中，$\Delta\varepsilon$被绘制成波长λ（纳米级）的函数；CD曲线中出现的最大值可以是正数，也可以是负数。

CD在含钒酸盐或VO^{2+}和手性配体的水溶液的形态分析以及解释手性化合物的正确构型方面可以是一个通用的工具[33]。图3-20说明了配合物［VO(naph-tyr)］的旋光对映体的后一种情况，其中naph-tyr是由邻羟基萘甲醛和酪氨酸形成的席夫碱[34]。

当被放置在垂直于偏振光传播方向的磁场中时，没有光学活性的顺磁分子（例如那些含有VO^{2+}的分子）也显示出CD，在这种情况下称为磁圆二色性（MCD）。MCD来源于退化能级的塞曼分裂及其电子态在磁场中的混合。本书综述了钒氧配合物的背景理论及其部分应用，指出了MCD的适用性。MCD尤其适用于电子跃迁发生的电子态的正确分配[35]。该方法在钒化学中并不常见。

① Aimé Cotton，1895。

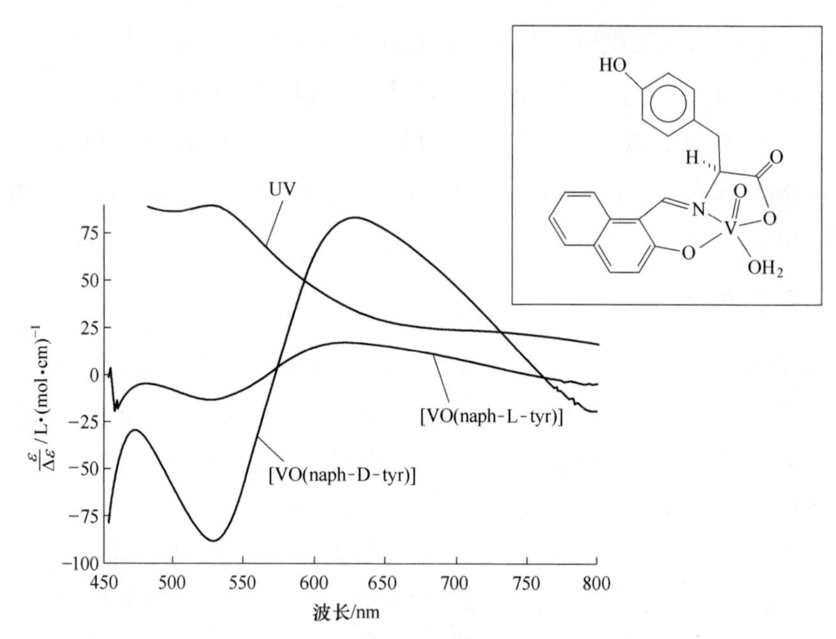

图 3-20　[VO(naph-tyr)] 的 UV（712nm 处的峰Ⅰ，529nm 处的峰Ⅱ）和 CD 光谱（插图为 L-异构体示意图）

（$\Delta\varepsilon$ 的比例相对于 ε 扩大了 200 倍。根据 M. Ebel and D. Rehder. Inorg. Chem. 45，7083～7090 重制。版权（2006）为美国化学学会所有）

3.6　X 射线吸收光谱

3.6.1　背景和基础概述

随着 20 世纪 70 年代中期强 X 射线同步辐射的出现，X 射线吸收光谱（XAS）逐渐成为阐明细晶粉末和非晶样品结构特征的有力手段，进而成为单晶（和粉末）X 射线衍射（XRD）的互补方法。通过从同步辐射中选择原子特定的能量窗口，可以实现复杂化合物中特定元素的选择性激发，提供关于其电子结构和环境的详细信息。在金属蛋白如钒固氮酶和钒酸盐溴过氧化物酶中，选择的目标元素是钒和/或特征结合位点［如硫化物（固氮酶中的硫化物）］和/或底物［如溴化物（溴过氧化物酶中的溴化物）］。在 XAS 测钒时，能量校准是必需的，通常将钒金属箔作为参考物质，并将第一拐点设为 5465eV[36]。

根据所研究的区域，X 射线吸收光谱被分为 X 射线吸收近边结构（XANES），又称近边 X 射线吸收精细结构（NEXAFS），和扩展 X 射线吸收光谱（EXAFS）。顾名思义，XANES 关注靠近吸收边缘和相关的区域，而 EXAFS 指的是延伸的（较高能量）的部分（图 3-21a）。在钒 XAS 中常见的“边缘”是 K

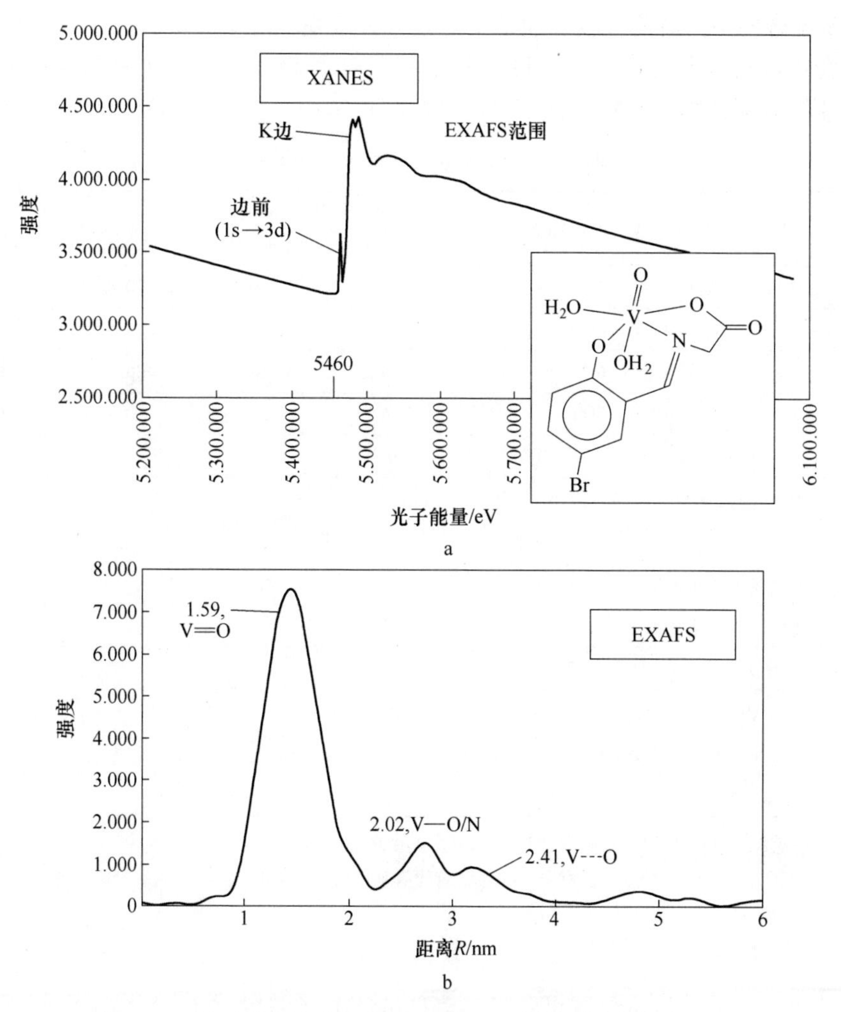

图 3-21 钒（Ⅳ）配合物的 XAS 谱（a，结构示于简图中）和同一配合物的傅里叶变换 EXAFS 谱（b）

（图谱显示了三个峰（已标记），未测得 V…Br 键长）

边，即从 K 电子层（1s 轨道）射出的电子的光谱部分。在呈现的数据中，通常引用 K 边处和/或数值最大的拐点，即偶极 1s→4p 跃迁。吸收特征还可能来自价态 p 和多重散射。在许多情况下，还存在与 1s→3d 跃迁相关的边前①（即低能量）特征。在理想的八面体配合物中没有发现这个额外的特征，因为相应的跃迁为奇偶禁戒跃迁（s 和 d 状态都是偶态）。钒（Ⅱ）氧化物就是一个例子（表 3-6）。当对称性低于 O_h时，反向中心消失；发生 3d-4p 混合并出现部分跃迁。在

① 早期文献亦称“白边”或“白线”。

非钒氧配合物中，边前吸收峰通常不存在或强度很低。表3-6中的[$V(ONO)Br_2$]和鹅膏钒素及其模型化合物（图4-11）都是这类物质。鹅膏钒素是一种天然八配位非钒氧配合物，有羧酸盐和羟肟酸盐配位结构，存在于鹅膏菌属的蘑菇中。

表3-6　部分钒化合物的XANES数据

编号	化合物（氧化态V，配位环境）①	边前（1s→3d）	K边（拐点）	K边（1s→4p）	参考文献
1	VO（V^{II}，8O）	—	8	20.4	[36]
1	V_2O_3（V^{III}，6O）	3.4	10.7	23.5	[36]
1	V_2O_4（V^{IV}，6O）	4.5	14	26.2	36
1	V_2O_5（V^{V}，5O）	5.6	15.1	30.1	36
2	$[V(nta)_2]^{3-}$（V^{III}，2N+4O）	3.9②			37
2	$[VO(nta)(H_2O)]^{2-}$（V^{IV}，1N+5O）	4.7			37
2	$[V_2O_3(nta)_2]^{3-}$（$V^{IV,V}$，1N+5O）	5.2			37
3	天然溴过氧化物酶（V^{V}，1N+4O）	4.0	8.0		39
3	还原溴过氧化物酶（V^{IV}，2N+4O）	3.1	5.7		39
4	$[VO(OH)(dtc)_2]$（V^{V}，2O+4S）	4.68			38
4	$[VO(OEt)(mal)_2]$（V^{V}，6O）	5.88			38
5	$[V(ONO)Br_2]$（V^{IV}，1N+2O+2Br）	—	12.52		40
5	$[VO(ONO)(H_2O)]$（V^{IV}，1N+5O）	4.41	14.73		40

注：能量位置（eV）以钒金属箔（边前=5465.0 eV）为参照。

① 配体的缩写：nta=硝基三乙酸酯，dtc=二硫代氨基甲酸酯，mal=麦芽糖酸盐，ONO=三齿、羧酸盐的以酚酸盐为端基的席夫碱。

② 极低强度。

从边和边前的能量位置可获得的信息包括金属的氧化态z、“离子性”i（表示金属与其配体组的电负性差异）和配位数n。这些量定义了式3-10的“配位电荷”η[36,37]。在表3-6中，举例说明了这些对边前和边位置的影响：随着钒的氧化数增加，边前和K边的能量增加反映在1、2和3中，4和5表明能量随着离子性（配体组的电负性）的增加而增加。除了能量位置之外，边前特征还提供了关于钒配合物的配位几何的信息：因为3d轨道根据配合物的对称性被分割，边前吸收峰是几个重叠分量的加和[38]。

$$\eta = z - (1 - i)n \tag{3-10}$$

EXAFS研究的区域包含了有关电子与周围原子电子层相互作用的信息，这些信息可通过电离去除。如果这个电子被看作一个电子波，那么这种相互作用可以用相邻原子（散射体）的电子层对波的反射来描述。入射波和反射波相干扰，再分析干扰的模式。从分析中可获得高精度的距离R（如键长）信息，结果与

XRD 的信息基本相符。R 的均方变化由德拜-沃勒因子 σ^2 表示，该因子是确定键长精度的质量因子。为了方便起见，在 k 空间中收集光谱并进行傅里叶变换，得到原子排列的径向分布函数。即如图 3-21a 所示的强度-R 图提供了相关的信息，基本上每个电子层对应一个特定的峰，但在实际情况中它们经常重叠①。间接地，也能获得关于邻近物质性质的信息，其与 XRD 有相似的限制。额外的信息是邻近物质的数量，即配位数，但是数值精度低于由 XRD 获得的数值精度。通过 EXAFS 吸收峰的振幅能确定配位数，其误差通常为±1。将 EXAFS 的配位数和距离与 XANES 的边前特征强度和子结构相结合，还可以获得一些配位几何的间接信息。

已有关于钒化合物 XAS 的一些理论和实验细节的综述发表[41]。

L 边 X 射线吸收可以提供 K 边光谱以外的信息。电子从 L 层进入 3d 能级并进一步进入连续体的能量比在 K 边 XAS 中的能量小一个数量级。图 3-22 举例说明了包含四齿中性 N_2S_2 和两个溴配体的两个低价（+Ⅱ和+Ⅲ）八面体钒化合物的情况。由于自旋-轨道耦合，L 层的 p 能级分裂并产生两个带：低能量的 $L_3(2p_{3/2}\rightarrow3d)$ 和高能量的 $L_2(2p_{1/2}\rightarrow3d)$。图 3-21 显示了：(1) 相比 $V^{Ⅲ}(d^2)$ 配合物 $V^{Ⅱ}(d^3)$ 的低能位移，(2) $V^{Ⅱ}$配合物的 L 特征中两个吸收峰的广泛精细结构。

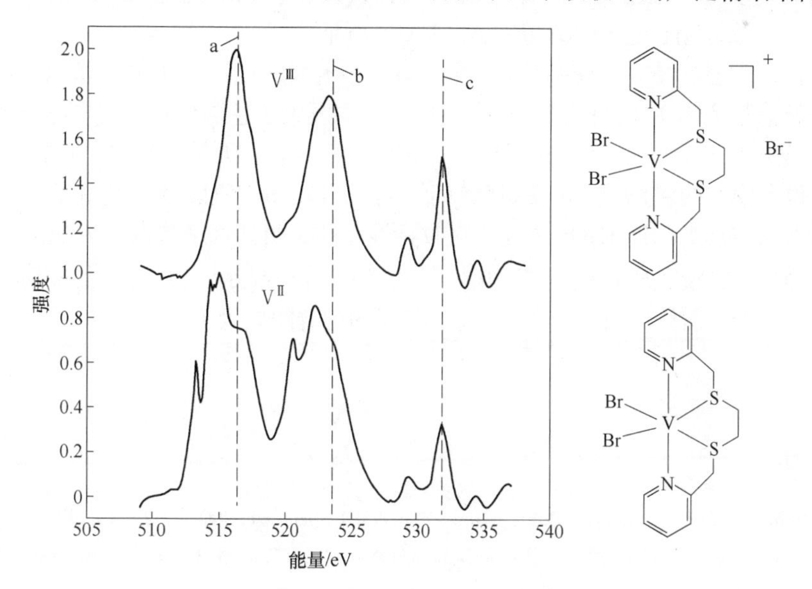

图 3-22　$V^{Ⅲ}$和 $V^{Ⅱ}$的 L 边 XAS 图谱

（L_3（a）和 L_2（b）反映出两种不同价态（+Ⅲ和+Ⅱ）的钒配合物拥有相同的配位环境。的弱带对应于氧的激发。H. Nekola，博士论文，Hamburg 2001；通讯作者 T. Funk 和 S. P. Cramer，加州斯坦福拉德同步实验室（Stanford Synchr. Rad. Lab.，CA））

① 通常，这些傅里叶转换的 R 值是“表观 R 值”，需要校准（依 R 实际大小增加 0.1~0.2nm）以达到“真实值”。

3.6.2　生物学应用

第4章的各节中将详细描述天然钒化合物在含钒的特定生物系统的应用：海鞘中的钒（图4-3）、钒卤代过氧化物酶（表4-5）和钒固氮酶（表4-9）。此处将简要介绍重要参考文献等关键信息。

在海鞘（ascdians）中，钒 XAS[42] 以及硫 XAS 研究[43] 揭示了钒在含钒血细胞（钒细胞）的高酸性介质中的性质。钒的氧化态为+Ⅲ，且仅由（或主要由）氧供体参与配位，其最主要的成分是 $[V(H_2O)_5(HSO_4)]^{2+}$。

从固氮细菌（*Azotobacter*）中分离出的钒固氮酶的 XAS 图谱很重要，因为它证明了钒固氮酶与钼固氮酶的相似结构，其提供了充足的结构证据说明这种“替代物”与固氮酶之间的紧密联系[39]。包括与钒/钼结合的供体原子的数目和性质（核间距离），以及辅因子笼的铁-铁间距，都表明两者具有相同的拓扑结构，这一结构已由杂立方原子簇 $[VL_3Fe_4S_4]^q$ 模拟。

钒固氮酶的钒 XAS 研究还例证了典型的非钒氧配合物（即缺乏 V ═ O 部分的钒配合物）不明显的边前特征，鹅膏菌属蘑菇中鹅膏钒素的另一特性。早在衍射数据的直接结构证据变得可用之前，鹅膏钒素中钒的氧化态+Ⅳ和缺乏（曾认为存在）过氧基就已经被 XANES 和 EXAFS 所证明[44]。

海洋藻类岩衣藻（*Ascophyllum nodosum*）中天然和还原态钒溴代过氧化物酶的 XAS 分析清楚地表明钒的配位环境在还原过程中发生了急剧变化（参见表3-6中的3），这给出了还原酶无活性的解释[39]。XRD 分析发现，天然（V^V）酶的一般特征与活性位点中心的钒酸盐-异亮氨酸一致。特别是，pH 值以及溴化底物的加入对 XAS 参数没有影响，而 H_2O_2 改变了吸收特性，这表明其直接与钒发生配位[45]。对过氧化物酶及其溴化底物的钒[40] 和溴[46] 的 XAS 分析显示，Br^- 与钒的非键合距离约为 4nm，光散射体［推测为 $C(sp^3)$］与溴的键合距离为 1.88nm。

参考文献

[1] D. Rehder, T. Polenova, M. Bühl, Annu. Rep. NMR Spectrosc. 2007, 62, 49-114.

[2] (a) W. Priebsch and D. Rehder, Inorg. Chem. 1985, 24, 3058-3062; (b) D. Rehder, C. Weidemann, A. Duch and W. Priebsch, Inorg. Chem. 1988, 27, 584-587.

[3] W. Priebsch and D. Rehder, Inorg. Chem. 1990, 29, 3013-3019.

[4] C. R. Cornman, G. J. Colpas, J. D. Hoeschele, J. Kampf and V. L. Pecoraio, J. Am. Chem. Soc. 1992, 114, 9925-9933.

[5] J. Lenhardt, B. Baruah, D. C. Crans and M. D. Johnson, Chem. Commun. 2006, 4641-4643.

[6] D. C. Crans, C. D. Rithmer and L. A. Theisen, J. Am. Chem. Soc. 1990, 112, 2901.

[7] D. Gudat, U. Fischbeck, F. Tabellion, M. Billen and F. Preuss, Magn. Reson. Chem. 2002,

40, 139-146.

[8] (a) K. Paulsen and D. Rehder, Z. Naturforsch., Teil A 1982, 37, 139-149; (b) W. Basler, H. Lechert, K. Paulsen and D. Rehder, J. Magn. Reson. 1981, 45, 170-172.

[9] D. C. Crans, R. A. Felty, H. Chen, H. Eckert and N. Das, Inorg. Chem. 1994, 33, 2427-2438.

[10] A. S. Tracey and K. Radley, Can. J. Chem. 1985, 63, 2181-2184.

[11] J. A. Saponja and H. J. Vogel, J. Inorg. Biochem. 1996, 62, 253-270.

[12] H. Schmidt, I. Andersson, D. Rehder and L. Pettersson, Chem. Eur. J. 2001, 7, 251-257.

[13] R. M. K. Carlson, Proc. Natl. Acad. Sci. USA 1975, 72, 2217-2221.

[14] (a) F. Röhrscheid, R. E. Ernst and R. H. Holm, Inorg. Chem. 1967, 6, 1607-1613; (b) K. Hiraki, M. Onishi, Y. Nakashima and Y. Obayashi, Bull. Chem. Soc. Jpn. 1979, 52, 625-626.

[15] J. Reuben and D. Fiat, J. Am. Chem. Soc. 1969, 91, 4652-4656.

[16] N. D. Chasteen, in: Biological Magnetic Resonance (L. J. Berliner and J. Reuben, Eds), Vol. 3, Plenum Press, New York, 1981, pp. 53-119.

[17] T. S. Smith, II, R. LoBrutto and V. L. Pecoraro, Coord. Chem. Rev. 2002, 228, 1-18.

[18] A. J. Tasiopoulos, A. N. Troganis, A. Evangelou, C. P. Raptopoulou, A. Terzis, Y. Deligiannakis and T. A. Kabanos, Chem. Eur. J. 1999, 5, 910-921.

[19] E. Garribba, E. Lodyga-Chruscinska, G. Micera, A. Panzanelli and D. Sanna, Eur. J. Inorg. Chem. 2005, 1369-1382.

[20] T. S. Smith, II, C. A. Root, J. W. Kampf, P. C. Rasmussen and V. L. Pecoraro, J. Am. Chem. Soc. 2000, 122, 767-775.

[21] E. Garribba, G. Micera and A. Panzanelli, Inorg. Chem. 2003, 42, 3981-3987.

[22] P. Buglyó, A. Dessi, T. Kiss, G. Micera and D. Sanna, Dalton Trans. 1993, 2057-2063.

[23] T. K. Paine, T. Weyhermüller, L. D. Slep, F. Neese, E. Bill, E. Bothe, K. Wieghardt and P. Chaudhuri, Inorg. Chem. 2004, 43, 7324-7338.

[24] S. Mondal, P. Ghosh and A. Chakravorty, Inorg. Chem. 1997, 36, 59-63.

[25] M. Velayutham, B. Varghese and S. Subramanian, Inorg. Chem. 1998, 37, 1336-1340.

[26] M. E. Cass, D. L. Greene, R. M. Buchanan and C. G. Pierpont, J. Am. Chem. Soc. 1983, 105, 2680-2686.

[27] H. Kelm and H. -J. Krüger, Angew. Chem. Int. Ed. 2001, 40, 2344-2348.

[28] N. D. Chasteen, Methods Enzymol. 1993, 227, 232-244.

[29] K. Fukui, T. Ueki, H. Ohya and H. Michibata, J. Am. Chem. Soc. 2003, 125, 6352-6353.

[30] S. S. Eaton and G. R. Eaton, in: Vanadium in Biological Systems (D. N. Chasteen, Ed.), Kluwer, Dordrecht, 1990, Ch. XI.

[31] R. Bogumil, J. Hüttermann, R. Kappl, R. Stabler, C. Sudefeldt and H. Witzel, Eur. J. Biochem. 1991, 196, 305-312.

[32] H. Thomann and M. Bernardo, in: Biological Magnetic Resonance (L. J. Berliner and J. Reuben, Eds), Vol. 13, Plenum Press, New York 1993, pp. 275-322.

[33] (a) H. Bauer, J. Brun, A. R. Hernanto and W. Voelter, Z. Naturforsch., Teil B 1989, 44, 1464-1472; (b) J. Costa Pessoa, I. Tomaz and R. Henriques, Inorg. Chim. Acta 2003, 356, 121-132; (c) J. Costa Pessoa, S. Marcão, I. Correira, G. Gonçalves, A. Dörnyei, T. Kiss, T. Jakusch, I. Tomaz, M. M. C. A. Castro, C. F. G. C. Castro and F. Avecilla, Eur. J. Inorg. Chem. 2006, 3595-3606.

[34] M. Ebel and D. Rehder, Inorg. Chem. 2006, 45, 7083-7090.

[35] D. J. Robbins, M. J. Stillman and A. J. Thomson, J. Chem. Soc., Dalton Trans. 1974, 813-820.

[36] P. Wong, F. W. Lytle, R. P. Messmer and D. H. Maylotte, Phys. Rev. B 1984, 30, 5596-5610.

[37] K. H. Hallmeier, R. Szargan, G. Werner, R. Meier and M. A. Sheromov, Spectrochim. Acta, Part A1986, 42, 841-844.

[38] J. M. Arber, E. de Boer, C. D. Garner, S. S. Hasnain and R. Wever, Biochemistry 1989, 28, 7968-7973.

[39] C. Weidemann, D. Rehder, U. Kuetgens, J. Hormes and H. Vilter, Chem. Phys. 1989, 136, 405-412.

[40] U. Christmann, H. Dau, M. Haumann, E. Kiss, P. Liebisch, D. Rehder, G. Santoni and C. Schulzke, Dalton Trans. 2004, 2534-2540.

[41] C. D. Garner, D. Collison and F. E. Mabbs, in: Metal Ions in Biological Systems (H. Sigel and A. Sigel, Eds), Marcel Dekker, New York, 1995, Ch. 19.

[42] P. Frank and K. O. Hodgson, Inorg. Chem. 2000, 39, 6018-6027.

[43] P. Frank, B. Hedman and K. O. Hodgson, Inorg. Chem. 1999, 38, 260-270.

[44] (a) C. D. Garner, P. Baugh, D. Collison, E. S. Davies, A. Dinsmore, J. A. Joule, E. Pidcock and C. Wilson, Pure Appl. Chem. 1997, 69, 2205-2212; (b) E. M. Armstrong, A. L. Beddoes, L. J. Calviou, J. M. Charnock, D. Collison, N. Ertok, J. H. Naismith and C. D. Garner, J. Am. Chem. Soc. 1993, 115, 807-808.

[45] U. Küsthardt, B. Hedman, K. O. Hodgson, R. Hahn and H. Vilter, FEBS Lett. 1993, 329, 5-8.

[46] (a) H. Dau, J. Dittmer, M. Epple, J. Hanss, E. Kiss, D. Rehder, C. Schulzke and H. Vilter, FEBS Lett. 1999, 457, 237-240; (b) D. Rehder, C. Schulzke, H. Dau, C. Meinke, J. Hanss and M. Epple, J. Inorg. Biochem. 2000, 80, 115-121.

本章缩写

(1) EPR: electron paramagnetic resonance，电子顺次共振。

(2) NMR: nuclear magnetic resonance，核磁共振。

(3) LMCT: ligand-metal charge transfer，配体-金属电荷转移。

(4) MLCT: metal-ligand charge transfer，金属-配体电荷转移。

(5) IVCT: inter-valence charge transfer，电荷转移。

(6) CIS: chemical-induced shift，化学诱导位移。

4 天然存在的钒化合物

4.1 海鞘和多毛蠕虫中的钒

4.1.1 介绍与综述：海鞘中钒的历史、猜想和事实

1911 年，德国生理学家马丁·亨策（Martin Henze）在地中海那不勒斯港湾海鞘（*Phallusia Mamillata Cuv.*）血液的血细胞里发现了高浓度的钒（因为钒颜色的多样性，他将其称之为"色素原"）[1]。当时钒依旧被认为是一种稀有元素，在这种情况下，亨策的发现在钒的生物化学史上具有极其重要的意义。道端（Michibata）等人在一篇海鞘积累和还原钒的综述中如此评价[2]：

"他（亨策）的发现引起了化学家、生理学家和生物化学家等多学科学者的注意。一方面是因为学者们对钒在氧运输过程中可能起到的作用产生了极大的兴趣，它有可能是呼吸色素中除了铁和铜以外第三种可能的辅基；另一方面是因为这是首次在有机生物体中发现如此高浓度的钒。另外，由于钒是在脊索动物海鞘中被发现的，人们对钒产生了强烈的研究兴趣。"

海鞘①（ascidians 或 sea squirts），属于尾索动物亚门（subphylum Urochordata）或被囊动物亚门（Tunicate）下面的海鞘纲（Ascidiacea）。被囊指的是它们所特有的膜，一个坚韧的外覆膜。这种外覆膜由一种黏多糖蛋白基质、血细胞和含有纤维素的被囊纤维组成。被囊动物属于脊索动物门中的原索动物，它们的成年个体不含脊柱，但幼体表现出与脊椎动物相同的特征。特别是幼体都有一个脊椎前柱，也就是所谓的脊索（和一个背神经索，这是脊椎动物的另一个特征）。因此，海鞘处于最发达生命形式的边缘，这让研究人员对海鞘的电子转移过程产生了兴趣，开始探究在这一过程中主要参与的元素是钒还是铁。已有相关研究得到了这一问题的答案——进化程度更高的海鞘（Stolidobranchia 亚目）更倾向于积累铁而不是钒，钒则主要由更原始的 Aplousobranchia 和 Phlebobranchia 亚目的海鞘积累，分别主要积累钒（Ⅳ）和钒（Ⅲ）。实际上，Stolidobranchia 目海鞘体内的钒含量比其他两目的海鞘低得多（表 4-1）。

① 这个名字源自希腊语"*askidion*"，意思是"小酒囊"，用来指海鞘的囊状体形态。

表 4-1　海鞘组织中的钒浓度[2]　　(mmol/L)

种　类	被膜	外覆膜	鳃	血清	钒细胞
Phleobranchia 亚目					
Ascidia gemmate					347.2
Ascidia ahodori	2.4	11.2	12.9	1.0	59.9
Ascidia sydneiensis	0.06	0.7	1.4	0.05	12.8
Phallusia mamilata	0.03	0.9	2.9		19.3
Ciona intestinalis	0.003	0.7	0.7	0.008	0.6
Stolidobranchi 亚目					
Styela plicata	0.005	0.001	0.001	0.003	0.003
Halocynthia roretzi	0.01	0.001	0.004	0.001	0.007

被囊动物体内的钒含量与 pH 值有关，pH 值越低，钒的含量越多。Phlebobranchia 亚目的海鞘通常含有被囊素（tunichromes）—— 一种基于羟基-多巴的寡肽色素（见下文），而 Aplousobranchia 亚目的海鞘没有。钒存在于一种叫做钒细胞（vanadocyte）的特殊血细胞中，主要分为两类：印戒细胞和有液泡的变形细胞[2,3]，它们可以从含钒［$c(\mathrm{V}) \approx 30\mathrm{nm}$］海水中积累高达 10^8 数量级的钒。

早期幼虫形态的海鞘是可移动的，在变态发育之前它们会固定到固体基质上，成年期的海鞘几乎是完全固定的。它们大多数独居，少部分营群居生活。它们通过口虹吸管吸取水和食物，并经由鳃囊进入体内，通过围鳃腔管将过滤后的水释放出来（图 4-1）。受到刺激时，它们会收缩挤压身体喷出水。海鞘普遍分布在多岩石的海岸上，在富含盐的浅海湾和港口区域尤为常见。

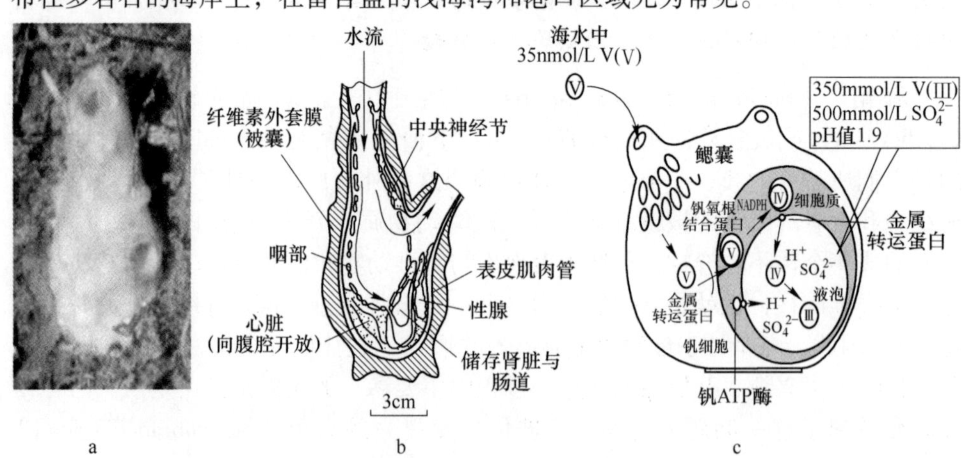

图 4-1　海鞘 phallusia mamillata 示意图

a—*phallusia mamillata*，海鞘的一种，最早是由亨策研究，两个圆形开口分别为口虹吸管和围鳃腔管口；
b—phallusia mamillata 的示意图，源自文献［9］；c—海鞘和钒细胞（印戒细胞）的示意图[2]
（图示了钒的运输路线，钒（V）经由口虹吸管和鳃囊摄入，在钒细胞的细胞质中，钒（V）被还原为钒（Ⅳ），并与胞质载体蛋白—钒氧根结合蛋白结合，其进入液泡后，被还原为钒（Ⅲ）。液泡质子 ATP 酶提供了高质子浓度氛围。出处：H. Michibata et al.，Coord. Chem. Rev. 237，41~51。版权（2003）为 Elsevier 所有）

亨策介绍钒在海鞘血液中的发现时这样说道：

“关于海鞘血液的研究很少，但我认为通过下面论述的研究结果，可以揭示许多有趣的、与我们以前认知有所不同的方面。”

亨策提到了早前 Harless 和 Krukenberg 的研究，根据他们的研究，二氧化碳在通过 *Phallusia*（一种海鞘）血液时，血液变为蓝色，而随着氧气的加入，蓝色消失。但亨策表示他未观察到这种颜色变化，并明确表示：

“上述颜色变化与呼吸密切相关这一结论绝不是实验观测的结果，而是一个推测。”

事实上，Winterstein 先前已经基于“精确方法”证明，与 *Phallusia* 血液接触的氧无特异性结合能力，因此其与铁基血红蛋白和铜基血蓝蛋白没有对应关系。当然，被囊类动物的血细胞是否参与氧的摄取和运输这一问题可以通过实验验证。对从大西洋[4a]和太平洋[4b]海水中采集的被囊动物样品，使用氧电极测量溶解的分子氧浓度，结果表明被囊动物血细胞的氧结合能力与海水的氧结合能力没有区别。

令人惊讶的是，尽管已经有这些早期的发现，科学界仍有相当多的人将氧运输与海鞘血液联系起来。这也许是因为在亨策的研究工作约三十五年后，海鞘血细胞中的钒化合物有了一个新名词——“血钒素（haemovanadin）”①。这一术语首次出现在 Califano 和 Caselli 1974 年发表的一篇报告中，名为《血钒素的研究——一种蛋白质的证明》②（*Ricerche sulla emovanadium-dimonstrazione di una proteina*[5]），他们的研究对象是亨策曾研究过的同一生物体的“红细胞溶解的”血液。在总结中，Califano 和 Caselli 表示③：

“提出血钒素这个术语是为了表示这种有机化合物的三种可鉴定的状态：(1) 在钒细胞中发现的淡绿色且功能活跃的天然血钒素（*emovanadina nativa*）；(2) 红色的血钒素（*emovanadina rossa*），即亨策使钒细胞的红细胞溶解时发现的棕褐色溶液（*braune Lösung*）；(3) 蓝色血钒素（*emovanadina azurra*），即亨策通过氧化红色血钒素获得的色素原。”

根据亨策的定量分析，色素原中钒的含量达到了“15%以上的 Vd_2O_5”④。随后亨策[6a]和其他相关研究人员[6b]提出了一种假设，基于强还原能力，可能存在 V_2O_2（也就是说存在 V^{II}），但是这个假设是错误的。事实上，天然血钒素是含

---

① 在这一点，我想要感谢 Kenneth Kustin，他在海鞘血液研究中帮助了我很多。

② 后来，认为血钒素是一种蛋白质或其他有机化合物的观点被证明是错误的。

③ 改编自意大利原文摘要。

④ 亨策将 Vd 作为钒的化学符号（原因不明）。

有 V^{III} 的（相关细节见下文），V^{III} 在 pH >3 时形成褐色 V^{III} 氢氧化物沉淀（亨策研究的棕褐色溶液 *braune Lösung*）。含有 $V^{IV}O^{2+}$ 的“蓝色血钒素”是由空气氧化形成的。

钒在海鞘血液中的作用依然不是很清楚。30 多年前，Smith 提出了一个有趣的假说[7]，钒的低氧化态和海鞘血液的低 pH 值是由于

“……通过提供电子和质子汇的替代物来控制缺氧条件下的最终产物，最终的结果是从聚合的被囊素中产生有弹性的被膜（与昆虫的硬化类似）。

……因此，我认为钒细胞能使海鞘在缺氧期（缺氧状态）维持生命活动，这与把它们作为氧载体的观点是相反的。”

由于钒酸盐是细菌 *Shewanella oneidensis* 主要的电子受体（见 4.5 节），因此以钒酸盐（和钒氧基——钒酸盐进入海鞘后钒的第一种还原产物）作为电子受体的观点是很有说服力的。

早期亨策提出了一个未被验证的观点——“在细胞的化学实验中，这种钒配合物可能经历了氧化过程”[1]，那个时候这个观点是基于“钒酸”公认的催化氧化能力提出来的，例如：它可将苯胺氧化为苯胺黑。约三十年后，Webb 在一篇名为《对某些海鞘血液的观察》（Observations on the blood of certain ascidians）[8] 的文章中指出：“在刚发现钒化合物时，不可能对其功能给出任何合理的解释，而在其化学性质探索方面也只取得了一点点进展”。如今，已经明确了血钒素的化学性质，但就其功能而言，我们知道的并不比一百年前的人多。

4.1.2 海鞘：现在的观点

海鞘的血液中含有多达 11 种血细胞，主要通过它们的形态来区分，更进一步的分类是通过它们的功能来区分。一段时间以来，因为绿色的外观，人们认为桑椹胚细胞中含有钒，而实际上这是由含有高含量的被囊素导致的（见下文）。正如 4.1.1 节所指出的，真正的钒细胞是印戒细胞和有液泡的变形细胞，且后者含有的钒比前者少。除此以外，另外两种类型的血细胞：Ⅱ型隔室细胞和颗粒状的变形细胞，也能吸收钒。

印戒环细胞含有一个大液泡（图 4-1c），钒正是存在于这个液泡中。液泡中的 pH 值可以低至 1.9，目前的研究发现，其中主要的阴离子是硫酸根，在该 pH 值下存在几乎等量的 SO_4^{2-} 和 HSO_4^-（pK_a = 1.96）。而亨策已经注意到血细胞裂解物的强烈酸化反应是由胞内的硫酸引起的。

钒细胞中钒的性质在相当长的时间内一直存在争议。含有蛋白质组分、卟啉化合物和儿茶酚盐的化合物已作为钒的螯合剂使用。已知儿茶酚盐是+3、+4、

+5 价氧化态钒的有效结合物，Phlebobranchia[9] 亚目的大多数海鞘中均含有被囊素①，这表明：被囊素可以作为外源钒酸盐的主要还原剂和稳定还原过程形成的钒氧离子的主要配体。被囊素（图 4-2）是二羟基苯丙氨酸/多巴（DOPA）和羟基-DOPA 单元组成的三肽或二肽。

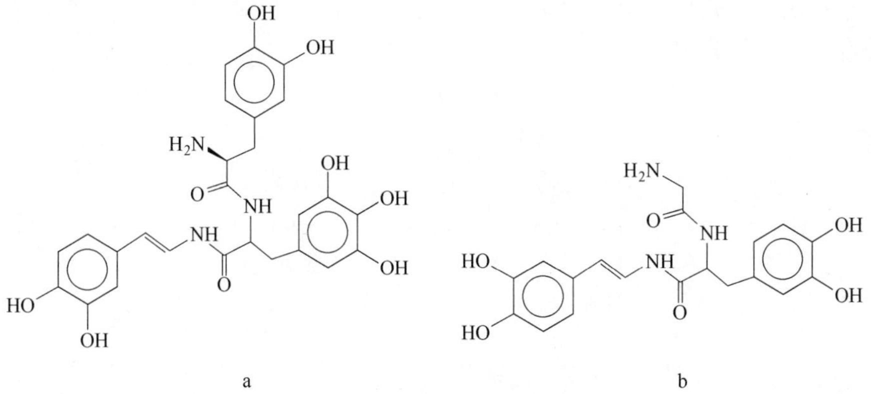

a　　　　b

图 4-2　被囊素化学结构式

a—海鞘 *Ascidia nigra*（Phlebobranchia 亚目）的被囊素；

b—海鞘 *Molgula manhattensis*（Stolidobranchia 亚目）的被囊素

然而，所有这些理论都被反驳甚至完全推翻了。在海鞘中未发现卟啉原，而被囊素与钒细胞并无关联。此外，Aplousobranchia 亚目的海鞘中并不存在被囊素。当处于+3 价时，大部分钒实际上是以水-硫酸盐配合物的形式存在，因此原则上符合 1953 年由 Bielig 和 Bayer 提出的“二硫代钒（Ⅲ）酸的蛋白盐，$[Prot \cdot NH_3]^+[V(SO_4)_2]^-$”形式[10]。

具有高酸度印戒细胞液泡的海鞘（Phlebobranchia 亚目，如 *Ascidia gemmata*）中，钒（Ⅲ）约占血细胞中总钒的 98%。钒（Ⅲ）与钒（Ⅳ）的比率随 pH 值的增加而降低。根据磁性测量，钒（Ⅲ）（d^2）处于高自旋态（S = 1）[11a] 并且由于高效弛豫，所以通常不能产生电子顺磁共振（EPR）信号。在早期阶段，采用了高自旋态钒（Ⅲ）（见 3.2 节）的优异接触位移特性，从而证明了钒细胞中钒的配位层由水配位体决定[11b]。*Ascidia ceratodes* 中的活体钒细胞在化学位移 δ= −21.5 处产生信号，至于等离子体水，顺磁转移至化学位移 δ= −17 的低磁场。化学位移 δ= −21.5 处信号的强度和谱线宽度（1.3~1.4kHz）表明它不能稳定钒配合物中的质子。相反，该信号代表了在钒水配体和周围溶剂水之间存在着快速

① 被囊类动物中是否存在被囊素也存有争议，曾经在很短的一段时间里，被囊素被认为是由人们的错误推断产生的。然而，在 1992 年，Bayer 等人[9a] 明确地在 *Phallusia mammilllata*（在这个被囊动物中，亨策发现了钒）中分离并确定了被囊素的存在。

交换的水和氢离子。定量分析得到了其可能的组成 $\{V^{III}(H_2O)_5L\}$。

这些结果与钒的K边X射线吸收光谱（XAS）的最新研究结果高度一致[12]。如3.6节所述，K边的能量位置（反映从K层激发电子所需的能量）对氧化态和配体电负性很敏感。在图4-3a中，图示了 *Ascidia ceratodes* 单个个体的血细胞光谱，包括用于探究最佳拟合的子谱（虚线连接符号）。对于主要存在形式的钒，可能存在如下组分的最佳拟合（以百分比形式给出）①：

$[V(H_2O)_6]^{3+}$	38.7%
$[V(HSO_4)(H_2O)_5]^{2+}$	34.0%
$[V(HSO_4)_2(H_2O)_4]^{+}$	10.3%
$[V(SO_4)(H_2O)_3(OH)_2]^{-}$	9.9%
$[V(H_2O)_5OH]^{2+}$	2.7%
其他	4.5%

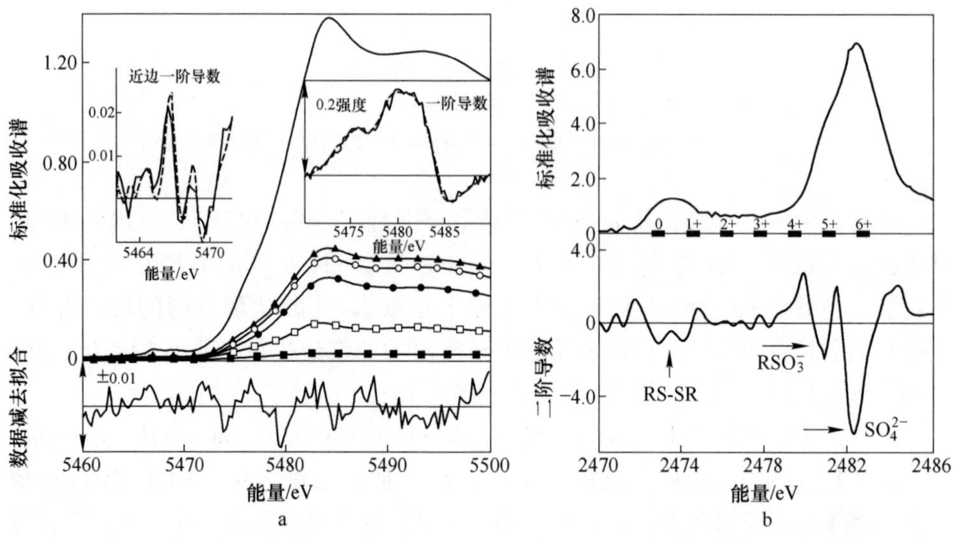

图4-3 *Ascidia ceratodes* 血细胞中钒（a）和硫（b）的K边X射线吸收光谱图

（图4-3a中实线代表实验光谱，虚线表示拟合的分量：▲，$c(V^{III})$ = 50mmol/L，$c(SO_4^{2-})$ = 523mmol/L，pH = 1.8；○，$c(V^{III})$ = 100mmol/L，$c(SO_4^{2-})$ = 150mmol/L，pH = 1.8；●，$c(V^{III})$ = 50mmol/L，pH = 0.04；□，$c(V^{III})$ = 50mmol/L，pH = 3.0；■，0.1mol/L HCl中的0.1mol/L $VOCl_2$。图4-3a左上角的图展示了边前特征和K边（虚线：拟合）的一阶导数。图像底部的曲线代表实验和拟合之间的差异。出处：P. Frank et al., Coord. Chem. Rev., 237, 31~39. 版权（2003年）为Elsevier所有。图4-3b中上面为吸收谱线，下面为一阶导数。箭头处为二硫化物，磺酸盐和硫酸盐。各种硫氧化态的K边最大值标记在中心水平线上。出处：P. Frank et al., Inorg. Chem. 38, 260~270。版权（1999年）为American Chemical Society（美国化学学会）所有）

① 在原著中[12b]，化合物是由 SO_4^{2-} 组成的，而不是 HSO_4^-。

这些结果清楚地表明，至少在 *Ascidia ceratodes* 中，钒的平均组成相当于 $[V(HSO_4)(H_2O)_5]^{2+}$ {或 $[V(SO_4)(H_2O)_5]^+$}，这符合 Bielig 和 Bayer 的早期结论，即硫酸盐是钒的配体。钒的组成在同一物种的不同个体之间以及不同物种之间是不同的。某种程度上可以说，其组成随着 pH 值的变化而变化，较高的 pH 值（如 *Ascidia ahodori* 中的 pH 值为 2.7）有利于形成 $[V(SO_4)(H_2O)_4(OH)]$ 和 $[V(SO_4)(H_2O)_3(OH)_2]^-$ 等硫酸根-羟基配合物。而在 *Phallusia nigra* 中没有检测到硫酸根配合物。有证据表明，该物种中存在六水钒（Ⅲ）阳离子和大量的钒苯酚配合物 $[V(catecholate)_3]$ （catecholate：儿茶酚盐）。如果不是由于人为原因（如部分血细胞裂解），至少在这种特殊的海鞘中，这些发现可能会重新让人提起部分钒与被囊素结合的观点。

从 *Ascidia ceratodes* 的钒的 K 边 XAS 中获得的结果基本上可用硫的 K 边 XAS 证实，并且硫的 X 射线吸收谱线也证明了脂肪族磺酸盐和低价硫的存在，这里的低价硫可能来自有机二硫化物（图 4-3b）。例如，在 *Ascidia ceratodes* 全血细胞中检测到的三种硫化合物的比例为 1.0 : 0.9 : 0.4（硫酸盐 : 磺酸盐 : 低价硫），总浓度为 250mmol/L[13]。因此，有可能与硫酸盐一样，磺酸盐也可与钒（Ⅲ）配位，产生 $[V(H_2O)_5(ROSO_3)]^{2+}$。鉴于在钒氧根结合蛋白 2 中发现了大量胱氨酸链，所以检测低价硫（+1 价）是很有意义的（见下文）。

钒酸盐可以通过阴离子（磷酸盐、硫酸盐）通道进入生物体[14a]。在早期研究中，使用 ^{48}V 标记钒酸盐，*Phallusia mamillata* 吸收钒过程的研究结果表明，钒主要积聚在鳃囊中[14b]。放射性的 ^{48}V 是 β^-（半衰期为 16.2d）和 γ 射线发射体。该物种的组织摄取钒的速度非常缓慢，摄取速度取决于个体的年龄，在完全成熟的个体中，2 天后在钒细胞中仅发现 2% 的总钒。相反的是，钒进入血细胞是一个快速的过程（0℃时 $t_{1/2}$ = 57s）。钒酸盐通过磷酸盐通道并且/或者通过金属转运体迁移到钒细胞的细胞质中（参见图 4-1c），在那里它被钒氧根结合蛋白［钒结合蛋白（见下文）］吸收并还原到+Ⅳ价，以钒氧离子（Ⅳ）——VO^{2+} 的形式与钒氧根结合蛋白键合[2,15]。另一种金属转运体将钒氧离子输送到液泡中，在那里进一步还原成+Ⅲ价。在极低的 pH 值条件下，液泡型 ATP 酶（V-ATP 酶）使质子转移到液泡中。

现在已经找到了将钒酸盐（Ⅴ）转化为钒氧（Ⅳ）的还原剂——烟酰胺腺嘌呤二核苷酸磷酸盐（NADPH），其产生于磷酸戊糖酵解过程中[2]。但在 Phlebobranchia 亚目海鞘钒细胞的液泡中，如何更进一步地将钒氧（Ⅳ）还原为钒（Ⅲ）的这一过程，还不是很清楚。已经提出的几种还原剂（包括被囊素）在体外和/或体内能够有效地将钒（Ⅴ）还原为钒（Ⅳ）和/或将钒（Ⅳ）还原为钒（Ⅲ）。钒的相关氧化还原化学的研究可简要总结如下：

（1）在中性水性介质中，*M. manhattensis* 中的被囊素（图 4-2）将钒（Ⅴ）和钒（Ⅳ）还原为钒（Ⅲ）[15]。将钒（Ⅴ）还原为钒（Ⅲ）比钒（Ⅳ）还原为钒（Ⅲ）更容易一些，其电子转移途径如图 4-4 所示（与钒是否和儿茶酚盐局部配位无关）。

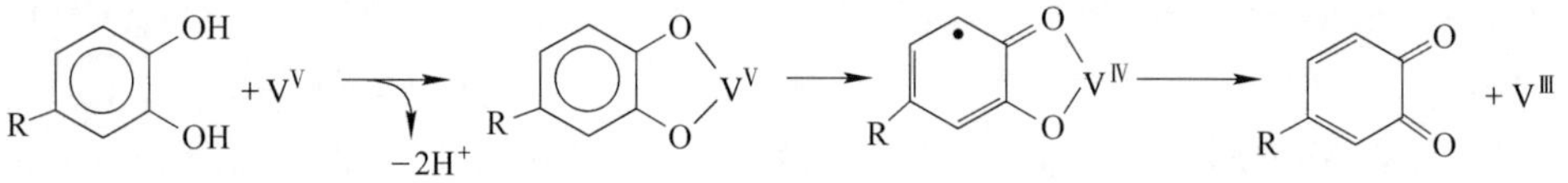

图 4-4　钒还原过程电子转移途径

然而，*M. manhattensis* 不会积累钒，*Ascidia nigra*（一种高效的钒累积生物）的被囊素中没有明显的将钒还原为钒（Ⅲ）的还原反应（表 4-1）。另外，乙酰丙酮钒氧［$VO(acac)_2$］（acac 为乙酰丙酮基）与 2,4-二（叔丁）邻苯二酚的反应产生钒半醌配合物［V（semiquinone)$_3$］（semiquinone 为半醌）。

（2）在中性 pH 值的条件下，［$VO_2(edta)$］$^{3-}$ 由 NADPH（烟酰胺腺嘌呤二核苷酸磷酸盐，一种还原剂）缓慢还原为［$VO(edta)$］$^{2-}$［其中 edta 为乙二胺四乙酸（4-）］。当 pH 值降至 3 时，还原显著加速。

（3）简单的无机钒（Ⅴ）化合物被硫醇盐如半胱氨酸和半胱氨酸甲酯（CysMe）还原成 VO^{2+}，并且通过加入 $H_2(edta)^{2-}$，其可被 CysMe 进一步还原为钒（Ⅲ）。这里是通过形成［$V^{Ⅲ}(edta)H_2O$］$^-$来稳定钒的+3 价态。为了使这种还原反应发生，添加少于 1 当量的乙二胺四乙酸（edta）是至关重要的，这显然可以为 VO^{2+} 和硫醇官能团之间的直接反应提供位点。CysMe 被氧化成胱氨酸，在这种条件下，半胱氨酸不会将 VO^{2+} 还原为钒（Ⅲ）。低价硫（处于氧化态 Ⅰ 的硫）存在于钒细胞的液泡中（参见图 4-1c）。这类反应为如下假设提供了证据：钒还原酶可能存在于单线态环细胞的膜间表面上，结合用于钒配位的 N_2O_4 配体，即与乙二胺四乙酸（edta）相当的配体组[12c]。

在海鞘化学研究后期，最令人兴奋的发展之一是由 Michibata 小组发现的钒氧根结合蛋白，即钒结合蛋白。到目前为止，已经在 *Ascidia sydneiensis*（和 *Ciona intestinalis* 玻璃海鞘）中找到至少 5 种钒氧根结合蛋白，命名为钒氧根结合蛋白 1~4 和钒氧根结合蛋白 P。其中四个钒氧根结合蛋白存在于钒细胞中。钒氧根结合蛋白 1~3 存在于细胞质中，钒氧根结合蛋白 4 位于细胞质膜中，而钒氧根结合蛋白 P 是体腔液（血浆）的组成部分[16]。最近，通过 ^{15}N 富集材料的多核和多维核磁共振（NMR）得到了 *Ascidia sydneiensis* 钒氧根结合蛋白 2 的结构，揭示了一类新的金属结合蛋白，其含有四个 α-螺旋的弓形构象，通过 9 个二硫键连接[17]。图 4-5 为钒氧根结合蛋白 2 的结构图，图 4-6 提供了钒氧根结合蛋白 1~4 的氨基酸序列。大量的二硫键（钒氧根结合蛋白 2 中的 9 个）使蛋白质稳定并且

它对于钒氧离子的最佳结合能力来说是必需的，它使人联想到嗜热古菌的胞内蛋白质。钒氧根结合蛋白 2 的分子量为 10467 Da。在 91 个氨基酸中，14 个为赖氨酸，因此钒氧根结合蛋白 2 是具有侧链氨基的碱性氨基酸。赖氨酸仅位于蛋白质的一侧，这些是 VO^{2+} 结合的位点，在蛋白质中加入硫酸钒氧后，^{15}N 异核单量子相关谱（HSQC）干扰实验证明了这一点，相对较小的 ^{14}N 从电子自旋回波包络调制（ESEEM，参见 3.4 节）实验获得了 4.5MHz 的各向同性超精细耦合常数[18]。

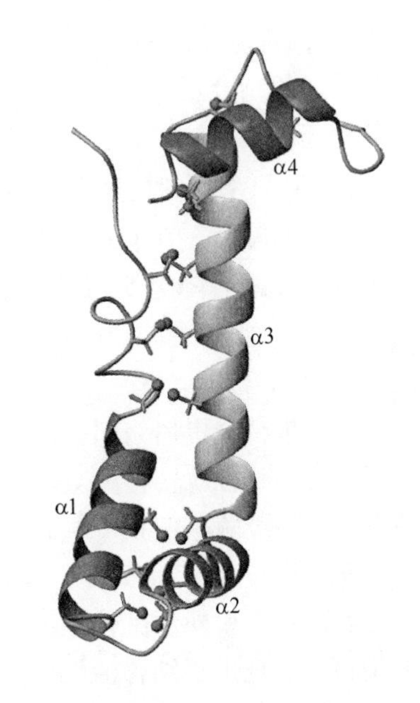

图 4-5 钒氧根结合蛋白 2 的结构图

（通过核磁共振（NMR）光谱获得了钒氧根结合蛋白 2 的溶液结构。代表 4 个 α 螺旋（氨基酸 18~70）的“固体”骨架以带状呈现。弓形分子的两半由 9 个胱氨酸连接。出处：Michibata，日本广岛大学）

钒氧根结合蛋白 1 和钒氧根结合蛋白 2 是将钒氧离子从细胞质转移到液泡中的金属结合蛋白，如图 4-1c 所示。它们可以结合多达 20 个 VO^{2+}，也可以将它们归类为储蓄蛋白。与众所周知的铁（Ⅲ）（铁蛋白）和锌（硫蛋白）储蓄蛋白相比，钒结合蛋白不会有团簇形成。相反的是，所有（或几乎所有）的钒中心都是孤立的。其结合常数不是特别大，约 4.5×10^4，可以允许在中性细胞质中存在稳定

Vanabin 1	1	- - M V S K F T I L L G V V V L M A L S - - V N A Y E S E F D D E T	30
Vanabin 2	1	- - - M S K V I F A L V L V V V L V A C - - I N A T Y V E F E E A Y	29
Vanabin 3	1	M A S K L F L L L F L G M F V L I A A S D E S F D E E E D F E D E V	34
Vanabin 4	1	M V T K S H I I F F L G M V V V I V G C P A F E K F V S K N E E S V	34
Vanabin 1	31	F E K G - - P G C - - K C Q S V C G E V K K C G V K C F R S C N G D	60
Vanabin 2	30	A P V D - - - - C K G Q C T T P C E P L T A C K E K C A E S C E T S	59
Vanabin 3	35	M A Q S Y Y P E C D - - C R Q E C G T F R N C R A T C R A N C G D G	66
Vanabin 4	35	I V D S - - - - C K T N C S T E C L P L K N C T E N C T E H C E G L	64
Vanabin 1	61	R D - - - C T K D C A K A K C G K V P N A G D C G H C M L S C E G K	91
Vanabin 2	60	A D K K T C R R N C K K A D C E - - P Q D K V C D A C R M K C H K A	91
Vanabin 3	67	R - - - - C R R E C K R T K C I N - - M K S Q C R N C N G D C R E R	94
Vanabin 4	65	S D K K A C H Q N C R K V T C K - - A E D G Q C R A C K K K C K D E	96
Vanabin 1	92	C R A D H C A S A C P G K V S K A P A C L D C M K L N C V - - -	120
Vanabin 2	92	C R A A N C A S E C P K H E H K S D T C R A C M K T N C K - - -	120
Vanabin 3	95	C R S K Y C S K P C Y - K S L K V R K C V R C M V V S C H L R F	125
Vanabin 4	97	C K K A N C K S S C E E K A M K S P A C K S C M E K N C H - - -	125

图 4-6 钒氧根结合蛋白 1~4 的氨基酸序列

（钒氧根结合蛋白 1~4 对齐的氨基酸序列，证明了高度保守性。方框中是保守残基。框起来的部分表示在单克隆抗体的产生时用作抗原的蛋白质区域。18 个半胱氨酸（C）残基充当二硫键连接子。钒氧根结合蛋白 2 中的赖氨酸（K）和精氨酸（R）氨基侧链参与钒氧基结合。出处：N. Yamaguchi et al., Zool. Sci. 23，909~915。版权（2006 年）为日本动物学会所有）

的 VO^{2+}，也就是说既要防止钒氧氢氧化物的沉淀，又要能将钒输送到液泡中。顺便提及，钒结合蛋白的结合常数与报道的其他金属结合蛋白的结合常数相当，如镍和铜离子。钒氧根结合蛋白 2 还会与 Fe^{3+} 和 Cu^{2+} 结合。蛋白质的二级结构在 pH 值范围 7.5~4.5 内，基本上不随 pH 值的变化而变化。VO^{2+} 对蛋白质的亲和力随着酸化而降低。在 pH 值为 4.5 时，结合常数为 1.1×10^4，最大结合数从 20（pH 值为 7.5 时）降至 5。pH 值的进一步降低导致结合位点的质子化和 VO^{2+} 的释放。存在于血浆中并与其他钒氧根结合蛋白密切相关的钒氧基载体钒氧根结合蛋白 P 可以结合最多 13 个 VO^{2+}（结合常数为 3.6×10^4）。

与钒氧根结合蛋白一起，已经分离出一种大量存在于 *Ascidia sydneiensis* 消化系统中，与谷胱甘肽转移酶（GST）具有惊人同源性的钒结合蛋白[19]。GST 由一种古老的超级酶系组成，它们在解毒过程中会利用到谷胱甘肽（GSH）。GST 催化亲电底物与 GSH 的缀合，具有过氧化物酶和异构酶活性，并且能够非催化地结合多种内源和外源配体。海鞘 GST 类似物是二聚物（每个亚基的分子量为 25.6kDa），表现出钒结合活性。该蛋白最多可配位 16 个钒（Ⅳ）/钒（Ⅴ）中心，结合常数分别为 5.6×10^3（VO^{2+}）和 8.3×10^3（$H_2VO_4^-$）。依据从海水中摄取钒酸盐的量可知，它对钒酸盐的亲和力特别强。鉴于 GSH 将钒（Ⅴ）还原为钒（Ⅳ）的能力，它作为钒酸盐结合剂和载体以及作为 GSH 的转移酶的双重作用是很有意义的。

4.1.3 多毛类扇形蠕虫

环节动物门多毛类动物（刚毛虫）海洋扇形蠕虫（*Pseudopotamilla occelata*）是第二种被证明可以积累钒的海洋生物[20]，体内的钒含量（干重）为 320~1350μg/g，*Ascidia ahodari* 的钒含量（干重）为 1550μg/g，*Ascidia sydneiensis samae* 的钒含量（干重）为 260μg/g，除此以外，*Pseudopotamilla* 属的其他物种也积累钒。大约 90%的总钒存在于鳃冠的二回羽状辐棘中（图 4-7），集中在表皮细胞外部（顶端）的液泡中，并与大量的硫相关（主要以硫酸盐形式存在）。*Pseudopotamilla occelata* 活体标本的 XAS 分析显示，在 $V\{O\}_6$ 的环境下，钒基本上以+3 价氧化态存在（其 V—O 键长为 0.20nm，而 *Ascidia ceratodes* 中的 V—O 键长为 0.199nm）。表皮含钒液泡中同时存在硫酸盐这一事实很有力地说明了在海鞘和多毛类扇形蠕虫中存在类似 $[V(H_2O)_5HSO_4]^{2-}$ 形态的钒化合物及其相关复合物。类似的机制也可以用于解释海鞘纲和多毛纲动物对钒的积累，即，将相同的抗原导入 *Pseudopotamilla occelata* 和 *Ascidia sydneiensis* 中，抗原能被后者的钒相关蛋白识别。

与海鞘一样，多毛类扇形蠕虫中钒的功能还不是很清楚。

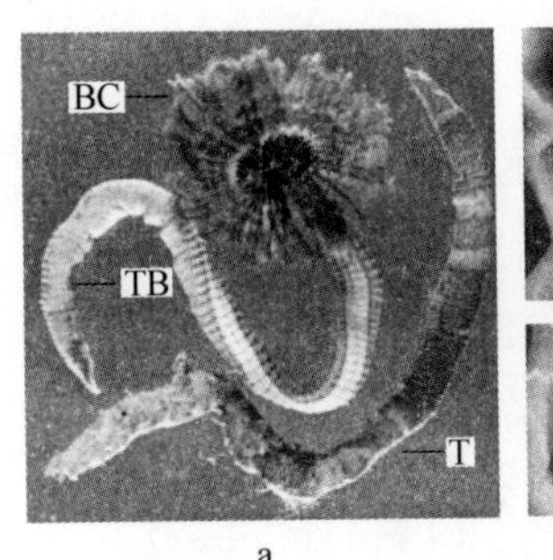

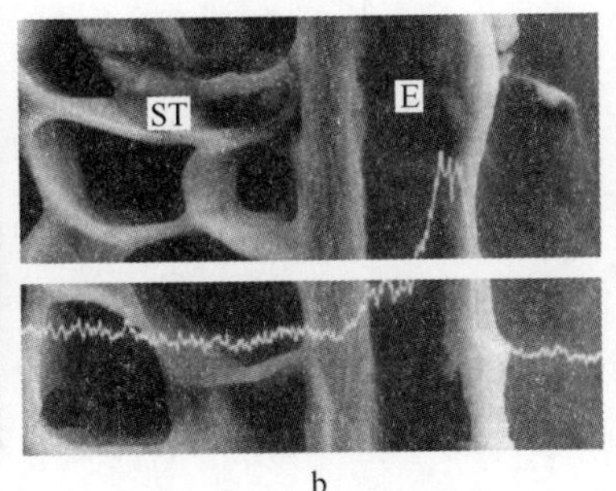

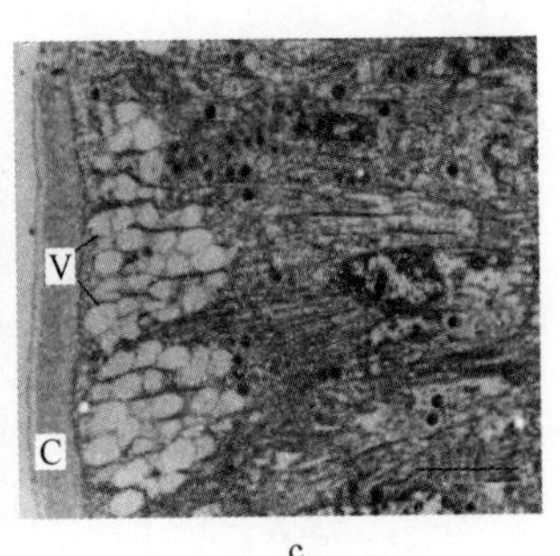

a　　　　b　　　　c

图 4-7　扇形蠕虫形态图

a—从管状躯体（T）采集的 *Pseudopotumilla occelata* 的形态图（TB 为躯干体；BC 为鳃冠，其中大部分的钒累积在鳃冠中的二回羽状辐棘中）；b—二回羽状辐棘的纵剖面（ST 为支持组织，E 为表皮。正如 X 射线微量分析中的清晰峰所示，钒集中在表皮的外层。比例尺为 10μm）；c—二回羽状辐棘顶端部分的透射电镜图（表明了液泡（V）中含有钒（Ⅲ）和硫酸盐，表皮（C）中也含有一些钒，比例尺为 3μm）（出处：T. Ishii，in：Vanadium in the Environment，part 1：Chemistry and Biochemistry（J. O. Nriagu，Ed.）。版权（1998）为 John Wiley&sons，Ltd 所有）

4.1.4　模型化学

在某些海鞘中，大量钒和被囊素的存在使得人们开始对钒-儿茶酚和钒-邻苯三酚配合物进行广泛的化学研究，直到大约 10 年前，人们才发现在不同的身体组织和区室中，这两种成分之间没有直接的化学作用。儿茶酚能与+5、+4 和+3 价的具有不同生物学意义的钒形成稳定的配合物，这种配合物可以是含单一配体的，也可以含有其他配体，例如联吡啶、邻二氮杂菲、乙酰丙酮酸或席夫碱，在 2.3.2 节图 2-29 中给出了相关例子——化合物 10~12。由于被囊素的酰胺主链相对较难断裂，因此不太可能与钒形成单一配体型配合物。可能的配位环境可以用图 4-8 所示的两种配合物表示，除了儿茶酚盐外，还含有联吡啶和乙酰丙酮酸盐，或席夫碱配体。后一种配合物还解释了在酸性条件下，配位的儿茶酚盐可以以其单质子化形式存在的可能性。

儿茶酚和邻苯三酚易将钒（Ⅴ）还原为钒（Ⅳ），并且在某些情况下，还可以进一步还原为钒（Ⅲ）。在将海鞘被囊素视为还原剂的前提下，儿茶酚-钒配合物的氧化还原化学特性已经得到了一定程度的研究[21]。V^{V}/V^{IV} 和 V^{IV}/V^{III} 的还原电位总结在表 4-2 中。儿茶酚-钒配合物的氧化还原过程是以金属为中心的，而儿茶酚与其他金属形成的配合物，如铬和铁，它们通常是以配体为中心。如上所述，由于钒与被囊素的配位，*Phallusia nigra* 中存在的一些钒化合物结构可以借助儿茶酚盐和酮-烯醇化物来建模。儿茶酚盐能与钒在水溶液中形成相当稳定的配合物。对 VO^{2+}-儿茶酚体系中的钒化合物的形态研究表明，在 pH 值约 2.5 时

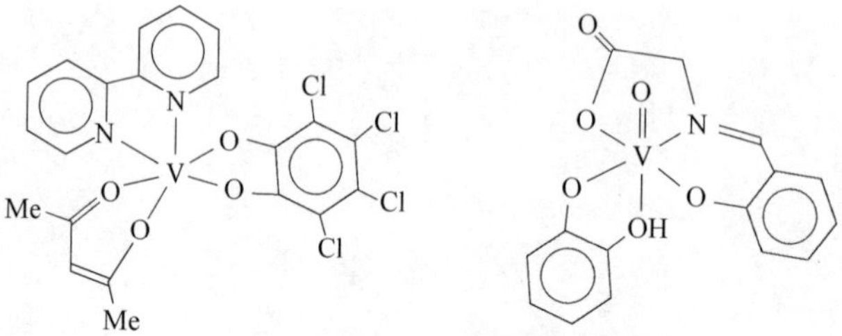

图 4-8 海鞘中钒-被囊素相互作用的两种可能模型[21~22]

(a—[V^{III}acac(bipy)catCl$_4$]，b—[V^{IV}O(gly-sal)cat]；其中 acac 为乙酰丙酮（1-），bipy 为联吡啶，catCl$_4$ 为四氯儿茶酚（2-），gly-sal（1-）为由甘氨酸和水杨醛形成的席夫碱，cat 为儿茶酚盐（1-））

开始形成单配体和双配体配合物。此外，在钒比儿茶酚多的情况下，会在弱酸性范围内生成含有 3 个儿茶酚配体的非氧代钒（Ⅳ）配合物（式 4-1）[23]。

$$[VO(cat)_2]^{2-} + H_2cat \rightleftharpoons [V(cat)_3]^{2-} + H_2O \qquad (4-1)$$

表 4-2 一些儿茶酚-钒配合物②③的还原电位 [$E_{1/2}$(钒参比 NHE①)]

配合物	溶 液	V^{V}/V^{IV}	V^{IV}/V^{III}
[V(trencam)]④	二甲基甲酰胺	+0.53	-0.54
[V(trencam)]	水		-0.37
[V(dtbc)$_2$phen]	乙腈	+0.52	-0.79
[V(Cl$_4$cat)$_2$bipy]	乙腈	+0.52	-0.75
[V(Cl$_4$cat)$_2$bipy]	二氯甲烷	+0.43	-0.90
[V(cat)(acac)$_2$]	乙腈		-0.22
[V(dtbc)(acac)$_2$]	乙腈		-0.38
[V(Cl$_4$cat)(acac)bipy]⑤	二氯甲烷	-0.36	-0.90

① NHE 为标准氢电极。

② 来自参考文献 [21] 和其中引用的文献。

③ 缩写：dtbc = 2,4-di（tert-butyl）catecholate（2-），为 2,4-二（叔丁基）儿茶酚；cat = catecholate（2-），为儿茶酚盐；Cl$_4$cat = 2,3,4,5-tetrachlorocatecholate（2-），为 2,3,4,5 四氯儿茶酚；phen = o-phenanthroline（邻菲罗啉）；bipy = 2,2′-bipyridy，为 2,2′-联吡啶；acac = actylacetonate（1-）；为乙酰丙酮。

④ 关于 tris（catecholate）trencam（6-），见图 2-29 的 13。

⑤ 见图 4-8。

在海鞘（*Ascidia ceratodes*）的印戒细胞液泡的酸性介质中，含有一个或两个硫酸根/氢硫酸根配体的钒（Ⅲ）配合物的存在使人们对将硫杂钒配合物作为模型系统产生了极大的兴趣[24]。尽管 VO^{2+} 易与硫酸盐形成 1∶1 的配合物（K =

300)，但钒（Ⅲ）对硫酸盐的亲和力不太明显。基于氧化还原测量和分光光度滴定，从形态分析研究获得的特定稳定常数和 pK_a值在以下化学式中给出[25]：

$$[V(H_2O)_6]^{3+} + SO_4^{2-} \rightleftharpoons [V(H_2O)_5SO_4]^+ \quad K_1 = 32 \tag{4-2a}$$

$$[V(H_2O)_5SO_4]^+ + SO_4^{2-} \rightleftharpoons [V(H_2O)_4(SO_4)_2]^- \quad K_1 = 32 \tag{4-2b}$$

$$[V(H_2O)_5SO_4]^+ \rightleftharpoons [V(H_2O)_4(OH)SO_4] + H^+ \quad pK_{a1} = 3.2 \tag{4-2c}$$

$$[V(H_2O)_4(OH)SO_4] \rightleftharpoons [V(H_2O)_3(OH)_2SO_4]^- \quad pK_{a2} = 4.6 \tag{4-2d}$$

$$2[V(H_2O)_4(OH)SO_4] \rightleftharpoons [\{V(H_2O)_4SO_4\}\mu\text{-}O] + H_2O \quad K = 81 \tag{4-2e}$$

许多硫-钒（Ⅲ、Ⅳ和Ⅴ）配合物的结构已被表征，这证明了硫酸盐配体可以以多种结构实现这种配位方式。图 4-9 中整理了特定结构的纯无机配合物和含有多齿有机共配体的配合物。无机硫杂钒配合物通常通过水热法合成，并且在大多数情况下是稳定的，仅以固态形式存在，形成聚合的二维和三维模式，其中硫酸盐以末端或桥连（μ2 和 μ3）的方式配位。在共配体存在下，中性配合物 $[VO(H_2L)SO_4]$ 是一个单齿配位的例子，其中 H_2L 源自于去质子化的四氨基二酚盐，通过两个酚氧和两个仲氨基官能团与钒氧离子配位[26]。图 4-9 中的双核配合物 $[\{VO(sal\text{-}aebmz)\}_2(\mu\text{-}SO_4)]$ 说明了硫酸盐的桥接方式[27]。配体 sal-aebmz（2-）代表水杨醛和乙基氨基苯并咪唑形成的席夫碱，它通过酚盐基团在两个钒中心之间形成了第二桥。

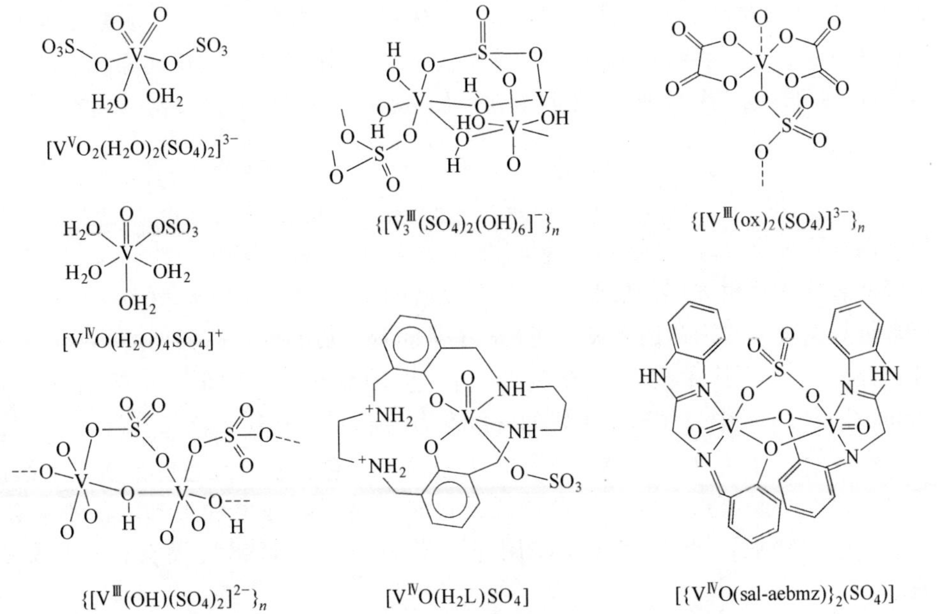

$[V^VO_2(H_2O)_2(SO_4)_2]^{3-}$　$\{[V_3^{III}(SO_4)_2(OH)_6]^-\}_n$　$\{[V^{III}(ox)_2(SO_4)]^{3-}\}_n$

$[V^{IV}O(H_2O)_4SO_4]^+$

$\{[V^{III}(OH)(SO_4)_2]^{2-}\}_n$　$[V^{IV}O(H_2L)SO_4]$　$[\{V^{IV}O(sal\text{-}aebmz)\}_2(SO_4)]$

图 4-9　硫-钒配合物的结构表征

（列举了硫酸盐的不同配位方式，见参考文献［24］、［26］、［27］）

4.2 鹅膏钒素（Amavadin）

“生物体对金属的积累是生物无机化学研究中非常有意义的一个点，它能够为一种或多种特定的生物化学功能提供合适的金属使用浓度和/或作为一种保护的手段防止金属过量而产生毒性。毒蝇伞（*Amanita muscaria*，英文俗称 fly agaric）展现了惊人的金属富集能力，它能将钒富集浓缩至通常植物中钒含量的400倍。”

下面是1999年Garner及其同事对鹅膏钒素结构特征所做的介绍[28]。最早在1931年，人们在毒蝇伞中发现了大量的钒[29]：在一篇题为“Sur la répartition du molybdène dans la nature”（关于钼在自然界中的分布）的文章中提到，在毒蝇伞（3.3mg/kg）① 和大蒜（0.8mg/kg）② 中发现了相对高含量的钒。1972年Bayer从黑森林（德国）采集的毒蝇伞中首次分离和鉴定出来了钒化合物，并将其命名为鹅膏钒素[30]：

“分离鹅膏钒素的方法如下：向冷冻蘑菇中添加甲醇，将解冻的混合物研磨过滤，将得到的滤液用乙酸酸化（至0.1mol/L）。加入二乙胺基乙基（DEAE）纤维素并将浆液搅拌整夜。然后将纤维素置于色谱柱中，用0.5mol/L乙酸洗涤，再用0.2mol/L磷酸盐缓冲液（pH=5.8）洗脱鹅膏钒素。在葡萄糖凝胶A25上吸收洗脱液，然后再用0.4mol/L磷酸盐缓冲液（pH=5.8）洗脱鹅膏钒素。用甲醇提取冻干的，并用离子交换树脂（Dowex）和葡萄糖凝胶对其进一步纯化[30a]。”

后来，在同等的高浓度下，发现鹅膏钒素还存在于鹅膏菌属（*Amanita*）的另外两种物种里，即*Amanita regalis*和*Amanita velatipes*。除此以外，大多数鹅膏菌属的蘑菇和其相关属的蘑菇对钒没有显著的富集能力。*Amanita muscaria*中的钒含量与土壤中的钒含量无关。其累积量是随着年龄的增长而增加的，而且钒的分布并不均匀，其主要富集在鳞茎（高达1000mg/kg干重）和菌褶（高达400mg/kg干重）中，而孢子中钒的含量仅为菌褶中的1%~2%[31]。

毒蝇伞（图4-10）通常出现在人工松林中，它有着鲜红色的菌盖，上面覆盖着白色的凸起斑点，这一外形特征让它成为最引人注意和最知名的毒蘑菇。它的“致毒物质”毒蕈碱（偶尔用作致幻剂）与鹅膏钒素没有任何已知的关系。

---

① 这些规格可能与1kg质量的新鲜蔬菜有关。

② 在参考文献［29］的第499页。

表4-3 总结了鹅膏钒素的特征①。它是一种低分子量的阴离子非氧代钒（Ⅳ）配合物，源自手性配体 N-羟基亚氨基-2,2′-二异丙酸（S,S-H_3hidpa）的三重去质子化形式 hidpa(3-)（图 4-11a）。与简单的钒氧盐（如硫酸钒氧）一样，鹅膏钒素的溶液是浅蓝色的。其光学和 EPR 特征、红外区域 $985cm^{-1}$处存在的强信号带以及在钒氧配合物中 V—O 的伸缩振动都导致了早期对鹅膏钒素结构的错误推断（图 4-11b）[3b,3c]。后来，基于稳定常数的比较研究，Bayer 等人重新推断了鹅膏钒素的结构形式[32]，一方面是由于 EPR 参数和 VO^{2+}配合物与模型配体的氧化还原行为的显著差异，另一方面鹅膏钒素的 X 射线吸收光谱中没有前缘峰和钒氧基片段典型的 V—O 距离，这些都为重新推断其结构提供了依据和支持。对于 Bayer 等人提出的第二个结构，模型配合物和 N-羟基亚氨基二乙酸，H_3hida（图 4-11c）[33]，钒（Ⅴ）形式的鹅膏钒素结构，阴离子 $[\Delta\text{-V}\{(S,S)\text{-hidpa}\}_2]^-$[34]，以及鹅膏钒素本身的钙盐 $[Ca(H_2O)_5][\Delta\text{-V}\{(S,S)\text{-hidpa}\}_2]\cdot 2H_2O$[28]（图 4-11d，其中 Ca^{2+}与其中一个未与钒键合的羧基氧配位）都为这个结构提供了依据和支持。从鹅膏钒素到其氧化形态没有结构的变化。在鹅膏钒素的晶体中，钒处

图 4-10 毒蝇伞（*Amanita muscaria*）（很容易通过其鲜红色的菌盖和其上覆盖着的白色瘤状物将含有鹅膏钒素的毒蝇伞蘑菇辨认出来）

表 4-3 鹅膏钒素的物理化学特性

特性
吸收峰 λ_{max}/nm（ε/$dm^3\cdot(mol\cdot cm)^{-1}$）：775（23），699（22），565（25）*[34a]
电子顺磁共振（EPR）：$g_{\parallel}=1.925$，$g_{\perp}=1.978$；$A_{\parallel}=154$，$A_{\perp}=47\times10^{-4}T$[34a]
$\delta(^{51}V)$（被氧化的钒（Ⅴ）形态的浓度）化学位移 $\delta=-281$（Δ 异构体）**[34b]
$v(C—CH_3)=985cm^{-1}$［被误认做 $v(V=O)$］[30]
X 吸收光谱：K 边在 5480.8 eV[34b]
稳定常数：$\lg\beta_2=23$（1）[32]
$V^{Ⅳ}/V^{Ⅴ}$ 氧化还原电对，E/钒 vs 标准氢电极：0.27（二甲基亚砜 DMSO），0.81（水，pH=7）[35]
自交换速率（$V^{Ⅳ} \rightleftharpoons V^{Ⅴ}+e^-$）$k_{22}/l^3mol^{-1}s^{-1}$：$(1\pm0.5)\times10^5$[36]

注：* 分别对应于从电子基态 $d(x^2-y^2)$ 到 $d(xz)$，$d(xy)$ 和 $d(z^2)$ 的转变。

** 关于合成的鹅膏钒素的非对映异构体的化学位移，参见参考文献［36］和图 3-5。

① 对于鹅膏钒素的其他方面，另见：T. Hubregtse，Proefschrift（博士论文），2007 年，荷兰代尔夫特理工大学（Technical University Delft，The Netherlands）

于 Δ 构型（参见图 2-26）。在 Λ 构型中具有钒的磷酸衍生物［Λ-V｛(*S*,*S*)-Hdidpa｝$_2$］·H_3PO_4·H_2O 也在结构上被表征了。在孤立的天然鹅膏钒素中，Δ 和 Λ 构型大约是等量的。(*S*,*S*)-H_3hidpa 与钒配位后直接产生 Δ∶Λ 构型的比率为 2.3 的鹅膏钒素。之后其会发生差向异构化，并且在达到平衡后 Δ∶Λ 降低至 0.80[37a]。为了使鹅膏钒素稳定存在于水溶液中且不被抗氧化，由三阴离子 hidpa(3−) 提供的配体基序是必需的[37b]。

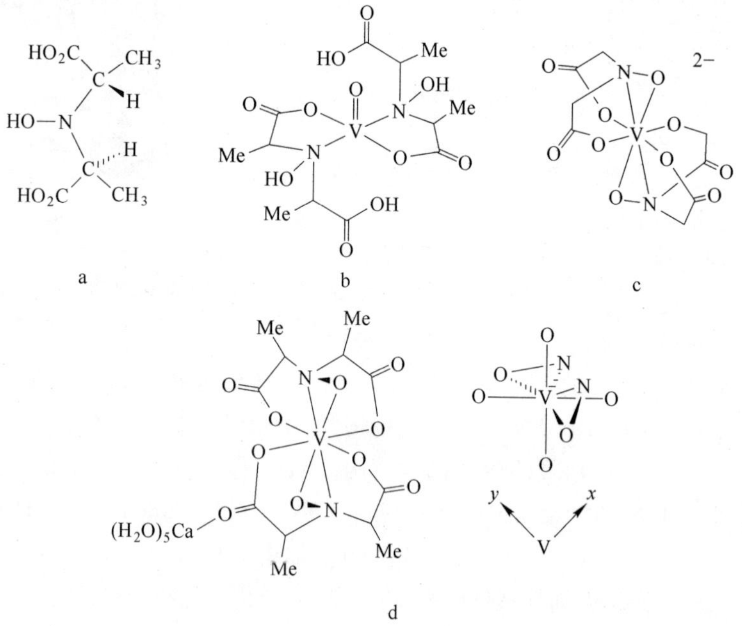

a　　b　　c

d

图 4-11　鹅膏钒素结构式

a—存在于鹅膏钒素中的配体，N-羟基亚氨基-2,2′-二异丙酸（*S*,*S*-H_3hidpa）；b—［VO(Hhidpa)$_2$］，第一次提出的鹅膏钒素结构[30b]；c—结构特征化的模型化合物，［V(hida)$_2$］^{2}=(H_3hida = N-hydroxy-iminodiacetic acid，N-羟基亚氨基二乙酸）[35]；d—鹅膏钒素 Δ 对映体的钙盐结构，［Ca(H_2O)$_5$］［Δ-V｛(*S*,*S*)-hidpa｝$_2$］·$2H_2O$（图示了沿 *z* 轴观察的理想配位几何。容纳单电子的轨道——SOMO（半占据分子轨道）具有 d(x^2-y^2) 特征[33a]）

与海鞘中的“血钒素”一样，鹅膏钒素在毒蝇伞中的作用还不是很清楚。鉴于钼和钒之间在元素周期表上存在的对角关系，以及钼在加氧酶和脱氧酶中的公认作用，我们有理由假设鹅膏钒素是原始氧化还原酶的组分，例如：在反应中生成的脱氧酶[38a]或加氧酶的残余物，如式 4-3a 和式 4-3b 所示，并按式 4-3c 所示进行。

$$RH + 1/2O_2 \longrightarrow ROH \tag{4-3a}$$

$$RH + H_2O_2 \longrightarrow ROH + H_2O \tag{4-3b}$$

$$\mathrm{RH} + (\mathrm{AV^{V}})^{-} \rightarrow \mathrm{H^{+}+R\cdot} + (\mathrm{AV^{IV}})^{2-};\quad (\mathrm{AV^{IV}})^{2-} + 1/2\mathrm{O_2}+\mathrm{H^{+}}+\mathrm{R\cdot} \rightarrow (\mathrm{AV^{V}})^{-} + \mathrm{ROH}$$

（AV=鹅膏钒素）　　(4-3c)

在任何情况下，鹅膏钒素和鹅膏钒素的模型化合物可以有效催化氧化反应（氧代转移和氧化 C-C 偶联反应）。合成的鹅膏钒素的钙盐｛$Ca[V(hidpa)_2]$｝和鹅膏钒素模型化合物 $Ca[V(hida)_2]$（图 4-11c）可以在酸性介质中通过 H_2O_2 催化氧化环己烷形成环己醇（式 4-3b）以及一些环己酮[38b]。在溴化物存在下，得到溴代环己烷（式 4-4），该反应使人想起钒酸盐溴代过氧化物酶的酶促溴化作用，这将在 4.3 节中讨论。基于鹅膏钒素的配合物还通过过氧二硫酸盐将甲烷催化氧化成乙酸（式 4-5），并且在一氧化碳存在的情况下，烷烃和环烷烃氧化成相应的碳酸（式 4-6）（注意，反应 4-5 和反应 4-6 没有按化学计量配平）[39]。在含半胱氨酸的肽和蛋白质参与的氧化还原中，鹅膏钒素类似物 $[V(hida)_2]^{2-}$和作为电子转移介质的 $[V(hidpa)_2]^{2-}$，在电催化氧化中，将硫醇 HSR（如半胱氨酸）催化氧化为二硫化物（如胱氨酸）（式 4-7），这个反应是通过短寿命（$t_{1/2}\approx 0.3$s）的媒介｛$V^{V}\cdot HSR$｝内部氧化的[40]。

$$RH + H_2O_2 + Br^- + H^+ \longrightarrow RBr + 2H_2O \tag{4-4}$$

$$CH_4 + S_2O_8^{2-} \longrightarrow CH_3CO_2H \tag{4-5}$$

$$RH + CO + S_2O_8^{2-} \longrightarrow RCO_2H \tag{4-6}$$

$$2RSH \longrightarrow RSSR + 2e^- + 2H^+ \tag{4-7}$$

鹅膏钒素的模型化学已经针对以下两个方面进行了研究：（1）探索非氧代钒（Ⅳ和Ⅴ）配合物的专属领域；（2）简单形式的 H_3hidpa 配体（图 4-11a）的配位性质，从无机化学的角度来看，它是羟胺 NH_2OH 的衍生物。

稳定非氧代钒（Ⅳ）中心的配体应该“补偿”了桥氧基的 σ+π 电子供给，否则它们应该具有钒（Ⅳ）配合物的特征，即它们必须能够给金属提供足够的电子密度（σ 和 π）。或者说，如果在反应过程中间歇性地形成非氧钒（Ⅳ）中心，如 2.3 节中的反应顺序方程 2-19，得到的配合物特别稳定，则可能被配体拦截（就像鹅膏钒素的情况，表 4-3）。肌醇衍生物（图 2-28 中的 7）和安息香（图 2-28 中的 8）可以形成非钒氧（Ⅳ）配合物，而儿茶酚盐显示出形成非氧代配合物的显著趋势，图 2-29 中的 11 就是一个例子。更普遍地，含有酚盐官能团的多齿配体可以稳定非钒氧（Ⅳ），图 4-12 就有 3 个例子，其中酚盐分别与酰胺（1）[41a]、偶氮-氮（2）[41b]和胺（3）[41c]配位。图 2-32 中的配合物 30 是另一个例子，在这里，配位层被两个酚基氧原子，两个苯硫酚基硫原子和两个中性亚胺官能团占据。配位几何形状是略微扭曲的八面体（3），扭曲的三角形棱柱［图 4-12 中的 1 和 2，图 2-29 中的 11a 或这两种情况之间（图 2-32 中的 30）］。参见图 2-21 配位模式Ⅲa 与Ⅲa′的比较。

所有这些非氧代钒配合物，配位数均为 6。除了 4 个羧酸盐官能团的配位外，

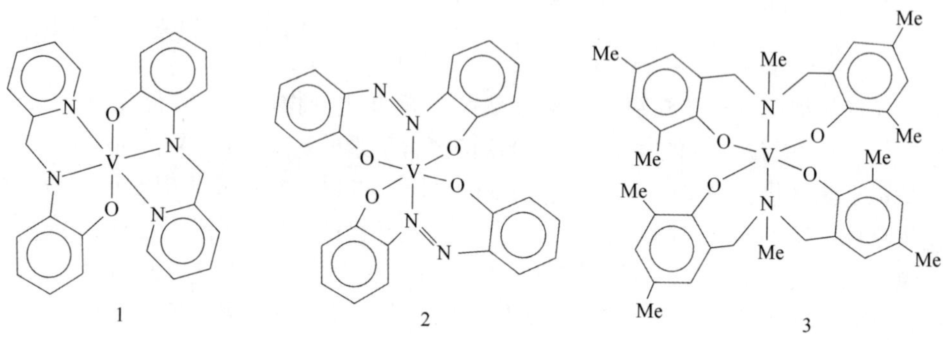

图 4-12　非钒氧（Ⅳ）配合物结构式

（用于模拟鹅膏钒素（鹅膏钒素）的非氧代特征。其他有关示例，

请参见图 2-29 中的 11 和图 2-32 中的 30）

鹅膏钒素中的异常配位数 8 来自羟肟酰胺部分的侧基（η^2）配位。氢化酰胺（1-）的 η^2 配位方式已经在 2.1.2 节中简要地提出了，这一节主要涉及液态无机钒化学的一般性质。钒酸盐和羟胺的水溶液，NH_2OH、NHMeOH 和 NMe_2OH 经过与式 4-8a 和式 4-8b 同一类型的缩合反应，其中原始的原钒酸盐的一个或两个 OH 基团被 η^2-NR_2O^- 替换形成钒酸盐。在有 2-羟肟酰胺的情况下，通过 ^{51}V NMR 表明几种同分异构体同时存在于溶液中，其中 4 种如图 4-13 中的 4a～4d 所示，其构型与 Tracey 团队提出的一致[42]。一种含有｛$(VO)_2\mu$-O｝核心的呈扭曲角构象（参见图 2-24）的双核配合物的结构特征已被表征出来，如图 4-13 中的 5 所示[43]，在水中，这种双核配合物是不稳定的。图 4-13 中的配合物 6～8 除了含有一个或两个羟肟酰胺外，还含有其他配体。配合物 6 是在结构上表征为铯

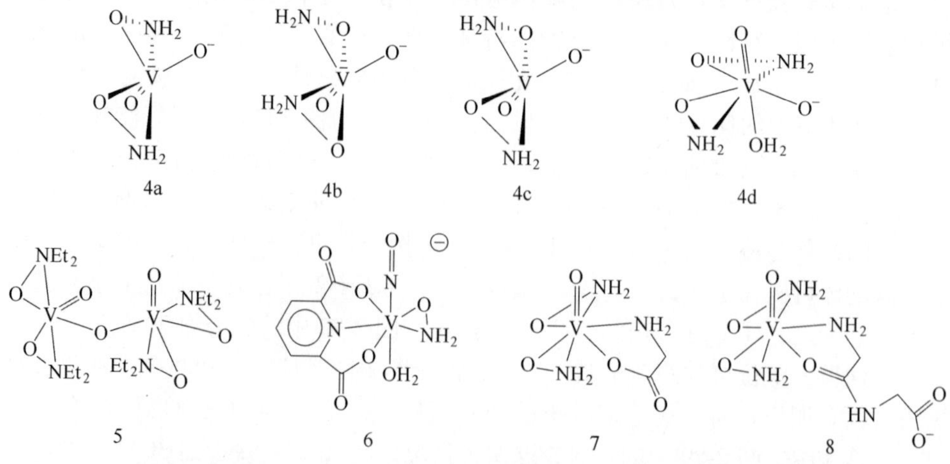

图 4-13　钒（Ⅴ）(4、5、7、8）和钒（Ⅲ）(6）的羟肟酰胺配合物

（“混合酸酐”4 与钒酸盐在溶液中处于平衡状态。配合物 5～8 的结构已被表征）

盐的阴离子吡啶二羧酸-亚硝酰基，在这里钒处于扭曲的五角双锥型结构中，因为亚硝酰配体为 NO^-，所以钒处于+3 价氧化态[44]。配合物 7 和 8 分别以甘氨酸和甘二肽作为共配体，前者通过胺和（单配位位点）羧酸盐配位，后者利用胺末端中肽键的羰基氧和钒通过螯合作用进行配位[45]，在其他钒酸盐-二肽体系中也观察到了酰胺-N 配位这种配位方式（参见图 2-15 和图 2-18）。

$$[H_2VO_4]^- + NH_2OH \rightleftharpoons [HVO_3(NH_2O)]^- + H_2O \quad (4\text{-}8a)$$

$$[H_2VO_4]^- + 2NH_2OH + H^+ \rightleftharpoons [VO_2(NH_2O)_2]^- + 2H_2O \quad (4\text{-}8b)$$

4.3 钒酸盐卤代过氧化物酶

4.3.1 历史、背景及一般性质

过氧化物酶是作为电子受体作用于过氧化物的氧化酶或加氧酶，式 4-9a 和式 4-9b 分别表示氧化酶和加氧酶的作用过程（AH 是无机或有机底物）。通常将过氧化物酶分为三类：非血红素过氧化物酶、血红素过氧化物酶（在卟啉中含有铁）和钒酸盐过氧化物酶。其中非血红素过氧化物酶和血红素过氧化物酶具有悠久的研究历史，而最后一种类型的钒酸盐过氧化物酶，在 25 年前才被表征[46]。从辣根中提取出来的血红素过氧化物酶是研究得最系统的酶之一，其已被 Willstätter 研究得很彻底。血红素过氧化物酶会被过量的 H_2O_2 氧化失活，与之相比，钒酸盐过氧化物酶（通常称为钒酸盐卤代过氧化物酶，VHPO）非常稳定，它们可以在过量的 H_2O_2 和有机溶剂中存活，甚至在温度高达 70℃时仍能保持活性，并且它们对同步辐射不敏感，这些特性促进了它们的分离和表征。VHPOs 分布广泛，主要存在于海洋褐藻中。

$$H_2O_2 + 2e^- \longrightarrow H_2O + \{O^{2-}\} \quad (4\text{-}9a)$$

$$H_2O_2 + AH \longrightarrow H_2O + AOH \quad (4\text{-}9b)$$

已有关于过氧化物酶的历史背景的综述[47a]。1929 年，Kylin 在海藻中找到了能够将碘化物氧化成碘的酶（实际上是卤代过氧化物酶），该酶最初被称为碘化物氧化酶，因为人们认为它依赖氧作为电子受体，后来有人提出碘化物的氧化是由于脱氢酶和血红素成分的共同作用。在 1926 年，Sauvageau 在海藻中发现了游离溴，并发现这些细胞能够将荧光素溴化成曙红（四溴荧光素）。1966 年，Hager 从真菌 *Caldariomyces fumago* 中分离出氯代过氧化物酶（含有高铁血红素Ⅸ作为辅基的血红素过氧化物酶），它能够在 H_2O_2 存在下将卤素引入各种有机化合物中[47b]。

Hans Vilter 揭示了 VHPOs 系的第一个代表物质—— 一种存在于海洋褐藻 *Ascophyllum nodosum* 中的溴代过氧化物酶（VBrPO）的性质，他是这样描述整个发

现的过程①：

“我们对来自海洋生物中的抗生素很感兴趣。褐藻多酚是其中一种，并假设是由于过氧化物酶的活性导致这些单宁聚合。海藻中过氧化物酶的研究很少，并且只是处于起步阶段。已经在藻类的粗提取物中检测到了酶，但是没有对这些酶进行纯化，也没有进行光谱分析。在那时，一般认为来自高等植物的过氧化物酶含有血红素，并且认为海藻中的过氧化物酶也应该含有血红素这种观点是合理的，所以在这个研究中浪费时间是不值得的。因此，我打算在这个项目上只花费几周时间，进行快速纯化，并使用电子吸收光谱法②证明藻类过氧化物酶实际上是一种血红素酶。然而，我遇到了几个问题，结果该项目持续了好几年的时间……尽管用 Hamilton 注射器处理酶制剂时，观察到酶活性的增加③，在早期纯化实验期间，酶活性仍会部分丧失，而使用含 EDTA 的柠檬酸盐/磷酸盐缓冲液透析酶制剂，会得到无活性的制剂。这促使我研究金属离子对酶活性的影响，该研究最终表明可以用钒酸盐将脱辅酶重构为具有活性的全酶，但用铁或其他金属离子不能重构使其具有活性。由于磷酸盐和钒酸盐结构的相似性，磷酸盐会抑制钒酸盐的再活化。”

藻类过氧化物酶位于形成细胞壁细胞的皮层和髓之间的过渡区域，这个区域非常坚硬，使藻类在潮汐带严酷的条件下（藻类受到牵引和剪切力）得以存活。叶状体壁的刚性是由于纤维素嵌入藻胶（如藻酸盐）基质中，而这阻碍了酶的分离。此外，单宁和（多）酚是很充足的，它们可以在分离过程中修饰大部分藻类中的蛋白质。所有这些困难最终被克服了[46c]，但天然酶的分离仍然是一个需要继续探索的过程。根据来源，可以从 10kg 切碎和冷冻干燥的藻类材料中获得约 100mg 活性很高的酶。脱辅酶的再活化很缓慢，完全重构需要数小时。为了重构，钒必须以钒酸盐（V）的形式存在，VO^{2+}不被吸收，并且还原的（VO^{2+}）全酶不活跃。用于恢复活性最大值一半的钒酸盐浓度约为 35nmol/L，这是海水中钒酸盐的浓度。

该酶在 310nm 的近紫外区域显示出典型吸收，在约 360nm 处产生微弱的黄色。海藻 *Ascophyllum nodosum*，也被称为猪草，属于 Phaeophyta 门（褐藻）。它广泛分布在北大西洋和太平洋岩石海岸的潮汐区。VHPOs 在褐藻中很常见，但偶尔也会在红藻（如 *Corallina pilulifera* 和 *Corallina officinalis*）、绿藻（*Halimeda sp.*）、真菌 *Curvularia inaequalis*[48a]、*Botrytis cinerea*[48b]和陆地地衣 *Xanthoria parietina*（生长在岩石，墙壁和树皮上的有些锈色的叶状地衣，在温带地区很常

① 在 2001 年大阪举行的第三届钒化学与生物化学国际研讨会上 Vilter 手稿的基础上，略作修改，由本书的作者代替 Hans Vilter 口头提出。

② 所谓的 Soret 带（索雷谱带），在 410nm 附近有很强的吸收，是典型的血红素酶。

③ Hamilton 注射器的插管含有掺杂钒的钢。

见）[49]中发现。图 4-14 给出了上述的一些物种。

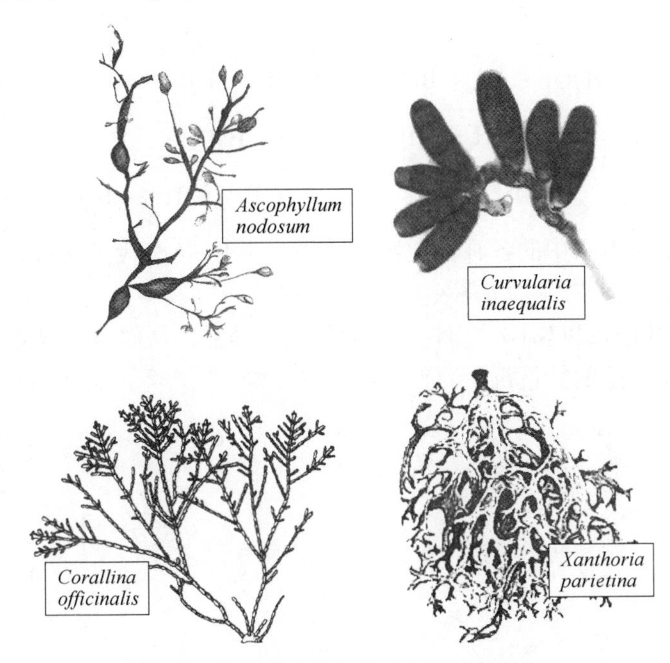

图 4-14 含有钒酸盐卤代过氧化物酶的生物

（来自藻类 *Ascophyllum nodosum*、*Corallina officinalis* 和地衣 *Xanthoria parietina* 中的酶是溴代过氧化物酶，真菌酶（*Curvularia inaequalis*，用孢子囊显示）中含有的是氯代过氧化物酶）

海水中卤化物 X^- 的浓度处于摩尔（Cl^-，0.55mol/L）、毫摩尔（Br^-，0.8mmol/L）和微摩尔范围（I^-，0.4μmol/L）。在白天会有过氧化氢形成，其在浅海水中的浓度处于微摩尔水平。酶催化的碱性反应是卤化物 X^- 到 $\{X^+\}$ 的双电子氧化/加氧，其中 $\{X^+\}$ 是 X_2、X_3^- 和/或 XOH，即次卤酸。式 4-10a 中是溴化物形成次溴酸的反应。在接下来的反应中，次卤酸非酶促卤化有机底物，如式 4-10b 所示。在没有底物的情况下，形成单线态氧（式 4-10c）。根据底物特异性，酶被称为碘代过氧化物酶、溴代过氧化物酶或氯代过氧化物酶。碘代过氧化物酶（VIPO）仅仅只能氧化碘化物，溴代过氧化物酶（VBrPO）可以氧化碘化物和溴化物。在足够高的氯化物浓度下，VBrPOs 也显示出一些氯代过氧化物酶的活性。氯代过氧化物酶（VClPO）能够氧化所有这 3 种卤化物，覆盖令人惊讶的氧化还原电位范围，即 0.53～1.36V（参比标准氢电极）。藻类酶是碘代过氧化物酶或（大多数）溴代过氧化物酶，真菌酶是氯代过氧化物酶。不同的底物特异性表明它们具有不同的功能：藻类可能使用卤化物来防御附生植物和内生菌。除了直接的杀菌作用外，次卤酸还通过破坏细菌通信信号防止藻类表面上生物膜的形成。另外，由真菌 *Curvularia inaequalis* 和 *Botrytis cinerea*（都是主要的植物病原体）产生的次氯酸会氧化降解细胞壁，从而使得真菌进入“宿主”。

$$H_2O_2 + H^+ + Br^- \longrightarrow BrOH + H_2O \tag{4-10a}$$

$$BrOH + RH \longrightarrow RBr + H_2O \tag{4-10b}$$

$$BrOH + H_2O_2 \longrightarrow {}^1O_2 + Br^- + H^+ + H_2O \tag{4-10c}$$

已经检测到海水中的各种卤化物与藻类 VHPOs（卤代过氧化物酶）的活性有关，包括配合物[50]（参见图 4-15 中的 9~11），以及碱性化合物如 $CHBr_3$（三溴甲烷）、$CHBr_2Cl$ 和 CH_3I。卤代甲烷导致臭氧降解，从而与全球臭氧平衡有关。海藻产生三溴甲烷的数量每年约为 104t，与人类活动产生的量相当[51]。

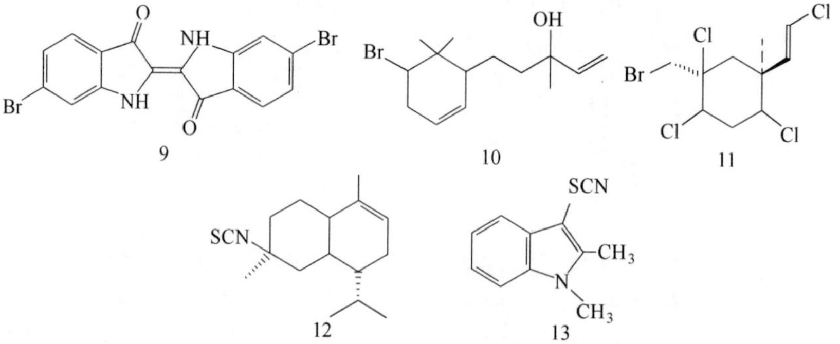

图 4-15 海洋环境中发现的卤代有机化合物的结构式

（9 为 6,6′-二溴靛；10 为 α-synderol；11 为 violacene，（1S，2R，4S，5S）-1-（溴甲基）-1，2,4-三氯-5-［(E)-2-氯乙烯基］-5-甲基环己烷[51]；12 为有机硫氰酸衍生物，是海洋天然产物；13 为在 VBrVO-SCN^--H_2O_2-1,2-甲基吲哚系统中产生的合成产物[52]）

VHPOs 还能以类卤化物 CN^- 和 SCN^- 作为替代底物，甚至优先将氰化物和硫氰酸盐氧化成溴化物[52]。在氰化物解毒过程中，硫氰酸盐通过硫代硫酸盐硫转移酶在体内产生，并且以与溴化物相当的浓度存在。在海洋环境中发现了有机硫氰酸盐化合物（图 4-15 中的 12）表明它们也是由 VHPOs 催化形成的。实验室研究表明，在 H_2O_2 存在的条件下，藻类溴代过氧化物酶实际上催化有机底物，如 1,2-二甲基吲哚（图 4-15 中的 13），产生硫氰化作用。另一组 VHPOs 的底物是有机硫化物（硫醚）和二硫化物。前手性硫化物被对映体选择性地氧化成手性亚砜和一些砜（见下文），这是在有机合成中的一种主要的反应并且主要用于药物合成中，“接受” VHPOs 的其他底物是吲哚和单萜（见下文）。过氧酸可以作为 VBrPO 氧化溴化物的氧源，而不是过氧化物。相比之下，氧化态或单线态氧不是由作为潜在氧源的烷基过氧化氢（ROOH）催化氧化形成的，否则它可以替代模型反应中的 H_2O_2（见 4. 3. 3 节）。

属于类卤化物的叠氮化物 N_3^- 会抑制 VClPO。事实上，第一个在结构上被表征的 VHPO 已经以其叠氮化抑制形式结晶，另外羟胺和肼也有抑制作用。此外，钒酸盐的结构类似物，如 $[AlF_4]^-$ 和磷酸盐，是强有力的抑制剂。反过来，钒酸盐会抑制许多磷酸酶（和磷酸盐代谢酶）。另外，载脂蛋白-VHPOs 表现出一些磷酸酶活性，并且钒酸盐抑制的磷酸酶显示出一些卤代过氧化物酶活性。这些现象将在 5.2.1 节中讨论。

钒酸盐卤代过氧化物酶催化在有机受体分子的特定位点引入卤素的能力使人们开始研究这些酶（和模拟其活性位点的钒配合物）在有机合成中的用途。通过定向位点的诱变，使来自 *Curvularia inaequalis* 的 VClPO 的突变体进行定向进化[53]，而这促进了该应用领域以及 VHPOs 作为防污剂在如海洋涂料中潜在用途的研究。在微碱性范围内，酶的活性增加（在温和的酸性范围内，天然 VHPOs 的活性最大）。对于 *Curvularia inaequalis*，酶在 *Escherichia coli*[53b] 和啤酒酵母（*Saccharomyces cerivisiae*）中的成功表达大大促进了钒酸盐卤代过氧化物酶的应用。借助三重突变，P395D/L241V/T343A 中酶的活性显著增加了 100 倍，其中符号 P395D 代表在天然酶中脯氨酸（氨基酸序列中的第 395 位）和天冬氨酸（单字母代码中的 D）的交换①。在表 4-4 中，列出了 *Ascophyllum nodosum* 和 *Curvularia inaequalisz* 中的天然酶的活性特征并与其三重突变体进行了对比。活性数据通常是基于酚红溴化成溴酚蓝，或者更方便地是将单氯二烯酮溴化成溴化衍生物的测定法得到（式 4-11，分别为左和右）。

表 4-4 VHPOs 催化氧化溴化物的动力学和热力学特征（参考文献 [53] *）

酶	k_{cat} (0.5mmol/L Br^-, pH=5)/s^{-1}	k_{cat} (1mmol/L Br^-, pH=8)/s^{-1}	k_{cat} (100mmol/L Br^-, pH=8)/s^{-1}	K_M (Br^-, pH=8) /mmol·L^{-1}	K_M (H_2O_2, pH=8) /μmol·L^{-1}
VBrPO		5	50	16	22
VClPO（野生型）	100	1	1	0.12	<5
VClPO（突变型）**	575	40	100	3.1	16

* k_{cat} 是单氯甲基炔酮催化溴化的速率常数；参考式 4-11 右，K_M 是米氏常数（酶与其底物的亲和力的度量）。

** 见正文。

① L=亮氨酸，V=缬氨酸，T=苏氨酸，A=丙氨酸。

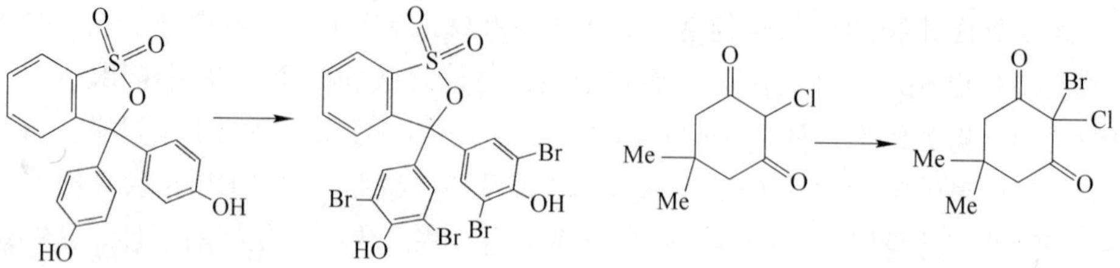

(4-11)

4.3.2 结构和催化特征

单晶 X 射线结构可用于检测从 *Ascophyllum nodosum*（全酶）中分离出来的酶[54]、*Curvularia inaequalis*（脱辅酶和钨酸盐变体）[55a]、硫酸盐变体[55b]，叠氮化物形式的全酶[55c]、天然全酶及其过氧化物形式[55d]，*Corallina officinalis*（磷酸盐变体）和 *Corallina pilulifera*（磷酸盐变体）[56]。*Corallina pilulifera* 过氧化物酶也含有结构性 Ca^{2+} 离子。来自红藻的酶是二聚的六聚物，每个单体的亚基含有 595 个氨基酸，*Ascophyllum nodosum* 酶是同源二聚物（551 个氨基酸），*Curvularia inaequalis* 酶是一种由 609 个氨基酸构成的单体。三级结构以螺旋单元为主，排列成四个螺旋束。图 4-16a 是真菌氯代过氧化物酶的示意图。来自 *Corallina officinalis*

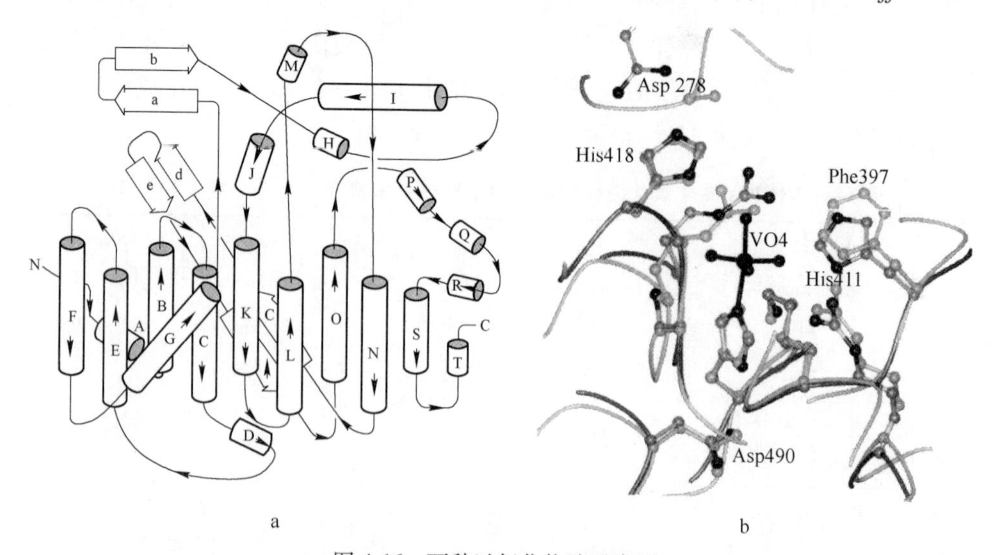

图 4-16 两种过氧化物酶示意图

a—*Curvularia inaequalis* 中氯代过氧化物酶的示意图（将螺旋绘制为圆柱体，将 β 链绘制为宽箭头，表示出了 C 端和 N 端[55c]。出处：A. Messerschmidt and R. Wever，Proc. Natl. Acad. Sci. USA 93，392～396。版权（1996 年）为 National Academy of Sciences，USA 所有）；b—藻类（*Ascophyllum nodosum*）溴代过氧化物酶（深色）和真菌（*Curvularia inaequalis*）氯代过氧化物酶（浅色）的活性位点的叠加[54]（出处：M. Weyand et al.，J. Mol. Biol. 293，595～611。版权（1999）由 Elsevier 所有）

的十二聚溴代过氧化物酶成立方对称，立方体的每个面都被一个二聚物占据。这种排列留下直径为2.6nm的空腔，蛋白质的外径为1.50nm。单体 *Curvularia inaequalis* 酶具有尺寸为8×5.5nm的圆柱体形状。

三种类型的卤代过氧化物酶之间，整体氨基酸同源性相对较低：在 *Ascophyllum nodosum* 酶和 *Corallina officinalis* 酶之间存在33%的一致性。*Ascophyllum nodosum* 酶和 *Curvularia inaequalis* 酶之间的一致性为21.5%。然而，在活性位点区域具有同源性。在藻类溴代过氧化物酶中，活性位点位于底物裂缝结构或漏斗结构的底部，在 *Corallina officinalis* 中，深2nm，宽1.4nm。在 *Ascophyllum nodosum* 中，深1.5nm，宽1.2nm（入口）到0.8nm（底部）。漏斗结构内部遍布着亲水性和疏水性氨基酸，原则端上允许多种底物结合。

在所有VHPOs中，辅基钒酸盐（H_2VO^{4-}）通过组氨酸的Nε（“近端组氨酸”）与蛋白质结合。相反，相应重构形式的酶中的磷酸盐、钨酸盐或钼酸盐都不与组氨酸形成共价键。钒位于略微扭曲的三角双锥体的中心。第二个轴向位置由OH基团占据，三个赤道位置由OH、O^-和双键连接的氧代基团占据，如图4-17所示的 *Ascophyllum nodosum* 酶（a）和 *Curvularia inaequalis* 酶（b）钒酸盐中心通过盐桥（精氨酸）和氢键，进一步与活性位点上的几个氨基酸侧链接触。

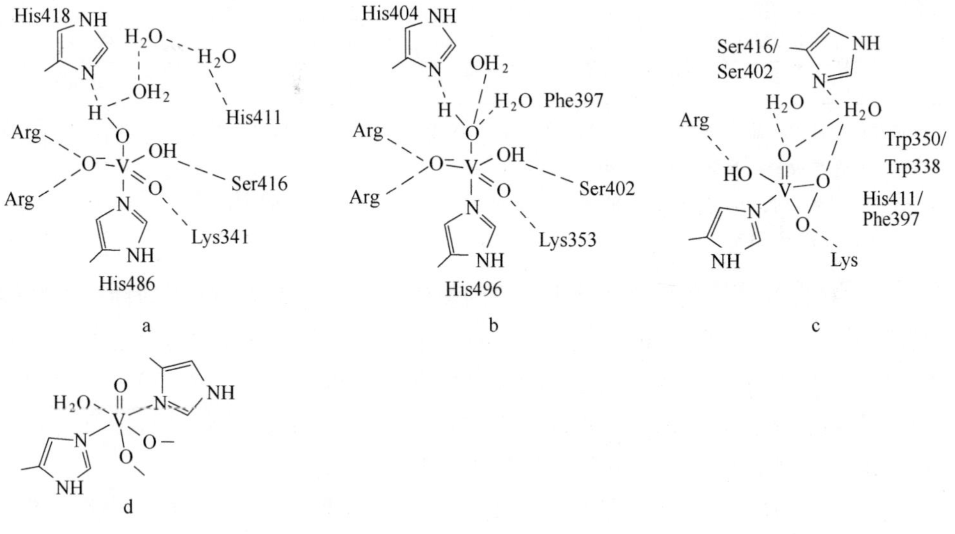

图4-17　过氧化物酶示意图

a—*Ascophyllum nodosum* 的溴代过氧化物酶；b—*Ascophyllum nodosum* 的氯代过氧化物酶及其过氧化物形式（c）的活性位点；c—指出了氨基酸在过氧化物活化中所起的作用（色氨酸（Trp350/Trp338）被来自红藻 *Corallina officinalis* 的溴代过氧化物酶中的精氨酸（Arg395）所取代）；d—*Ascophyllum nodosum* 酶还原的无活性结构（这个结构是基于X吸收光谱（XAS）和电子顺磁共振（EPR）数据建立的，有关结构参数和参考文献参见表4-5）

特别地，轴向羟基通过氢键相互作用通过桥接到“远端组氨酸”（分别为 His418 和 His404）而与水桥接。表 4-5 中列出了来自 *Ascophyllum nodosum* 的 VBrPO 和来自 *Curvularia inaequalis* 的 VClPO 的共价和非共价相互作用的部分键长。

表 4-5 部分钒酸盐过氧化物酶的键长 （nm）

项目	*Ascophyllum nodosum* (a)，XRD[54]	还原型 *Ascophyllum nodosum* (d)，XAS[58]	*Curvularia inaequalis* (b)，XRD[55d]	过氧形式的 *Curvularia inaequalis* (c)，XRD[55d]
$V—O_{ax}$	0. 177①	0. 163（1O）	0. 193	0. 186（伪轴向过氧-O）
$V—O_{eq}$	0. 154~0. 16[1]	0. 191（3O）	约 0. 165	0. 189（过氧-O） 1. 60 和 1. 93
V—N	0. 211[a]	0. 211（2N）	0. 196	0. 219
组氨酸 418/404	0. 307，0. 311		0. 297	没有键合到｛VO_4N｝
赖氨酸 341/353	0. 287		0. 319	0. 267
丝氨酸 416/402	0. 286，0. 267		0. 279	0. 290
精氨酸	0. 293~0. 328		0. 298~0. 303	0. 277~0. 303
水			0. 259、0. 292	0. 301、0. 303

注：结果通过单晶体 X 射线衍射分析（XRD）和 X 射线吸收光谱（XAS）得到。有关结构示意图和氨基酸编号，参见图 4-17a~d。

① 在 pH = 8 时，从酶+溴化物的 X 吸收光谱中获得的 d(V-O/N) 值是 0. 162nm(1O) 和 0. 172~0. 207nm(3O+1N)[57b]。

藻类和真菌过氧化物酶活性中心内的类似排列通过图 4-17a 中活性位点结构的叠加来表示。这两个酶的位点接近一致。主要区别在于溴代过氧化物酶中的亲水性组氨酸（His411）与氯代过氧化物酶中疏水性苯丙氨酸（Phe397）的交换。显然，这种差异弥补了两种酶不同底物之间的特异性，即氯化物被真菌氧化而非（在周围氯化物浓度下）被藻类过氧化物酶氧化。

VHPOs 的连二亚硫酸盐还原产生的还原态钒（Ⅳ）是无活性的。这种还原失活伴随着明显不可逆转的结构变化。根据 XAS[58]（表 4-5）和 EPR 的研究[59]，还原形式的钒中心位于四方锥或（更可能）八面体配位中（图 4-17 中的结构 d）。配位层由一个双键氧代基团、两个氮（几乎肯定来自组氨酸）和 2~3 个含氧官能组成。可能的含氧官能配体是丝氨酸、天冬氨酸和水。EPR 超精细耦合常数随 pH 值的变化而变化，表明 pH 值的变化会导致配位环境发生变化：

pH = 8. 4：$A_{\parallel}$ = 160. 1，$A_{\perp}$ = 50. 2 × $10^{-4}cm^{-1}$；

pH=4.2：$A_{\parallel}$ = 167.5，$A_{\perp}$ = 55.1 × $10^{-4}cm^{-1}$。

一种可能的解释是在酸化时，重取向其中的一个咪唑部分（从平行到垂直于V ═ O 载体）（参见3.3 节中的图3-12）。或者，可以在较低pH 值下进行一种配体的质子化。

从EPR 滴定法得到的 pK_a = 5.4 有利于组氨酸或羧酸盐的质子化。EPR 中超精细组分线宽的减小很大程度上证明了水配体的存在，因为 H_2O 与 D_2O 进行了交换，并且在 $H_2{}^{17}O$ 中溶解还原酶时线宽增加[59a]。如在3.3 节中所述，影响EPR 线宽的因素之一是顺磁金属中心与磁核（如^1H、^2H、^{14}N 和^{17}O）未解析的超精细谱线耦合。相较于氕，这种相互作用对于氘更加不明显，但如果用非磁性的^{16}O 代替四极^{17}O 则特别有效。ESEEM（电子自旋回波包络调制，见3.3.4 节）进一步证明了水的存在，研究显示在13.8MHz 处的中心电子顺磁共振线（磁场 B_0 = 0.324T），有强烈且典型的^1H 信号[59b]。此外，ESEEM 通过在3.1MHz、4.2MHz、5.3MHz 和8.1MHz 的四个^{14}N 跃迁揭示了配位层中氮的存在，与 VO^{2+}配合物中含有咪唑基配体的模型化合物非常一致，如图4-21 中的14 所示[59c]。

在氧化过氧化物与天然酶中钒中心的配位上，几何构型从三角双锥体变为处于三角双锥和四方锥之间的结构（图4-17 中的c）。结构数据见表4-5。如下面将详述的，卤化物氧化中的活性物质可能是氢过氧化物中间体，并且赖氨酸可能充当配位质子化作用的介质，并因此活化了过氧化物。就卤化物的递送而言，色氨酸（Trp350 /338）和组氨酸（His411）/苯丙氨酸（Phe397）已被提出可分别将Br^-/Cl^-转运至 *Ascophyllum nodosum* 的VBrPO 和 *Curvularia inaequalis* 的VClPO 中的过氧化物配体上。在 *Corallina officinalis* 的VBrPO 中，Trp350 被Arg395 取代，这种精氨酸应该参与其中。或者，丝氨酸或组氨酸可以作为卤化物导向物进入。这一假设的证据来自对溴和溴化物结合 *Ascophyllum nodosum* 过氧化物酶的钒K 边延伸X 射线吸收精细结构（EXAFS）研究[57a]。溴-EXAFS 揭示了对应于光散射体（如碳、氮或氧）的第一个溴层，其半径为0.188nm，对应于溴和光散射体之间的共价键，第二层的半径为0.289nm，再次代表光散射体。在钒-EXAFS 中[57b]，半径为0.41nm 的溴层示意图用溴来建模。因此，本研究可以直接排除溴化物与钒的直接键合。用溴化物浸泡 *Corallina pilulifera* 的X 射线衍射研究中，发现V—Br 间距离为0.36nm①。

X 射线衍射数据不能证明两个OH 基团（一个轴向和一个赤道）以及活性中心中 $H_2VO_4^-$ 的存在。在静止的 *Curvularia inaequalis* 过氧化物酶中，对量子力学密度泛函理论（DFT）的计算以及结合固态^{51}V NMR 的测量［在魔角旋转（MAS）

---

① 埃克塞特大学（University of Exeter）J. A. Littlechild 的个人交流。

条件下］提供了令人信服的证据[60]。图 4-18 展示了 NMR 波谱，表 4-6 提供了实验所得的 NMR 参数与最佳（和最合理）模型的 DFT 计算得到的参数的比较。在含氮功能配体配位的钒酸盐配合物的预期范围内，化学位移 $\delta(^{51}V)\approx -520$。*Ascophyllum nodosum* 溴代过氧化物酶中 ^{51}V 核的更有效的屏蔽（化学位移为 $\delta=-931$ 时[61]）仍有待解释。

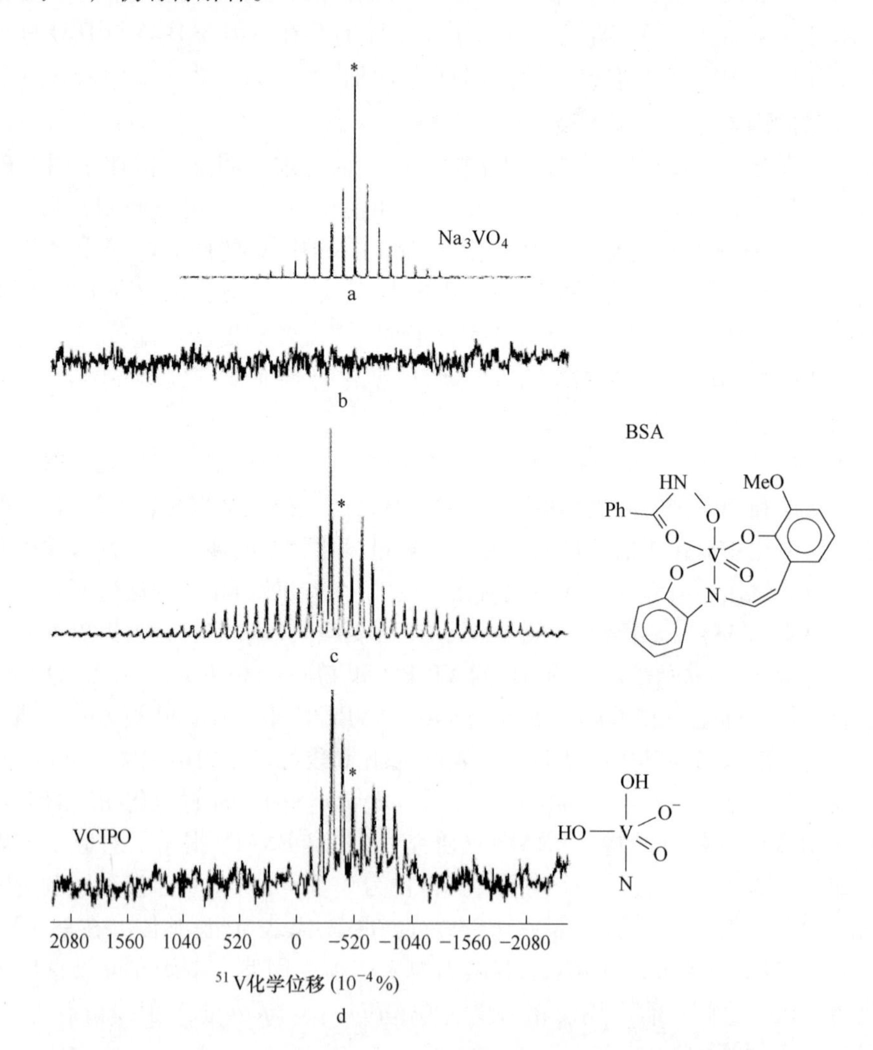

图 4-18 重组 *Curvularia inaequalis* 氯代过氧化物酶的魔角旋转 ^{51}V 光谱（14. 1T）
（星号表示各向同性峰。出处：N. Pooransingh-Margolis et al. , J. Am. Chem. Soc. 128, 5190~5208。版权（2006）为 American Chemical Society 所有）
a—原钒酸钠 NMR 光谱；b—牛血清蛋白（BSA）的固态核磁共振（NMR）光谱；
c—模型化合物 NMR 光谱；d—钒环境的最佳模型 NMR 光谱

表 4-6 *Curvularia Inaequalis* 氯代过氧化物酶的魔角旋转核磁共振（NMR）实验和计算数据[59]

项　目	四极耦合常数 C_Q/MHz	不对称参数 η_Q	化学位移 δ_σ
实验数据	10.5（1.5）	0.55（0.15）	−520（13）
计算数据（DFT）	11.3	0.44	−568

注 1. 有关 NMR 参数的意义，请参阅 3.1.4 节。

2. 计算数据是根据最佳模型计算得到，模型见图 4-18 底部的光谱图。

卤化物转化为次卤酸的质子消耗（式 4-10a）以及在硫化物氧化成亚砜时需要质子作为辅助催化剂（式 4-12），指出了质子化作用在卤代过氧化物酶过氧化形态（式 4-13）活化中的重要作用。对于过氧形式的卤代过氧化物酶，计算和建模数据之间的最佳一致性是由于强烈扭曲的三角双锥体、轴向的咪唑部分的 Nε 和伪轴位置的一个过氧氧（式 4-14 中的 a）获得的[62]。质子化可发生在伪轴或赤道的过氧氧基，或第二赤道的氧代基团（式 4-14 中的 $b_1 \sim b_3$）上。所有这三种可能性都是相似的。根据 DFT 计算，底物（卤化物或硫化物）结合不直接涉及质子化位点。由于底物的侵蚀（由 Br^- 和 SMe_2 建模）明显有利于伪轴过氧氧的质子化，因此式 4-14 中的中间体 b_1 最有可能参与催化过程。图 4-19 所示的催化循环中总结了溴化物和硫化物氧化的各个连续步骤。有证据表明，次溴酸的形成也可能涉及一种溴酸盐中间体[63]。

$$SR_2 + H_2O_2 \xrightarrow{H^+} O=SR_2 + H_2O \tag{4-12}$$

$$\{V(O_2)\} + H^+ \longrightarrow \{V(O_2H)^+\} \tag{4-13}$$

(ax) O, (eq) O, V, =O, OH, N　$\xrightarrow{+H^+}$　$\left\{ \text{HO–V(O)(=O)(OH)N} \quad \text{HO,O–V(=O)(OH)N} \quad \text{O,O–V(OH)(OH)N} \right\}^{\oplus}$　(4-14)

a　　　b_1　　　b_2　　　b_3

如上所述，硫化物也是 VBrPO 的底物。表 4-7 总结了通过在水和醇的混合物中用 H_2O_2 氧化前手性硫化物而获得的选择结果。产量和对映体过量的量（e. e.）的变化范围很大，这取决于溴代过氧化物酶（*Corallina officinalis* vs *Ascophyllum nodosum*）的来源和硫化物的性质[64]。由于活性中心本身是非手性的，因此手性诱导表明中间底物与多手性活性位点结合。萜烯、萜烯类似物和吲哚由 *Ascophyllum nodosum* 或 *Corallina officinalis* 中的溴代过氧化物酶催化，在 H_2O_2 和溴化物存在下经历环氧化[65]。或者可以用式 4-15a 中所示的香叶醇的溴过氧化环化来说明。1,3-二叔丁基吲哚被氧化成吲哚酮（式 4-15b），是特别有意义的，因为该反应是区域特异性的。溴化物的存在是必不可少的，表明中间产物 $\{Br^+\}$ 的形成，其亲电攻击吲哚衍生物的吡咯部分中的双键。

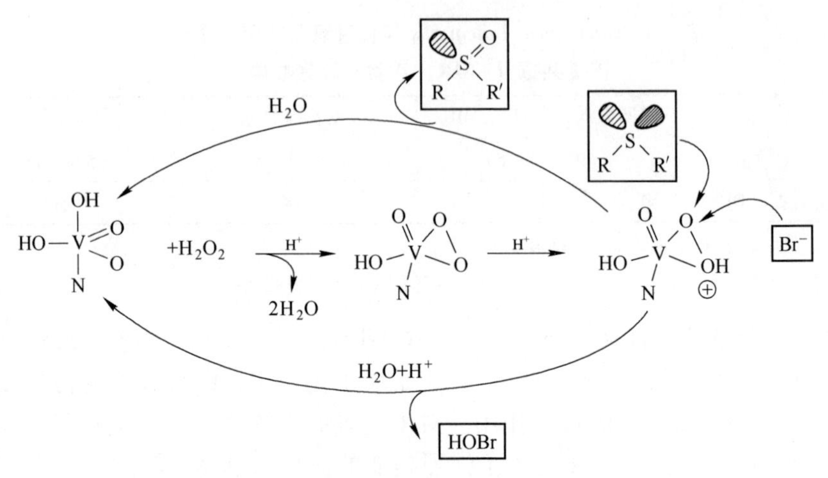

图 4-19 溴化物和硫化物氧化的催化循环

（通过形成过氧和氢过氧化物中间体活化过氧化物（中间），并催化溴化物（底部）和硫化物（顶部）的氧化。在两个反应路径中，氢过氧配合物是活性催化剂，并且通过直接侵蚀底物非质子化的过氧氧基而发生氧转移（式 4-14 [62] 和式 4-29））

表 4-7 H_2O_2 氧化前手性硫化物获得的选择结果

项 目	S, CH_3		S, CH_3		S, CH_3, CO_2^-	S
	Corallina officinalis	*Ascophyllum nodosum*	*Corallina officinalis*	*Ascophyllum nodosum*	*Corallina officinalis*	*Corallina officinalis*
产量/%	7	约 95	57	90	76	99
对映体过量的量/%	—	96	11	6	93	90
构型		R	S	R	S	S

OH —— $+H_2O_2+Br^-$ (VBrPO) ——> Br, OH + Br, OH

(4-15a)

tBu, N, tBu —— $+H_2O_2+Br^-$ (VBrPO) ——> [tBu, Br, N, tBu] —— $+H_2O$ (VBrPO) ——> H, tBu, O, N, tBu

(4-15b)

4.3.3 模型化学

基本上，钒是伴随还原/氧化过程的氧代转移反应的有效介质。2.3 节中与硫醇盐氧化有关的式 2-19 与是氧代和非氧代钒参与催化循环的具体实例。更普

遍地，如式 4-17 展示的涉及钒氧化态+Ⅱ价至+V 价的从基质中选择钒介导的氧代转移反应[66]，其中 X 可以是二甲基硫醚、碘苯、三苯基膦和其他底物。

在钒酸盐卤代过氧化物酶中，钒酸盐中心的含氧基团在氧转移之前被交换为过氧化物，称为过氧化物的活化，并且通过底物的亲核攻击活化（水）过氧化物，从而将氧转移到诸如卤化物或 R_2S 的底物上，如图 4-19 所示。因此，通常过氧钒配合物可以被认为是模拟卤代过氧化物酶的活性催化位点。式 4-18 为 Pecoraro 及其同事[67]在动力学研究的基础上提出的过氧钒配合物的形成机制（式 4-16）。他们提出了一种结合机理，即，其中过氧化物与钒模型配合物 VO_2L 的质子化形式 VO(OH)L 结合，随后作为限速步骤失去氢氧化物（或水）。

$$\{N{-}V({=}O)O_3H_2\}^- + H_2O_2 + H^+ \longrightarrow \{N{-}V({=}O)(O_2)OH\} + 2H_2O \quad (4\text{-}16)$$

X XO

V^VO_2 → $V^{IV}O$ ← (X, XO) V^{II} → ($V^{IV}O$) $V^{III}-O-V^{III}$

$+e^-$ / $-e^-$

XO X

V^{III} ⇌ (XO, X) V^VO → (XO, X) V^VO_2

XO X

(4-17)

$L-V(=O)=O$ ⇌ ($+H^+$) $L-V(=O)-OH$ ⊕ ⇌ ($+H_2O_2$) $L-V(=O)(OH_2)(O-OH)$ ⊕ ⇌ ($-H^+$) $L-V(=O)(OH)(O-OH)$

⇌ ($-OH^-$) $L-V(=O)(O-OH)$ ⊕ ⇌ ($-H^+$) $L-V(=O)(O_2)$

L= (pyridin-2-ylmethyl)₂N–CH₂–COO⁻

(4-18)

可想到的最简单的模型化合物是二氧钒阳离子 VO^{2+} ｛在 pH≈2 及以下为 $[VO_2(H_2O)_4]^+$｝ 和钒酸盐（在 pH ≈ 7 为 $[H_2VO_4]^-$，在 pH ≈ 9 时为 $[HVO_4]^{2-}$）。在强酸性，也就是非生理条件下，VO^{2+} 在溴化物和过氧化氢存在下催化 1,3,5-三甲氧基苯的单溴化（图 4-20a）[68]。然而，转换数比 *Ascophyllum nodosum* 溴代过氧化物酶相应的溴化作用低几个数量级，即在 pH <3 时，VO^{2+} 每小时每摩尔催化剂需要 15mol 溴代配合物，对于最适 pH 值为 6 的酶，其为 4.7×10^5。如在酶促途径和不存在底物的情况下形成单线态氧。

超氧和氢过氧化物中间体的形成作用于在有氧条件下在乙腈-乙酸中由钒酸盐（以 $[Bu_4N][H_2VO_4]$ 的形式）催化芳香烃（如甲苯）的羟基化（图 4-20b）[69]。主要的还原剂抗坏血酸或锌，是钒氧（Ⅳ）中间产物（氧的虚拟活化剂）形成所必需的。此外，必须加入 N-供体配体、吡啶或吡嗪-2-羧酸。显然，该配体以钒酸盐在 VHPOs 中由近端组氨酸稳定的方式稳定钒氧（Ⅳ）中间产物。

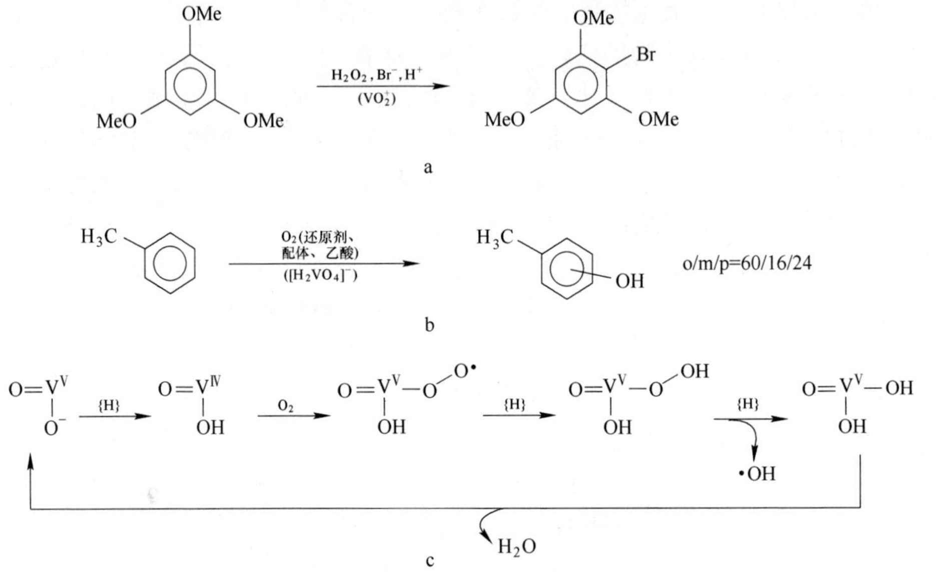

OMe　MeO　OMe　$\xrightarrow[(VO_2^+)]{H_2O_2,\ Br^-,\ H^+}$　OMe　Br　MeO　OMe

a

H_3C　$\xrightarrow[([H_2VO_4]^-)]{O_2(还原剂、配体、乙酸)}$　H_3C　OH　o/m/p=60/16/24

b

$O{=}V^V(O^-)$ $\xrightarrow{\{H\}}$ $O{=}V^{IV}(OH)$ $\xrightarrow{O_2}$ $O{=}V^V(OH){-}O{-}O^\bullet$ $\xrightarrow{\{H\}}$ $O{=}V^V(OH){-}O{-}OH$ $\xrightarrow{\{H\}}$ $O{=}V^V(OH){-}OH$ + $\bullet OH$；$-H_2O$

c

图 4-20　简单的钒催化剂催化氧化反应

a—在强酸性溶液中，由二氧钒（Ⅴ）催化氧化溴化三甲氧基苯[67]；b—氧气对甲苯的氧化，在配体（如抗坏血酸和吡啶）存在下由钒酸盐催化，形成所有三种异构体甲酚[68]；c—形成羟基自由基的反应顺序，据推测是实际的氧化剂，改编自参考文献［68］中给出的相应反应过程，如图 4-20c 所示，基于参考文献［68］羟基自由基作为实际的氧化剂参与所有反应

在模拟金属酶的活性中心时，通常会区分结构模型和功能模型。结构模型能很好地表示活性中心配体功能的性质、配体组的排列和光谱性质。另外，功能模型模拟酶催化的天然反应。功能模型不确定是否能较好地模拟活性中心的实际结构。如果可以，即模型化合物能再现实际活性中心的功能和结构的情况下，合成的模拟物被认为是良好的整体模型化合物。但即使这样，也要考虑两种限制情况：（1）模型系统可在酶促反应中再生，但在实际反应过程中会被消耗，即该模型会遵循化学计量进行反应；（2）模型系统实际上催化了反应。事实往往介于两者之间，即“好模型”在副反应中被反应之前能够在几次反复中保持下来。在某些（罕见的）情况下，可以重构“催化剂”，例如电化学中，与碱性反应偶联的次级过程。

在这一节关于卤代过氧化物酶模型化学的部分，将讨论以下内容：

（1）还原酶的结构模型；

（2）过氧钒配合物；

（3）天然酶的结构和功能模型，以及在有机合成中的应用；

（4）氢键和超分子特征。

4.3.3.1 还原型卤代过氧化物酶的结构模型

在被还原的非活性 VHPOs 中，钒（Ⅳ）氧中心会与 4~5 个较小的官能团配体发生配位，其中两个据推测是活性位点处的两个组氨酸的芳香族咪唑氮化合物。就电子性质而言，希夫碱中的亚胺上的 N 与咪唑基上的 N 性质相仿（然而，这取决于咪唑环相对于 V ═ O 轴的取向，参见 3.3 节），并且能够与 VO^{2+} 中心进行配位的任意一种配合物都可以被认为是适宜的结构模型化合物。图 4-21 列举了两个咪唑与两个羧酸盐（如图 4-21 中的 14 所示）的配位[59c]、咪唑与希夫碱上的 N（还包含有酚盐、羰基上的 O 和烯醇化物，如图 4-21 中的 15 所示）的配位[70a]以及两个希夫碱上的 N（加上两种酚类化合物；二氯化合物如图 4-21 中的 16 所示）的配位。图 4-21 中的 16 的结构介于三角双锥和四方金字塔之间；在图 2-22 中定义的参数 τ 的值为 0.43。在还原酶中已发现这 3 种配合物在结构上和/或 EPR 参数上的性质。有趣的是 14 中 ^{14}N 的电子自旋回波包络调制（ESSEM）特征与还原态 VHPO 两者之间的相似性。如 4.3.2 节所述，还原态 VHPO 的 EPR 参数是取决于 pH 值的，表明在较低 pH 值条件下，通过质子化作用，其中的一个配体会被释放。图 4-21 中的配合物 17a（较高 pH 值条件下的形式）和 17b（较低 pH 值条件下的形式）模拟了这一情况[70a]，其中超精细耦合常数与从还原态 VHPO 中所发现的一致：

17a（在 DMSO 中）：$A_{\parallel}$ = 162.3，$A_{\perp}$ = 56.5×$10^{-4}cm^{-1}$；

17b（在 DMSO-H_2O-HCl 中）：$A_{\parallel}$ = 165.7，$A_{\perp}$ = 57.3×$10^{-4}cm^{-1}$。

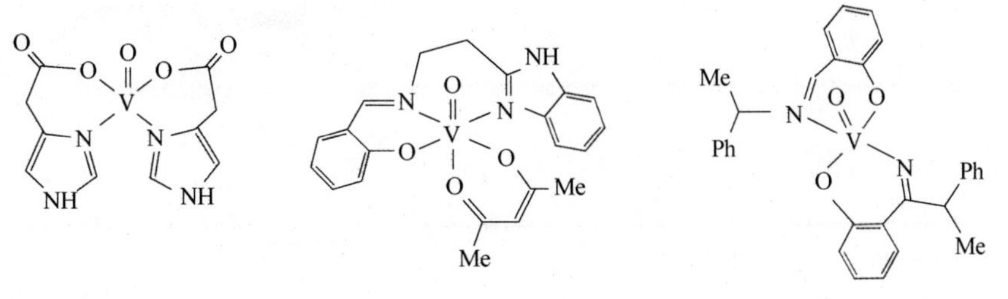

14　　15　　16

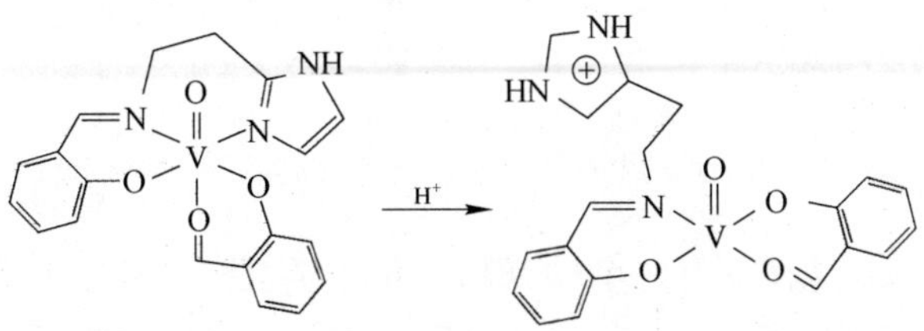

17a　　H^+　　17b

图 4-21　模拟还原形式的钒酸盐卤代过氧化物酶结构和光谱特征的配合物

4.3.3.2　过氧钒化合

虽然过氧钒配合物种类丰富，但实际上并没有能在结构上模拟苹果弯孢菌（*Curvularia inaequalis*）（如图 4-17c 所示）所含的氯代过氧化物酶的过氧化活性中心的配合物模型。这种真菌是配位数为 5 的单过氧配合物，且其 O_4N 配体集是以扭曲的四方锥体形式排列的。大多数合成的过氧钒配合物是以七配位的五角双锥型存在的，并且配体不含或至多含一个 N。如图 4-22 所示，混合吡啶-草酸配合物（18）[71]和乙醇胺-双乙酸酯配合物（19）[72]均是典型的仅含一个 N 作为电子供体的五角双锥型单过氧配合物。双吡啶配合物（20）在其轴向位置上有一个易水解的配体，这可能导致其配位数变为 6[73]。这也适用于亚氨基二乙酰基配合物（21）[74]，其中相邻分子中的含氧羧酸基团占据第 7 个位置（以反式形式与含氧双键相连）。在吡啶配合物（22）中含有两个水合配体，一个以反式形式与含氧官能团相连［键距为 d(V—O)= 0. 2037nm，因此是不稳定的］，另一个在赤道面上且键距为 d(V—O)= 0. 2046nm[75]。咪唑二过氧配合物（23）是一个五角锥型的实例。过氧双硅酸盐配合物（24）[77]的几何构型是配位数为 5 的斜方锥型。键距 d(V—O$_{\text{过氧化物}}$）通常介于 0. 178～0. 193nm 之间，大约为 0. 187nm。这类过氧配合物的这一键距基本是相似的，在 0. 144nm 左右。

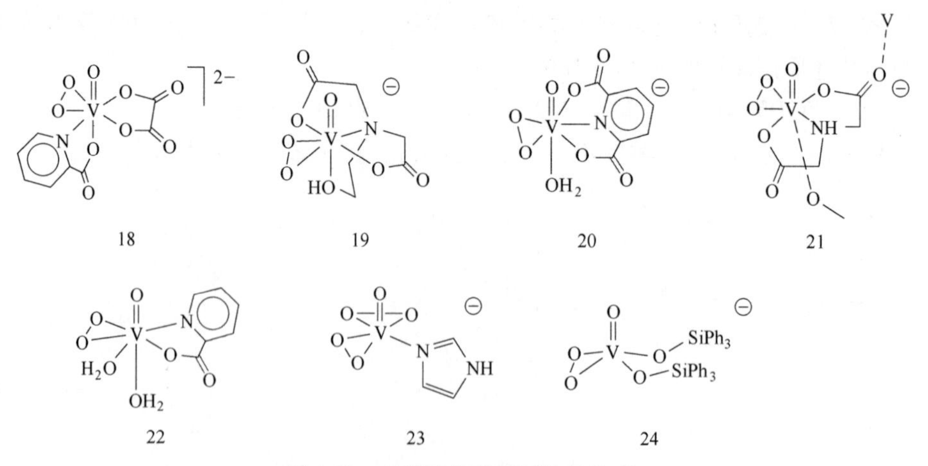

图 4-22　几种特定过钒酸盐结构式

（这里的过钒酸盐含有一个含 N 官能团和数量可变的以 O 作为电子供体的配体。在这里选择的配合物尽可能地接近 *Curvularia inaequalis* 的过氧化形式的氯代过氧化物酶的中心｛VO(OH)(O_2)N｝(如图 4-17c 所示)）

图 4-22 中的 18 这样具有一个过氧基（位于类五角平面上）和两个二齿配体的配合物，符合以下两点（Schwendt 和 Siváḱ[71]）：（1）携带较高电荷（L^1）的配体占据赤道位置，具有较低电荷（L^2）的配体占据赤道+轴向位置。L^2 是中性

的（如联吡啶或吡啶甲酰胺），L^1 为单阴离子的（如吡啶甲酸盐）；或者 L^2 是单阴离子的，L^1 是双阴离子的（如草酸盐）。（2）如果 L^2（占据赤道+轴向位置的配体）具有 O 和 N 电子供体，则氧进入轴向位置，如吡啶甲酸酯的羧基上的 O（1-）或吡啶酰胺的羰基上的 O。

在含钒酸盐的水相系统中，H_2O_2 和 L-丙氨酰-L-组氨酸（ala-his）作为一种配体来模拟 VHPO 的活性部位处的组氨酸（如图 2-15 所示）。目前已有用 ^{51}V NMR和 H^+电位滴定法[78]结合的方法对此进行了详尽研究[78]。本研究揭示了 8 种含一个或两个过氧配体及一个 ala-his 的中性或阴离子型三元配合物（钒酸盐-过氧基-ala-his）的存在，后者（ala-his）通过组氨酸上的 Nε 发生配位，如图 2-15 中的 $\{V(O_2)_2(\text{ala-his})^-\}$ 所示。

尽管合成的过氧钒配合物不能完全模拟 VHPOs 在上述意义上的活性中心，但它们大多是温和条件下的有效氧化剂，甚至是将过氧化氢作为氧转移剂的氧化反应的催化剂，或催化氧化反应的活性中间体[63]。描述了通过过氧钒配合物与有机底物进行的氧转移反应的实例——吡啶甲酸配合物 22（如图 4-22 所示）对烷烃、烯烃和芳香族化合物的羟基化（见式 4-19）。

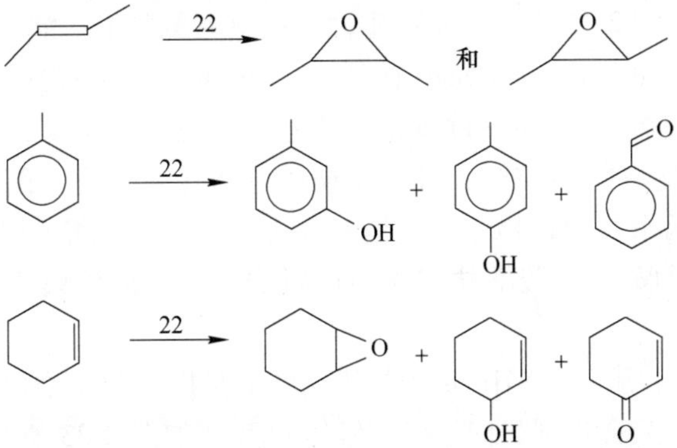

22 → 和 (4-19a)

22 → + + (4-19b)

22 → + + (4-19c)

注：配合物 22 的结构见图 4-22。

在非质子溶剂中，由钒介导的有机氢过氧化物 RO_2H 是比 H_2O_2 更有效的氧化剂。叔丁基过氧配合物（图 4-23 中的 25）与阴离子过氧配合物（图 4-22 中 20）的一般特征相同[79]，但有机过氧化物配体 $t\text{BuO}_2^-$ 的配位模式稍不对称，它与过氧基上的氧的键距分别为 $d(\text{V—O}) = 0.1872\text{nm}$ 和 $d(\text{V—O}t\text{Bu}) = 0.1999\text{nm}$。在由作为 VHPOs 活性位点的封闭模型的三角双锥型配合物 26a（如图 4-23 所示）催化的掺杂有枯基的过氧化氢化合物（CmO_2H）参与的硫氧化反应中，过氧中间体已被^{51}V NMR 证明为活性氧转移类型。DFT 的计算表明，在这些通过 CmO_2^- 取代轴向甲氧基（26a）而形成的过氧配合物中，过氧配体是在末端配位而非侧向配位（26b，26c）[80]。在轴向位置的过氧化物（26b）比在赤道位置的过氧化物（26c）稳定约 17.6kJ/mol。它们的键长 $d(\text{V—O}_{peroxo})$ 分别为 0.1827nm(26b) 和

0.1833nm(26c)，这是在 C—O 键长度“正常”范围内的。在这两个配合物中，钒与轴向 N 之间的化学键相当弱（键距分别为 0.238nm 和 0.257nm）。

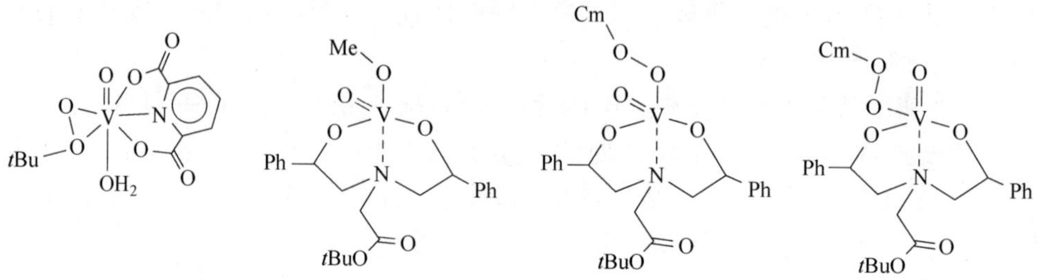

25　　26a　　26b　　26c

图 4-23　几种钒配合物的结构式

（25 为含有机过氧化物的侧端键合（轻微不对称）的钒配合物[79]；26b、26c 为和末端键合的钒配合物（Cm=cumyl，枯基）[80]，26c 为甲氧基配合物 26a 与 CmO_2H 反应的产物）

4.3.3.3　天然酶的结构和功能模型，包括在有机合成中的应用

在 2.2.1 节和图 2-15 中，展示了生理条件下丙氨酰组氨酸与钒酸盐的结合特性，结果表明，在钒酸盐-(ala-his) 体系中，ala-his 与钒酸盐配位的趋势不是很明显，与三元钒酸盐-(ala-his)-过氧化物体系（也见 2.2.1 节）相比，过氧化物增强了 ATP 与钒配位的亲和性，过氧化物通过咪唑基促进了配位。在水溶液中与 ala-sis 形成的两个钒配合物，一个是中性的，一个是阴离子型的，通过末端氨基和含有去羰基酰胺-N 的羧酸盐官能团进行配位，其配位模式与原生过氧化物酶不同。

如图 4-17a 和 b 所示，VHPOs 中的钒实际上是以三角双锥形式存在的。配位数为 5 的合成钒氧配合物则趋向于四方锥体构型（如图 2-33 所示），因此，O＝V(O_3N) 的三角双锥结构的钒配合物十分罕见。例如，图 4-23 中的 26a，其含有轴向甲氧基（轴向 OH 模型）和轴向胺氮（组氨酸-N 模型），它是三齿双阴离子配体的一部分，即手性氨基二乙醇，能够提供两个赤道面含氧官能团。第三赤道面配体是双键含氧官能团。该配合物通过配体周围的手性中心进一步模拟了包含活性中心的蛋白质活性位点的手性[80]。如图 4-24 所示，列出了几种满足结构模型若干标准的附加配合物[81~84]。

过氧化物酶的功能模型在有机合成、制药和工业的应用方面具有很高价值。如图 4-15 所示，经常会由天然溴化和氯化物的引入，这可能是由 VHPOs 的氧化溴化能力导致的。式 4-15a 和式 4-15b 举例说明了 VBrPO 在有机合成中的潜力。式 4-20~式 4-23 表示模拟卤代过氧化物酶催化的有机化合物的卤化反应。如式 4-20 所示的吡唑类化合物的活性氯化物、氯原子或次氯酸叔丁酯（*t*BuOCl），

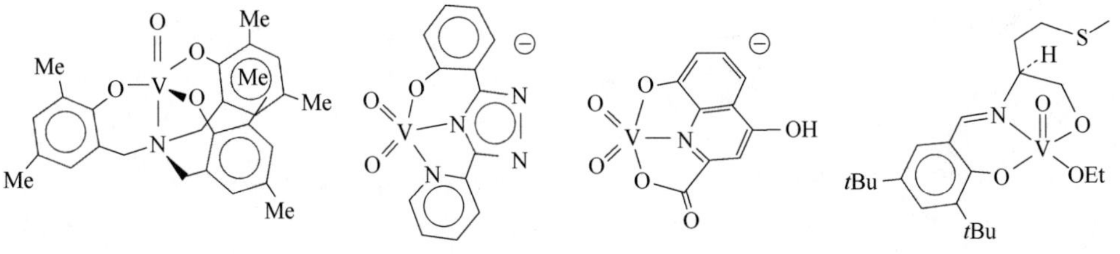

27 $\tau=0.96$　　28 $\tau=0.32$　　29 $\tau=0.43$　　30

图 4-24　几种满足结构模型标准的附加配合物

（钒（Ⅴ）氧配合物模拟卤代过氧化物酶活性中心的特异性特征，如三角双锥型 NO_4 配体。见图 4-23 中 26a。参见文献［81］(27)、［82］(28)、［83］(29)和［84］(30)）

是在模拟 VClPO 反应中生成的[85]。如式 4-21 所示的过氧配合物 31 和配合物 32 中，含有支链双（甲基吡啶基）甘氨酸（1-）（31）和（酰胺甲基）亚氨基二乙酸（2-）（32）。在等摩尔量的高氯酸存在下，这些配合物与叔丁基对苯二酚（tBuO$_2$H）催化了酚红（RH）溴化生成溴酚蓝（RBr）（如图 4-15 所示）这一反应，并且在没有底物的情况下生成氧。过氧钒配合物和溴化物的溴化反应均为一级反应，但最大反应速率取决于添加酸的量[86]。烯烃基溴化生成吡喃和呋喃衍生物，揭示了天然产物的有机合成前景十分广阔，如式 4-22 和式 4-23 所示[84]。更有趣的是如式 4-22 中所示的非对映异构纯的全反式四氢呋喃衍生物的形成。此处所用的催化剂为如图 4-24 所示的四方锥型钒（Ⅴ）配合物 30，其含有由被取代的水杨醛和手性氨基醇衍生的手性希夫碱。

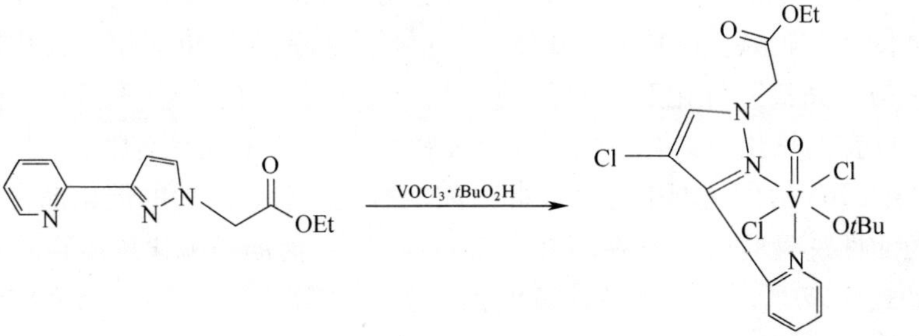

$VOCl_3 \cdot tBuO_2H$　　(4-20)

$[VO(O_2)L]=$　　31　　32

$[VO(O_2)L]+H^++Br^-+RH \longrightarrow$

$\longrightarrow [VO_2L]+RBr+H_2O$

(RH和BrH见式4-11)

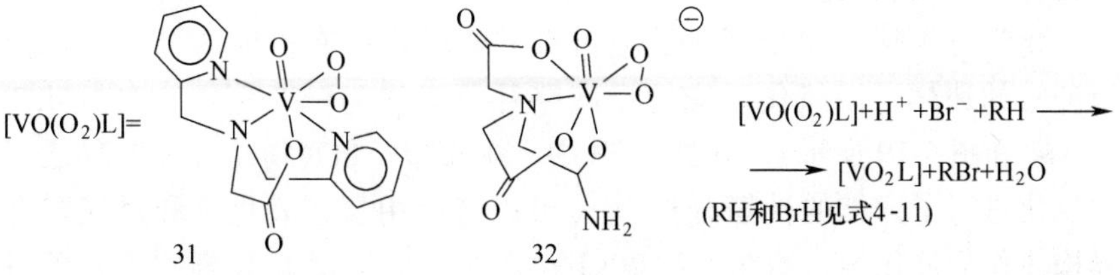

(4-21)

$tBuO_2H/Hpy^+Br^-$ (30,图4-24)

Ar=2,4,5-三甲氧苯基

(4-22)

$tBuO_2H/Hpy^+Br^-$ (30,图4-24)

58%　5%

(4-23)

除了氧化卤化作用外，在诸如烯烃或硫化物等底物的对映选择性氧化反应中，也会集中使用到 VHPOs 的模型体系。氧化反应式 4-15 和磺化反应（表 4-7）体现了相应的酶促反应。式 4-24 是庚烷环氧化作用的模型反应，该反应会在 2，3 键位选择性地产生环氧化物，并伴随着生成 71%的额外的对映体（e. e.）。反应的氧化剂是 $tBuO_2H$。有趣的是，它不需要合成预成型的催化剂前体；活性催化剂是由 $VO(O_nBu)_3$ 和手性异羟肟酸原位生成的[87]。钒（Ⅴ、Ⅳ）氧化合物可以原位形成活性催化剂，这通常是 $VO(OR)_3$ 和 $VO(acac)_2$[acac =乙酰丙酮(1−)］的特性，也是硫化物、硫代缩醛和二硫化物氧化反应的一个特征（如式 4-25～式 4-28 所示）。对映体亚砜不但在有机合成中具有作为手性合成子的潜力，且能用作药物（如 Sulindac®），因而备受关注。

如式 4-25[88]和式 4-26[89]所示，前手性硫化物的氧化或多或少选择性地形成了中等至良好的亚砜。通常砜与亚砜一起形成。结果与原位催化剂催化所得的结果类似，用“完整”催化剂，即在式 4-21 所示的过氧配合物 31 和 32 中观察到的，其不仅在溴氧化中具有活性，而且在硫氧化过程中也具有活性[86b]，对于如图 4-23 中的 26a 的催化剂中更是如此。如上所述，后者所示的催化剂在周转条件下转化为活性过氧形式（图 4-23 中的 26b）[80,88]。借助磺酰化反应也可生成二硫化物（如式 4-27 所示）[90]和硫代硫酸铝（如式 4-28 所示）[91]。无论如何，只有一种硫化物可以被氧化。

计算化学可为阐明均相催化反应机理的实验提供有价值的补充。如由 DFT 计算所证实的那样，溴氧化反应的反应路径可以作为一个例子，参见 4. 2. 2 节（如式 4-14 和图 4-19 所示）。在式 4-29 中，用模型 a 和底物 b 对式 4-27 表示的硫化物过氧化进行了详细的计算分析[92]。可以考虑用氢过氧化物和过氧配合物的均相异构体作为催化剂，均在大约 20kJ/mol 以下。在 η^1 配位模式下，氢过氧化物中间体的所有异构体都含有氢过氧化物基（如图 4-23 中 26b 和 26c 所示，已证明这也是最有利的一种烷基过氧中间体）。氢过氧化物变体中最稳定的异构体

是式 4-29 中的 c1。最稳定的过氧变体是 c2，其稳定性比 c1 低了 18.4kJ/mol。基于这些结果，已经提出了与过氧基上的氧直接转移到硫的过渡状态 d，以表示“正确”的反应路径，但不包括硫化物在氧转移之前与钒配位的插入机制。式 4-29 中的结构 d 弛豫到结构 e 是整个反应中的限速步骤。

OH　$\xrightarrow[(33)]{tBuO_2H}$　OH

e.e.=71%

33= tBu N—OH+VO(OnBu)$_3$ O

（4-24）

S—CH$_2$　$\xrightarrow[(34)]{CmO_2H}$　O S—CH$_2$　90%　e.e.=67%　+　O O S—CH$_2$　10%

34= HO Ph N Ph OH +VO(OiPr)$_3$

（4-25）

Cl S CH$_3$　$\xrightarrow[(35)]{H_2O_2}$　Cl O S CH$_3$　e.e.=88%

35= N OH OH Ph +VO(acac)$_2$

（4-26）

tBu S S tBu　$\xrightarrow[(36)]{H_2O_2}$　tBu O S S tBu　e.e.=82%

36= tBu N OH tBu OH tBu +VO(acac)$_2$

（4-27）

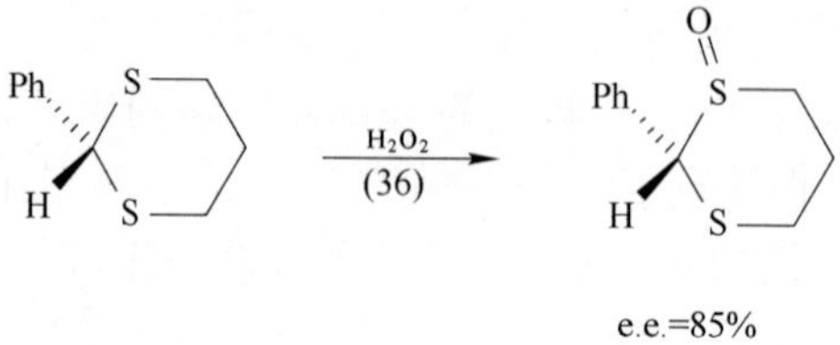

(4-28)

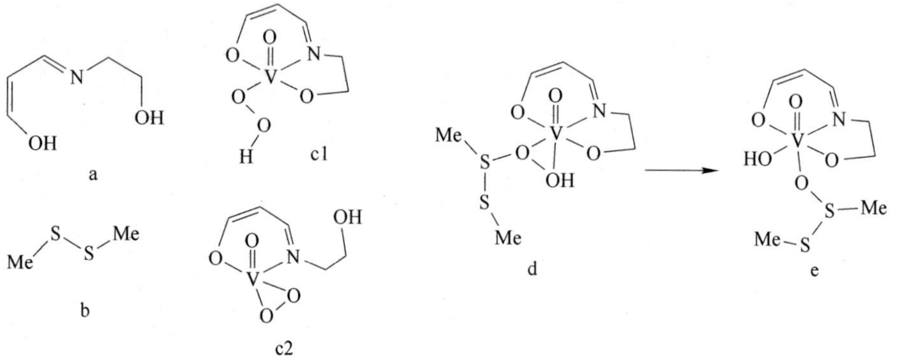

e.e.=85%

(4-29)

4.3.3.4 氢键与超分子特征

卤过氧化物酶的钒酸盐中心不仅与一个组氨酸共价键合，而且与精氨酸静电接触，并通过氢键网络与赖氨酸、组氨酸、丝氨酸和水接触（如图 4-17 所示）。由主-客体配合物（图 4-25 中的 37）模拟钒酸盐与精氨酸胍残基间的离子相互作用，在这个过程中，HVO_4^{2-} 的超分子受体是三（2-胍基乙基）胺[93]。37 的结合常数为 1.1×10^3，加合物在 307nm 处具有紫外特征吸收峰，这与 *Cur. inaequalis* 中 VClPO 在 312nm 处的吸收峰吻合。

钒酸盐/过氧钒酸盐和质子活性氨基酸侧链，或钒酸盐环境中水的分子间和分子内氢键相互作用可以作为质子传递的有效介质，这对于催化氧转移到底物上的过程来说是必不可少的。配合物 38[94a] 和 39[94b]（图 4-25）是分子间氢键的实例，分别涉及质子化组氨酸和丝氨酸。在这两种情况下，氨基酸是三齿 ONO 希夫碱的组成部分，通过羧基-O、亚胺-N 和酚-O 配位，留下氨基酸侧链悬空与相邻分子相互作用。表 4-8 总结了与其他模型配合物相关的键长。阳离子配合物 40 是 β-丙氨酸的衍生物，其中羧酸官能团的非质子化氧与钒配位[95]。羧酸质子通过氢键与水结合形成结晶，然后与第二个水分子结合，最终和配位过氧化物相互作用。这种情况可以归结为质子传递到过氧基的保险机制（如式 4-37 所示）。四个参与的氧（羧酸盐、两种水分子和过氧化物）约呈四面体排列。在甲基吡啶配合物 41 中[75]，一个配位的水分子（赤道平面上的那一个）与过氧化物和羧酸盐以氢键键合，起着类似的作用。赖氨酸作为过氧化物质子化介质的作用是由阴

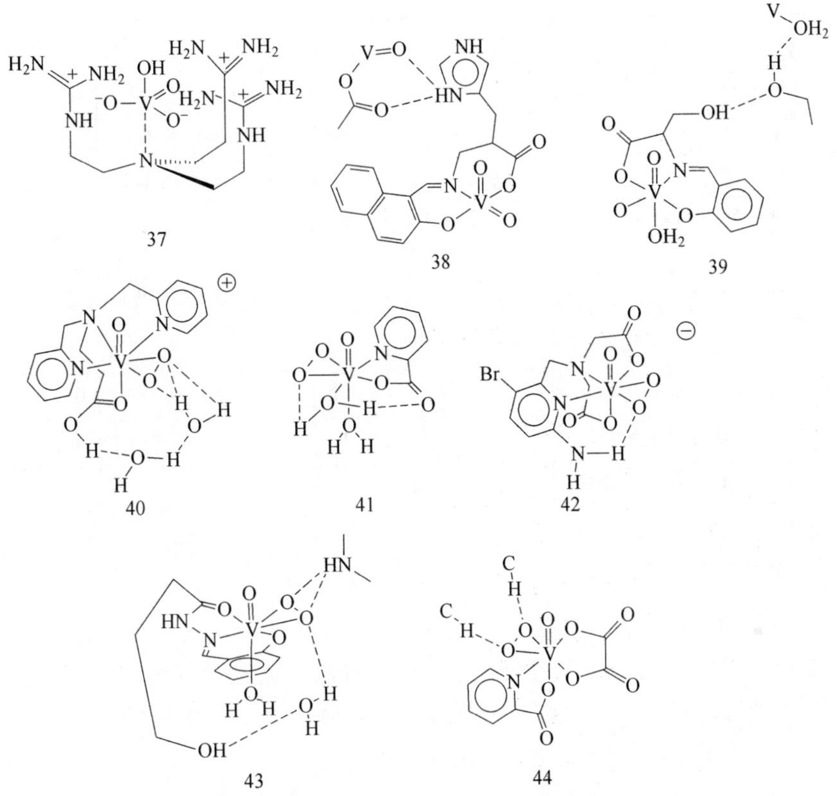

图 4-25　模拟超分子特征的配合物

（盐相互作用（37）、经典的分子间氢键（38~40、43）、分子内氢键（41、42）和非经典的分子间氢相互作用（44）的配合物。键距参见表 4-8，参考文献参阅文本）

离子配合物 42 模拟的：在过氧配体和氨基之间存在分子内氢键[96]。配体来自亚氨基二乙酸，氢键氨基与亚氨基-N 上的甲基吡啶基取代基连接。40 和 42 两者的特征用配合物 43 表示，其中含有来自水杨醛的 ONO 配体和 γ-羟基丁酸的酰肼[97]。同丝氨酸衍生物 39 一样，其醇官能团不参与配位，而是参与氢键网络，通过间隙水分子将其连接到过氧配体上。与相邻配合物的过氧化物氢键键合的酰肼基的酸性 NH，可以被认为是模拟活性位点赖氨酸。

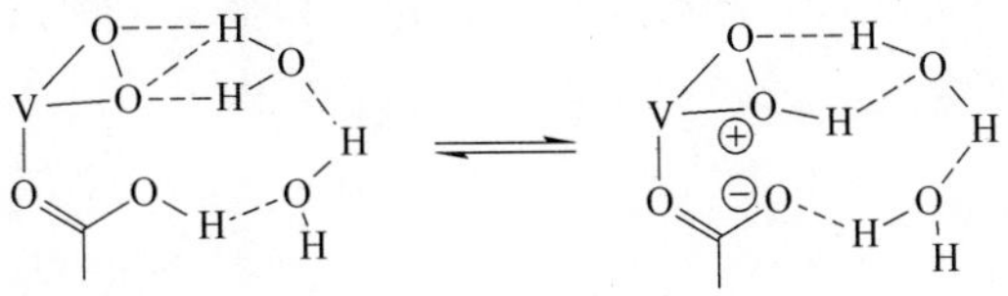

(4-30)

表 4-8 VHPOs 模型配合物中涉及的特定氢键键长

化合物	键	键长/nm	键	键长/nm
38[94a]	(His)N—H…O(羧酸盐)	0.2699	(His)N—H…O═V	0.2980
39[94b]	(Ser)O—H…O(Ser)	0.2697	(Ser)O—H…OH_2(coord.)	0.2647
40[95]	—C(O)O—H…OH_2	0.2550	HO—H…OH_2(分子内氢键)	0.2711
	OH_2…O_2（过氧化物）	0.2860，0.2995，0.3250		
41①[75]	OH_2…O_2（过氧化物）	0.2550	(coord.)OH_2…O（羧酸盐）	0.240
42[96]	NH_2…O_2（过氧化物）	0.2640		
43[97]	（乙醇）O—H…OH_2	0.2860	NH…O_2（过氧化物）	0.280，0.205
	OH_2…O_2（过氧化物）	2.99		
44[71]	(pyr)C—H…O_2(过氧化物)	2.444，2.488		

注：化合物的编号如图 4-25 所示。

① H…O 键长已知。

除了经典的氢键之外，C—H…X 键也被认为在蛋白质结构和稳定性中起着重要的作用。尽管钒酸盐卤代过氧化物酶的这种结构元素没有被明确报道过，但如图 4-25 中配合物 44 所示，该配合物包含相关分子中吡啶配体的配位过氧化物和芳香族 CH 基团之间的分子间氢键相互作用[71]。

4.4 钒和氮循环

迄今为止，仅明确了钒在生物固氮中的作用。但是，不同于钼，关于钒在（细菌）硝酸还原酶中的重要作用鲜有报道，这些问题仍有待研究。尽管如此，在 4.4.2 节中，还是简要地讨论了这些问题。

4.4.1 钒固氮酶

本节细分如下：

（1）历史和背景；

（2）结构和功能；

（3）替代底物（如炔烃、腈类化合物、异腈和叠氮化物）；

（4）模型化学。

4.4.1.1 历史和背景

1933 年的《生物固氮催化作用的简要说明》中，Hans Bortels 发表了以下观

察结果[98a]：

“在先前的交流中，我们证明了钼有效促进了褐球固氮菌（*Azotobacter chroococcum*）对氮的固定……基于这些发现，我认为土壤的肥沃程度与土壤中的钼含量有关。同时，独立于这些研究，Ter Meulen 在许多分析的基础上证明了上述概念的正确性……我在哥根廷（Göttingen）Goldschmidt 教授的友好暗示下，开始寻找固氮菌中能够取代钼的元素……在 1930 年，我发现钒化合物也有相当于钼对固氮菌的作用，可以促进固氮菌固氮。除了钼、钒和钨（只有微弱的影响），所有其他元素都被证明是无效的。”

Bortels 指出将在之后发表一份解释这一问题的更详尽的出版物，“因为目前其他的工作更为紧迫”。在发现这些研究成果数年之后，他发表了题为《进一步研究钼、钒、钨和其他陶土灰对固氮和其他微生物的重要性》的文章，对此进行了详细阐明[98b]。在该文的摘要中，Bortels 指出：

“钼和钒促进了褐球固氮菌，棕色固氮菌和淀粉芽孢杆菌的固氮作用，（在钼存在的情况下）固氮菌固定氮的量达到了没有这些元素情况下的 100 倍。由此可以得出结论，没有钼或钒，就不可能有任何明显的固氮作用。”

早期发现钨具有轻微影响可能只是由于难以完全分离钼和钨，所以培养基中存在杂质钨。随后排除了钨对固氮的作用。

Bortels 的发现后来被其他研究人员证实[99]，并延续到 1947 年 Jensen 和 Spencer[100]进行的一项非常详尽的调查中，该调查对几种丁酸梭菌（*Clostridium butyricum*）的固氮作用进行了研究。*Clostridium butyricum* 是一种生活在土壤、人以及动物肠道中的专性厌氧细菌。与 *Azotobacter* 不同，它的主要功能不是固氮作用，相反，它通过发酵碳水化合物产生丁酸（和其他短链碳酸），从而有助于防止腹泻和肠炎，如溃疡性结肠炎和克罗恩氏病。在钼酸盐存在下，对 *Clostridium butyricum* 还原氮的能力进行了测试，测试结果表明在许多情况下，在浓度 $C(\mathrm{V}) \approx 40\mathrm{nmol/L}$ 时还存在钒酸盐或硫酸钒酯，在 $C(\mathrm{V}) = 4\mathrm{nmol/L}$ 时仍有可检测到刺激。Jensen 和 Spencer 在他们的结论中指出：

“实验结果非常清楚地表明，虽然钼和钒对克氏菌的一般代谢有一定的影响，但它们的作用主要在于加速固氮过程。可以认为这两种细菌都可能具有需要钼作为活化剂的固氮酶，而钒则是一种不太有效的替代物；这些酶似乎存在一些差异，就某些梭菌而言，它们并未被钒活化。”

苏塞克斯氮固定研究小组（Sussex Nitrogen Fixation Group）在 1980~1986 年期间取得了相关突破，最终发表了一篇题为《*Azotobacter chroococcum* 的替代性固氮酶是含钒酶》（The altemative nitrogenases of *Azotobacter chroococcum* is a vanadium enzyme）的论文，刊于 Nature 杂志并（由 Cammack）作为重点文章[101]，相关的论文标题略显夸张（题为《对钒的作用的最终探索》（A role for vanadium at last）），但是在这篇文章里提到的 3 年前海藻 *Ascophyllum nodosum* 中的钒酸盐溴过氧化物酶已经被表征，并且因此确定了钒的生物化学作用[46]。在原文中，研究结果总结如下："*Azotobacter vinelandii*……有两个固氮系统：一个涉及钼的常规固氮酶系统，以及一个在缺钼条件下起作用的替代系统，后者不需要常规固氮酶的功能基因……在 *Azotobacter chroococcum* 菌株 MCD1155 中发现了一种可替代的固氮系统，其传统固氮酶的结构基因已被删除。我们在此证明，该菌株的固氮取决于钒，并且我们证明其纯化的固氮酶是一种二元系统，其中常规的钼蛋白被钒蛋白取代。"

生物固氮将 N_2 转化为氨（或铵离子），使得氮可被植物吸收。与固氮菌（*Azotobacter*）、梭菌（*Clostridium*）、克雷伯氏菌（*Klebsiella*）和红螺菌（*Rhodospirillum*）等自由生活细菌一样，蓝细菌（海藻等蓝绿藻）和共生细菌也有助于 N_2 的转化。豆科植物（蝶形花科）与根瘤菌、桤木（桤木属）与弗兰克氏菌属就是共生固氮细菌的例子。生物还原固氮是全球氮循环的一部分（如图 4-26 所示）。N_2 的三键使该分子特别稳定，生成焓为 $\Delta H = -946$kJ/mol。除了细菌的生物还原性活化反应外，还可以通过将 N_2 分裂成氮原子，然后与氧反应形成氮氧化物，最后与硝酸/硝酸盐反应，从而发生非生物氧化性活化反应。打破 N_2 键的能量可以通过放电（雷暴）和短波紫外线照射或平流层中的宇宙射线来提供。硝酸盐和氨可以发生氧化还原反应相互转化（氨化、硝化），硝酸盐可以逐步还原（反硝化）为 N_2。所有这些过程基本上是由专门的细菌在其活性中心，利用含有金属离子（Fe、Cu、Mo）的酶进行的。

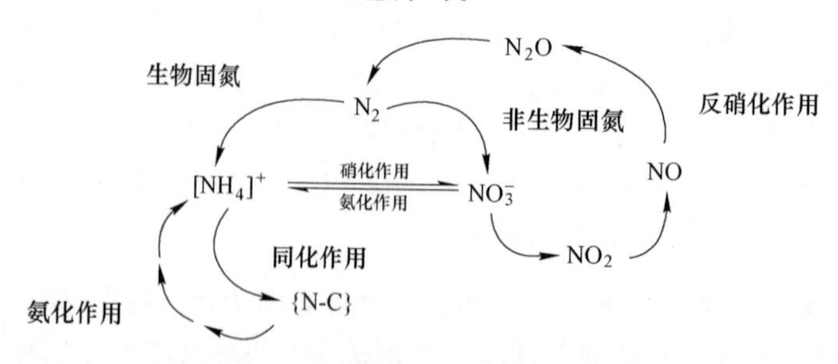

图 4-26 全球氮循环中的几个基本步骤
（钒可能（参见 4.4.2 节）是在反硝化作用的第一步参与生物固氮作用）

基于 Haber-Bosch（和 Ostwald）工艺，人为固氮成为了第三种供氨（以及硝酸盐）方式，这种方式的重要性日益凸显。表 4-9 比较了生物还原 N_2 和人为还原 N_2 的转化率。

表 4-9 生物固氮与人为固氮的比较

项 目	生物固氮	人为固氮
离析物	N_2、[H]	N_2、[H]
产物	$[NH_4]^+$、H_2	NH_3
产量	50%~75%	约 15%
温度	环境（由 MgATP 供能）	500℃
压力	10^5 Pa	200~500bar（1bar=0.1MPa）
催化剂	固氮酶（$\{Fe_7S_9MO/V\}$）	$\alpha-Fe+Al_2O_3+K_2O+\cdots$
每年转化	约 10^8t	约 10^8t

通过比较可以看出，生物固氮比 Haber-Bosch 更有效，耗能更少，并能在明显较为温和的条件下进行。这一事实使世界范围内的研究致力于更好地理解生物过程和建立活性中心（见下文），以期有助于复制细菌氮转化的催化剂—— 一个远未实现的目标。

4.4.1.2 钒固氮酶的结构和功能

钼固氮酶（MoNase）催化 N_2 还原反应的净反应如式 4-31 所示，钒固氮酶（VNase）催化该反应如式 4-32 所示。在这两种情况下，分子氢与铵离子一起产生，即固氮酶也表现出氢化酶活性。但钼固氮酶比钒固氮酶更高效，因为钼固氮酶将 75%的还原当量用于 N_2 还原（钒固氮酶仅为 50%），并且每个电子转移仅消耗 2 个 ATP（钒固氮酶为 3~4 个）。因此，微生物优先利用“常规”的钼固氮酶。在钼缺乏或低温的情况下，“替代”的钒固氮酶被激活，成为更有效的固氮酶。除了钼和钒，固氮菌也有一个仅含铁的固氮酶，但在基因上仍与钼和钒的变异相关。

$$N_2 + 10H^+ + 8e^- + 16ATP \longrightarrow 2[NH_4]^+ + H_2 + 16ADP + 16P_i \quad (4\text{-}31)$$

$$N_2 + 16H^+ + 12e^- + 40ATP \longrightarrow 2[NH_4]^+ + 3H_2 + 40ADP + 40P_i \quad (4\text{-}32)$$

钒固氮酶包含一个铁蛋白（Fe-protein）和一个钒铁蛋白（VFe-protein），由与钼固氮酶同源但有区别的结构基因编码。尽管有生化相似性，但钒体系并不是简单地由钒取代钼铁蛋白中的钼而产生的[102]。虽然钼铁蛋白有一个 $\alpha_2\beta_2$ 亚结构（总体分子量 M=200kDa），来自褐球固氮菌的钒铁蛋白有一个达到 M=240kDa 的 $\alpha_2\beta_2\delta_2$ 亚基结构（如图 4-27 顶部所示）[103]。α 亚基包含了所谓的 M 簇（铁钒辅因子，也称为 FeVco），这可能是 N_2 的活性位点。在 α 和 β 亚基的交界处有一个 P 簇，与每个亚基的两个半胱氨酸残基相连。参与电子穿梭的 P 簇主要由两个结合的（4Fe，4S）立方烷组成，还原态的组成为 $[\{Fe_4S_3(Cys)_2\}_2(\mu\text{-}Cys)_2]$。VFe-蛋白的亚基和簇的整体排列为 C_2 对称；M 和 P 簇之间的距离为 2.1nm，两个 M 簇和两个 P 簇之间的距离为 7.0nm。由铁蛋白（M=60kDa）引起电子向钒铁蛋白传递，其中含有一个［4Fe，4S］铁氧还蛋白和附着于其上提供电子通量的 MgATP。

源自维氏固氮菌（*Azotobacter vinelandii*）的钒固氮酶具有与钼酶相同的 $\alpha_2\beta_2$ 亚基结构。有趣的是，从维氏固氮菌中分离出来的第二个钒硝基酶缺少一个 α 亚基，因此也缺少一个 M 簇和一半的 P 簇。这种不完全的 $\alpha\beta_2$ 变体仍然很活跃[104]。通常来说，钒固氮酶的稳定性较钼固氮酶差，导致结晶时变异性更大，问题也更加明显。

到目前为止，还没有从 X 射线衍射数据中得到钒固氮酶的结构信息，但从遗传学和光谱研究中获得的所有间接信息，例如 Mössbauer、X 射线吸收、MCD 和 EPR，都解释了 M 簇类似的形成过程[102]。因此钒只是一个含有 7 个铁离子和 9 个无机桥联硫化物离子的簇体系的一部分（如图 4-27 底部所示）。此外，钒还与组氨酸和高柠檬酸的邻位氢氧化物和羧酸配位。从配位化学的角度来看，这个簇的一个有趣的特征是其 6 个铁中心的配位数是 3。最近的高分辨率 X 射线衍射数据解释了这 6 个铁形成的笼中的残余电子密度。这种电子密度可以与一个轻原子相配，并且很容易把它分配给一个氮原子。虽然这种分配结果是正确的①，但是仍不清楚二氮键在何处、以何种方式断裂，以及在键断裂之前是否有质子化发生（如模型研究所示，见下文）。

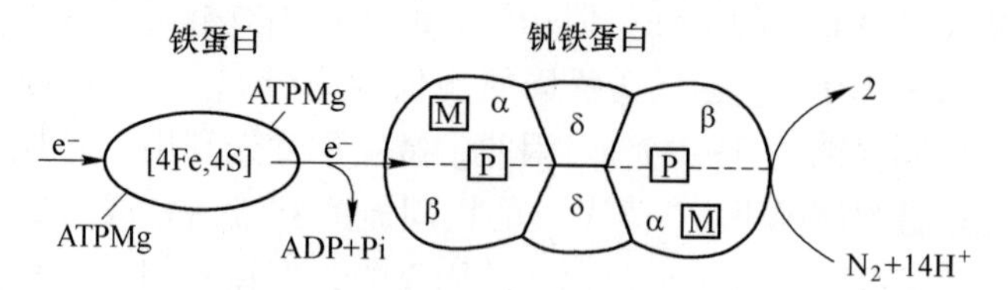

图 4-27　固氮菌的钒固氮酶组织和 M 簇（FeVco）结构

（M 簇（FeVco）结构类似于钼固氮酶的 FeMoco。Fe_6 笼式结构内的电子密度分配给氮原子具有初步性质）

在进行具体的光谱分析并且支持如图 4-27 所示的结构的讨论之前，让我们

① 理论计算支持并验证中心原子是氮的假设。综述见参考文献［113b］。

简要地讨论如图 4-28 中简述的钒铁蛋白生物合成的遗传特征。许多固氮基因（称钼酶为 *nif*，钒酶为 *vnf*）已被证明在钼蛋白和钒蛋白的生物合成中起作用。编码钼固氮酶的基因簇为 *nif*HDK，编码钒固氮酶的基因簇为 *vnf*H/*vnf*DGK[103]。合成钼蛋白和钒蛋白需要的是簇 *nif*/*vnf*EN。尽管最终的蛋白很相似，但基因在早期就形成了分支。在含有铁和硫的库中，基因 *nif*B 形成低分子量的簇，其构成铁和酸不稳定的（即无机）硫——{FeS}，并且可能与铁氧还蛋白类型的铁硫簇类似，该铁硫簇也通过自组装形成（如式 4-33 所示）。这一点导致钼铁蛋白和钒铁蛋白的路径之间发生分异：*nif*EN 负责 FeMoco 的组装，*vnf*EN 启动 apo-M 的合成，模板蛋白用于调节 FeVco（M 簇）。借助于 {FeS}、钒源、高柠檬酸盐和 ATP，组装完整的 FeVco（M 簇）。α-酮戊二酸和乙酰辅酶 A 合成的高柠檬酸盐是由 *nif*V 编码的高柠檬酸合酶合成的。P 簇的模板即 apo-P 的形成，是由基因 *vnf*DK 触发的，{FeS} 的形成建立了 P 簇和完整的钒铁蛋白。小体积 δ 亚基是 *vnf*G 的产物。

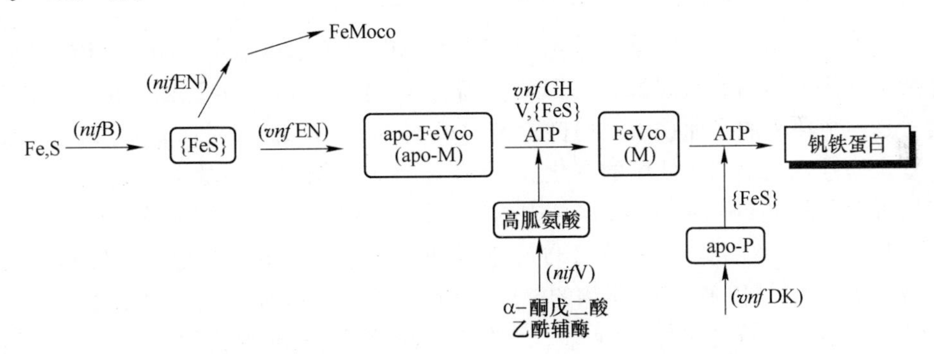

图 4-28 基因（*nif*、*vnf*）参与 VFe 蛋白的生物合成

（{FeS} 是一种低分子量铁硫簇，用于钒铁蛋白和钼铁蛋白的合成。同型合酶（*nif*V）基因同样适用于这两种系统。改编自参考文献 [102]。M 簇和完整的蛋白质，如图 4-27 所示）

$$4FeCl_3 + 5HS^- + 4RSH + 9OH^- \longrightarrow [Fe_4S_4(SR)_4]^{2-} + S + 9H_2O + 12Cl^- \quad (4\text{-}33)$$

据报道，其他细菌以及蓝细菌鱼腥藻类和固氮鱼腥藻（*Anabaena azotica*）中也有 *vnf* 基因，后者来自中国稻田。这些蓝藻表达钒固氮酶，这种细菌性钒固氮酶还能将乙炔还原为乙烯，并进一步还原为乙烷[105]。

从铁和钒 K 边 XAS 中获得了钒固氮酶 FeVco 的结构信息（背景信息，参见 3.6 节），特别是来自扩展（EXAFS）区域的 FeVco[106]。在表 4-10 中，介绍了从维氏固氮菌、褐球固氮菌、阴离子杂环戊烷 $[V(dmf)_3Fe_3Cl_3]^-$ 的模型复合物中得到的连二亚硫酸盐还原钒固氮酶的结果，如图 4-38 中 60 所示，参见 4.4.1.4 节。该数据提供了：(1) 与单酶的钼蛋白直接获得的结构信息（即通过 X 射线

衍射）的相似性，从而推测两种酶的辅因子的相似性，包括异金属（V/Mo）的八面体配位；（2）FeVco 与模型立方烷的相似性。从前边缘（3EV）和 K 边缘拐点（10eV）的能量位置，进一步得出辅助因子中的钒处于氧化态Ⅱ~Ⅳ。

表 4-10 固氮菌中的钒固氮酶的 X 射线吸收光谱（XAS）数据

项 目	棕色固氮菌		褐球固氮菌		$[V(dmf)_3Fe_3Cl_3]^-$（图 4-38 中的 60）		
	n	d/nm	n	d/nm	n	d/nm	
						XAS	XRD
V-O/N	2~3	0.215	3±1	0.215	3	0.212	0.213
V-S	3~4	0.233	3±1	0.231	3	0.235	0.233
V-Fe	3±1	0.276	3±1	0.275	3	0.273	0.277

注：1. 表中给出了散射体的数量 n 和距离 d。
2. 对于模型化合物，添加了单晶结构（XRD）的结果数据以进行比较。
3. 数据来自参考文献［102］和［106a］。

此外，虽不严谨，还是从其他光谱技术中得出了结构信息：酶的 EPR 谱很复杂。维氏固氮菌的钒固氮酶的 EPR 光谱有 3 个信号[107]。$g\approx2$ 处的第一个轴向信号是一个典型的还原铁硫团的自旋 $S=1/2$ 体系。第二信号是以 $g=5.5$ 为中心的复合信号，表示基态低场的变化和 $S=3/2$ 自旋系统的第一激发态跃迁。这个信号可以分配给 FeVco。$g\approx2$ 区域中的第三信号很难找到，仅能在特定的测量条件下观察到。FeVco 顺磁 $S=3/2$ 自旋态（即 3 个未成对电子）也能由磁圆二色光谱（MCD）[108]和 Mössbauer 谱的一个光谱分量的磁超精细结构中推断得到[109]。EPR 参数进一步符合包含［VFe_3S_4］$^{2+}$核心的模型簇（见模型化学）。虽然所有这些研究没有提供证据，但结合遗传学证据，可以证明，存在于钒固氮酶的钒铁蛋白中的 P 簇和 M 簇（如图 4-27 所示）类似于钼固氮酶的钼铁蛋白中的 P 簇和 M 簇。

4.4.1.3 钒固氮酶的选择性还原底物

N_2O_4 和质子（式 4-32）不是唯一被固氮酶还原的底物。此外，由钒固氮酶催化还原得到的产物谱不同于钼固氮酶催化得到的产物谱。这包括 N_2 还原：虽然野生型钼固氮酶将 N_2 完全转化为氨，钒固氮酶也产生一些肼[110]。表 4-11 为两种固氮酶的基质和产物的比较。

对钒固氮酶来说，肼的形成可能暗示着 N_2 分子的不同活化机制，即键解离之前的质子化（钒固氮酶）与质子化（钼固氮酶）之前的键离解。然而，在快速冻结的钼固氮酶中也检测到肼中间体的形成。当在 D_2O 中进行时，乙炔还原为乙烯（随后在钒硝基酶的情况下进一步还原为乙烷），导致 Z（顺式）异构体(Z)-1,2-氘乙烯的形成（式 4-34），这非常利于在金属中心的协同作用下活化乙炔。4.4.1.4 节中会再讨论到这一点。

表 4-11 钒固氮酶和钼固氮酶的基质和产物比较

底 物	钒固氮酶产物	钼固氮酶产物
N_2	N_2H_4、NH_3	NH_3
C_2H_2	C_2H_4、C_2H_6	C_2H_4
HCN	CH_3NH_2、HCHO、CH_4、NH_3	CH_3NH_2、HCHO、NH_3
$CH_2=CHCN$	C_3H_6、C_3H_8	C_3H_6、C_3H_8
CH_3CN	CH_3NH_2、C_2H_4	C_2H_6、NH_3
CH_3NC	C_2H_4、C_2H_6、CH_4、CH_3NH_2	C_2H_4、CH_4、CH_3NH_2、$(CH_3)_2NH$
HN_3		N_2H_4、NH_3
N_3^-	N_2、N_2H_4、NH_3	N_2、NH_3

$$—\!\equiv\!— + 2H^+ + 2e^- \xrightarrow{D_2O} \text{(D)C=C(D)} \tag{4-34}$$

利用钒固氮酶释放部分还原中间体的倾向，以获得对还原产物和还原路径的观察，因为氰化氢和叠氮化物被还原[111]。在 N_2 还原中，在所有这些反应中，氢作为副产物形成。式 4-35 给出了钒固氮酶对叠氮还原反应的结果。

$$N_3^- + 2e^- + 3H^+ \longrightarrow N_2 + NH_3;\ N_3^- + 8e^- + 9H^+ \longrightarrow 3NH_3 \tag{4-35a}$$

$$N_3^- + 6e^- + 7H^+ \longrightarrow N_2H_4 + NH_3 \tag{4-35b}$$

在 HCN /CN⁻还原中观察到的反应产物的模式表明，第一步是二电子还原为亚甲基亚胺 $CH_2=NH$（式 4-36a），还可以进一步还原成甲胺和甲烷加氨（式 4-36b）或者水解成甲醛和氨（式 4-36c）。

$$HCN + 2e^- + 2H^+ \longrightarrow \{CH_2=NH\} \tag{4-36a}$$

$$\{CH_2=NH\} + 2e^- + 2H^+ \longrightarrow CH_3NH_2;\ CH_3NH_2 + 2e^- + 2H^+ \longrightarrow CH_4 + NH_3 \tag{4-36b}$$

$$\{CH_2=NH\} + H_2O \longrightarrow HCHO + NH_3 \tag{4-36c}$$

极其有意思的是，如式 4-37 所示，乙烯（和乙烷）作为一种次要产物，在还原甲基异氰酸酯的过程中形成。还原产物的两个碳原子都来自异氰酸酯上的碳（式 4-37a 中被黑体标注），证据是当反应在 D_2O 中进行时，将得到完全氘化的乙烯，见式 4-37b。式 4-37c 展示了包含自由基中间体和插入（C-C 偶联）的可能的机制。

$$2CH_3N\mathbf{C} + 8e^- + 8H^+ \longrightarrow \mathbf{C}_2H_4 + 2CH_3NH_2 \tag{4-37a}$$

$$\text{in}D_2O:\ 2CH_3NC + 8e^- + 4H^+ + 4D^+ \longrightarrow C_2D_4 + 2CH_3NH_2 \tag{4-37b}$$

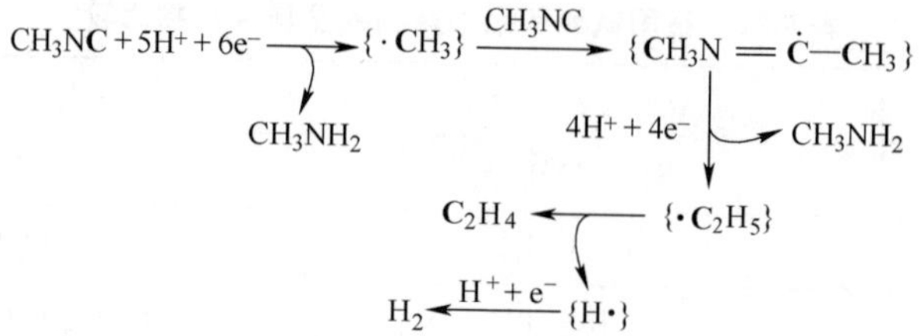

$$CH_3NC + 5H^+ + 6e^- \longrightarrow \{\cdot CH_3\} + CH_3NH_2$$
$$\{\cdot CH_3\} \xrightarrow{CH_3NC} \{CH_3N = \dot{C}—CH_3\}$$
$$\{CH_3N = \dot{C}—CH_3\} \xrightarrow{4H^+ + 4e^-} \{\cdot C_2H_5\} + CH_3NH_2$$
$$\{\cdot C_2H_5\} \longrightarrow C_2H_4 + \{H\cdot\}$$
$$\{H\cdot\} \xrightarrow{H^+ + e^-} H_2 \tag{4-37c}$$

4.4.1.4 模型化学

已有广泛的研究阐明了氧化二氮活化和还原的实际位点。基于电子结构的相似性，对 3 个固氮酶的辅因子 FeMco(M=Mo、V、Fe）的理想化模型（如图 4-29 中 45a 所示）进行扩展 Hükcel 分子轨道计算，结果表明异金属 M 仅达到团簇的稳定函数[112]。Fe_6 三棱柱笼（图 4-29 中的 45）的四个铁中心的二氮配位显示，在 M= Mo 和 V 的情况下存在一个非常小的 HOMO-LUMO 间隙，其中最低卧位的 LUMOs 表现出相当大的 π^* 贡献。从这些结果，可以推断，填充减少一个氮所需的三个电子十分容易。然而要知道的是，在此以及其他计算中使用的是极大简化版模型，特别是关于异金属的配位层。组氨酸或羧酸官能团的质子化可以发生在 Mo 和 V 上，并使 N_2 具有结合位点。4.4.1.3 节中指出，钒和钼固氮酶在活性和产物专一性方面的差异，进一步促进了异金属的“活性”作用。最后，一氧化碳对钒固氮酶催化的氮还原（但不是氢的释放）的轻微抑制作用，似乎是由于 CO 与 V 的结合度比 CO 与 Mo 的结合度弱。

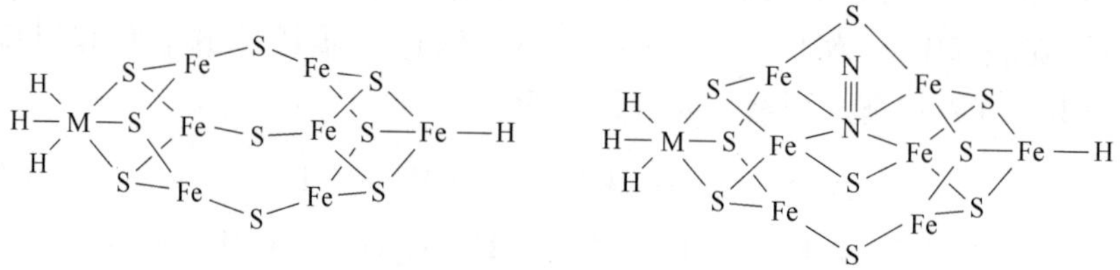

45a　　45b

图 4-29 扩展的 Hükcel MO 计算的二元激活模型配合物

不管 N_2 是被哪个金属中心激活的，最近通过 Yandulov-Schrock 循环的 DFT 计算所得的能量分布图[113]已经接近了可能还原和质子化 N_2 的机理途径，在某种程度上①，这是迄今为止模拟在钼中心催化还原 N_2 的唯一过程。Yandulov-Schrock 循环[114]的中心组分（如图 4-30 所示）是含有三足四齿胺配体 NH_3 的二氮钼^{Ⅲ}配合物，其具有广泛的芳基取代基，屏蔽了氮结合位点。还原剂为二（五甲基环戊烯）铬——Cp_2^*Cr，质子为 2,6-丁二硼酸酯。根据这些计算，质子化和

① 已完成六次循环，氨总产率为 65%。

单电子还原步骤交替进行。由于 N_2 的第一质子化步骤是强吸能的，因此通过 N_2 与金属的配位提供活化能量。吸能是还原氨和还原钼的低氧化态的最后还原步骤。最具激发能的步骤是假定中间体 $\{Mo(NNH_3)\}^+$中 N—N 键的裂解。图 4-31 中的钒体系示意了由酶和其模型化合物还原 N_2 至 NH_3 的合理机制。重氮基(1-) 中间体（$\{V—N=NH\}$）的分支产生肼作为附加的电子转移和质子化步骤副产物。

已有关于模拟钒酸盐结构和功能的模型化学的综述[115]。

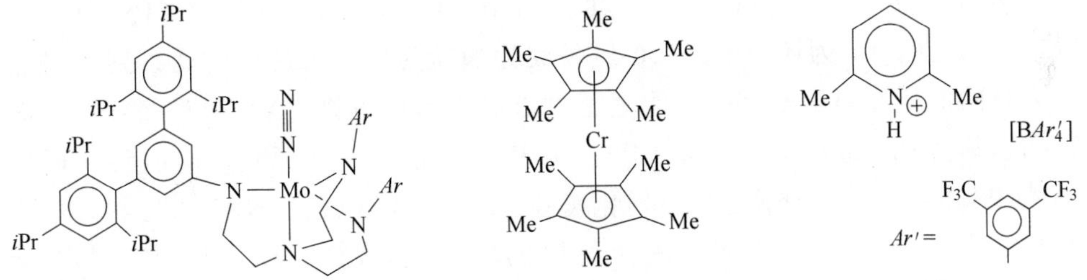

图 4-30 Yandulov-Schrock 循环的中心组分

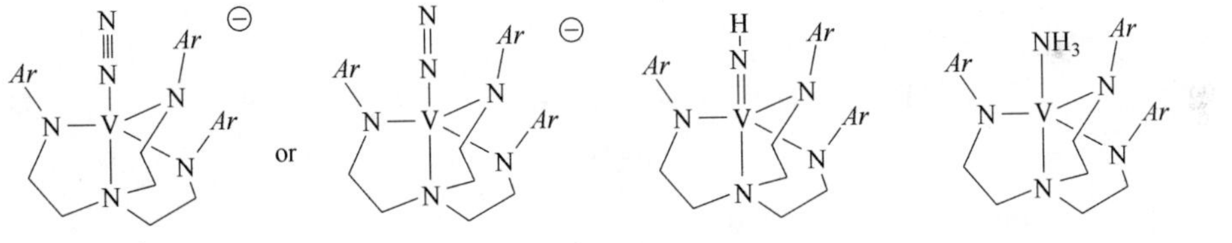

（46a~46c 为 Yandulov-Schrock 循环的三元催化还原；46a 为具有与 Mo 配位的底物 N_2 的催化剂（*Ar* 是指为氮素之一详细绘制的芳基取代基）；46b 为还原剂二（五甲基环戊二烯）铬，Cp_2^*Cr；46c 为硼酸质子源 2,6-六氢吡啶；46d 为含氮还原中间体的钒配合物——活化二氮或重氮基（2-）；46e 为含氮还原中间体的钒配合物——酰亚胺；46f 为含氮还原中间体的钒配合物——氨（46c））

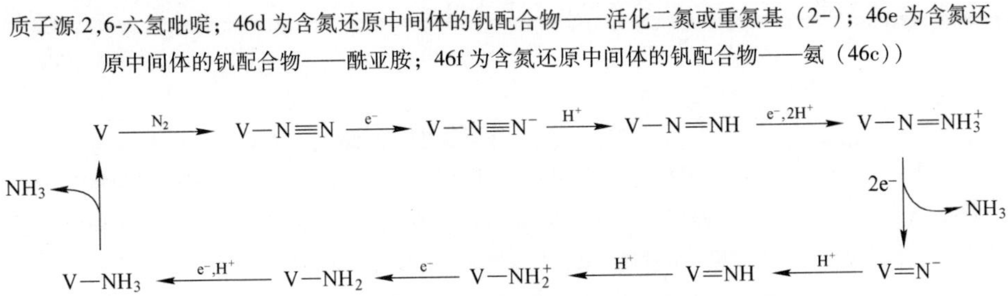

$$V \xrightarrow{N_2} V—N\equiv N \xrightarrow{e^-} V—N\equiv N^- \xrightarrow{H^+} V—N=NH \xrightarrow{e^-,2H^+} V—N=NH_3^+$$

$$V—N=NH_3^+ \xrightarrow{2e^-,\ -NH_3} V\equiv N^- \xrightarrow{H^+} V=NH \xrightarrow{H^+} V—NH_2^+ \xrightarrow{e^-} V—NH_2 \xrightarrow{e^-,H^+} V—NH_3 \xrightarrow{-NH_3} V$$

图 4-31 酶及其模型化合物还原 N_2 至 NH_3 的机制

刚才描述的 Schrock 钼体系同样适用于钒以及含氮的活化和还原的配合物，如图 4-30 所示的二氮键［或二氮烯基（2）］、酰亚胺和氨和配合物 46d~f 已被表征[116]。虽然酰亚胺配合物 46e 和二氮配合物 46d 能够以 Cp_2^*Cr 和氯替丁为质子源，发生还原反应生成氨，但却不能活化大气氮，即钒体系不能起催化作用。当

存在三足 NH_3 配体时，［$VCl_3(thf)_3$］与钾石墨或萘钠反应生成了配合物 46f。

其他四齿、三足配体已经成功地用于稳定沿 N_2 还原途径钒固氮酶底物和中间体。NS_3 和 PS_3 配体如图 4-32 所示。配合物 47 包含了+3 价钒（中性配体如肼和异腈）、+4 价钒［单阴离子配体如甲基二氮杂（1-）和氰化物（1-）］和+5 价钒（酰亚胺配合物 47d）[117]。如（非化学计量）式 4-38 所示，肼配合物［$V(NS_3)N_2H_4$］47b 在 THF 中加热时发生歧化，形成氨配合物 47a 和四氧化二氮；然而，该配合物不作为肼歧化的催化剂。阴离子配合物 48 含有 PS_3 配体组，总组成为［$V(PS_3)L$］[118a]。在乙腈中，L＝氯化物，即［$V(PS_3)Cl$］$^-$，以二茂钴、Cp_2Co 为还原剂，1,6-氯替啶盐酸盐为质子传递剂，观察到了肼还原为氨的催化作用。该反应可能是通过形成乙腈衍生物［$V^{III}(PS_3)NCMe$］进行的，其由 Cp_2Co 还原为［$V^{II}(PS_3)NCMe$］$^-$，然后在还原氨之前由肼（形成［$V^{II}(PS_3)N_2H_4$］$^-$）交换乙腈。转化缓慢是由于［$V^{III}(PS_3)(N_2H_4)_3$］(49) 形成的竞争反应。肼 49 不易还原。配合物 49 的结构已被表征，通过配位硫醇盐和暴露的肼的 NH_2 部分之间的氢键接触实现稳定[118b]。另一类含 N_2 还原中间体的三角双锥和四面体钒配合物来源于作为稳定配体的 1,6-二异丙基苯酚[119]。如图 4-33 所示的化合物 50 和化合物 51。

$$3[V^{III}(PS_3)N_2H_4] \longrightarrow [V(NS_3)NH_3] + NH_3 + N_2 \tag{4-38}$$

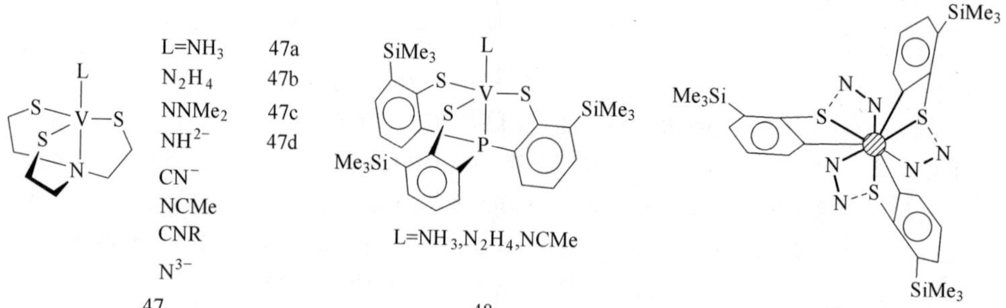

图 4-32 NS_3 和 PS_3 的配体

（47 为四齿三足配体稳定底物［N_2H_4、CN^-、NCMe、CNR（R e. g. *t*Bu）］、中间体（N_2H_4、$NNMe^-$、NH^{2-}）和钒固氮酶（N_2H_4、NH_3）的配合物[118]；48 为［$V(PS_3)NCMe$］(48) 在 N_2H_4 还原中具有催化活性（见正文）；49 为从 P-V 轴顶部观察 Tris（肼）配合物的视角为（中心圆投影））

螯合膦配体适合稳定低至-1 价的钒的氧化态。这当然不是具有生物功能的氧化状态。然而，V^{-I} 的二元配合物是有意义的，因为迄今为止它们是唯一被完全表征的钒配合物，其包含以末端键合的方式键合的氮素配体，并且它们本质上把氮还原成氨和肼［因此与 Hidai 和 Chatt 的著名的磷化氢稳定的二氮钼（0）配合物相当］[120]。图 4-34 列出了三足、四齿 PP_3(52a)、三齿+双齿膦（52b）和两

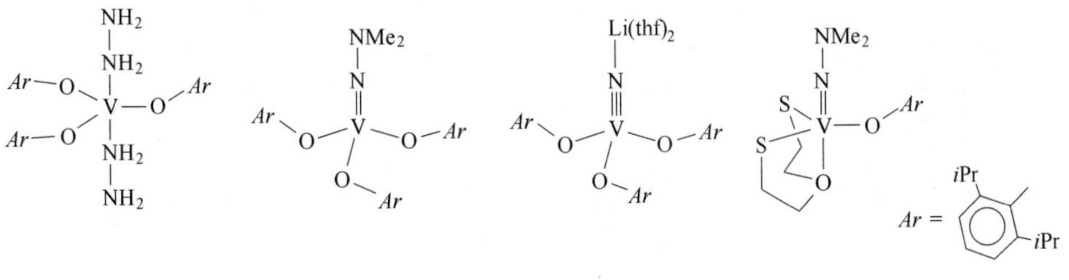

50a 50b 50c 51

图 4-33 芳氧钒（Ⅲ）及芳氧钒（Ⅴ）配合物在 N_2 固定化中的应用

（来源：参考文献［119］）

个双（二苯基膦乙烷）配体（dppe,52c）。选择这些例子，是为了说明膦配体的选择对配位氮素的数量和构型（顺反比）的影响。具有少齿膦和更基本的膦功能（烷基与磷上的苯基取代基）的复合物显示出对 N_2 偶然损失增加的稳定性。如用于合成 52c 的式 4-39 所示，在 N_2 中且磷化氢存在下，用钠或锂还原［$VCl_3(thf)_3$］制备配合物。当考虑 NN 伸缩频率的剧烈低频位移时，二氮的活化变得明显。(NN) 值一般在 1720~1880cm^{-1}之间，而游离氮为 2331cm^{-1}，图 4-30 中 46d 为 1883cm^{-1}。大多数配合物在环境温度下的溶液中是稳定的，在那里它们可以明确地通过它们的^{51}V NMR 来表征（如图 4-35 所示）。通过阴离子［$V(P)_n(N_2)_{6-n}$］$^-$ 和反离子［$Na(thf)_x$］$^+$或［$Li(thf)_y$］$^+$之间的接触使配合物进一步稳定。在溶液中，这是通过^7Li NMR 谱来证明的。在固态中，复合反式［$Na(thf)$］［$V(dppe)_2(N_2)_2$］(52c)在(thf)Na…N≡N—V 部分显示 Na^+和 N_2 之间的直接接触，d(Na…N)= 0.2445(11) nm。距离 d(N--N)= 0.130(16) nm 与自由 N_2（0.1098nm）中的误差大致相同。根据［$V(dmpe)_2(N_2)_2$］$^-$式 4-40 所示的净反应，向配合物如 52 的 THF 溶液中添加 HBr，引起还原质子化［dmpe 为双（二甲基膦）乙烷 {bis(dimethylphosphino)ethane}］。

$$[VCl_3(thf)_3] + dppe + Na \longrightarrow [Na(thf)_n][V(dppe)_2(N_2)_2] + 3NaCl \tag{4-39}$$

$$[V^{-I}(dmpe)_2(N_2)_2]^- + 3HBr \longrightarrow 1.5N_2 + NH_3(+2\%N_2H_4) + \{V^{II}(dmpe)_xBr_y\} \tag{4-40}$$

近二十年来，人们又引入了其他的“二氮”钒配合物，它们都是双核的，在桥联 μ，η^1：η^1 配位模式中含有二氮（最初来源于空中 N_2）。这些二氮桥联配合物的选择 53~57[121~125] 如图 4-36 所示。钒—氮和氮—氮键的长度与 46、47 和 49~52 的结合长度汇总在一起（如表 4-12 中的图 4-30、图 4-32~图 4-34 所示）。所有这些配合物中的键长 d(N—N) 都在 0.121 ~0.126nm 之间，即在配合物 52c 与氮的末端键合模式中的三键和肼配合物 47b、49 和 50a 的单键之间，将配体归

52a　52b　52c

图 4-34　磷化氢稳定的阴离子二元配合物

（来源：参考文献［120］。反离子是溶剂化的（THF）Na^+或Li^+）

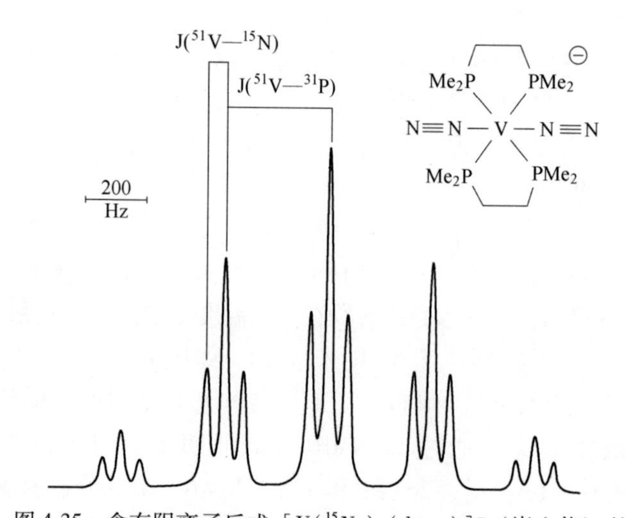

图 4-35　含有阴离子反式［$V(^{15}N_2)_2(dmpe)$］$^-$（嵌入物）的 THF 溶液的^{51}V NMR（94.73MHz）光谱

（由于一个键的^{51}V—^{31}P 耦合（四当量^{31}P）使得频谱显示五重态；每个五重态分量通过一个键^{51}V—^{15}N 耦合（两个等效^{15}N）另外分裂成三重态。两个键耦合没有解除）

类为 N≡N 的两电子还原产物，即二氮烯基（2-）配体［N ═ N］$^{2-}$。极短的 d(V—N)键长（0.176～0.183nm）也支持了这一观点，说明了钒氮键的双键性质。因此，对于图 4-36 中的 V(μ-N_2)V 单元始终选择了积累结构，也符合大约 180°（对于 53 是 162.4°，对于 55 是 171.6°）的 V—N—N 角。

然而含 N-官能配体如二（亚胺基）吡啶和苯甲脒基（53、57）的双核、二氮杂环桥联配合物在质子化反应中不产生氨或肼，而具有 σ-烷基键（54、55）的钒配合物与酸一起生成 NH_3 或 $NH_3+N_2H_4$，如式 4-41 所示的［$V_2^{III}(\mu\text{-}N_2)$］$^{2-}$(54)[121] 和式 4-42 所示的［$V_2^{II}(\mu\text{-}N_2)$］(55)[123b]。在这些反应中，钒中心是电子供体（还原剂），即这些过程是非催化过程。

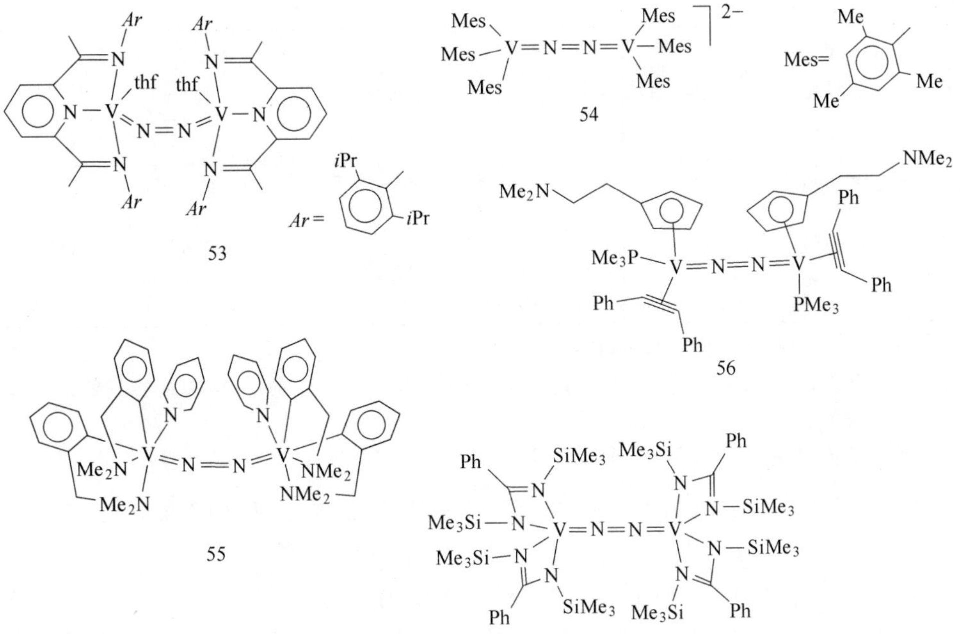

图 4-36 配体含二氮烯基（2-）的双核钒配合物

（配体分别是 2,6-二（1-亚氨基乙基）吡啶（53）[121]，甲磺酰基（1-）（54）[122]，2-二甲氨基苯基（1-）和吡啶（55）[123]，甲苯、三甲基膦和二甲胺基-Cp（1-）（56）[124]，以及苯甲脒基（1-）(57)[125]。含 σ-烷基的 54 和 55 配合物在质子化时产生氨和肼）

表 4-12 二氮钒配合物的钒—氮和氮—氮键长和标准偏差 （10^{-10}m）

配合物	d(N—N)	d(V—N)	配体的性质	钒氧化态①	参考文献
46f（图 4-30）	—	2.1623（8）	NH_3	Ⅲ	[116]
47a（图 4-32）	—	2.154（7）	NH_3	Ⅲ	[117]
47d（图 4-32）	—	2.234（2）	NH^{2-}	Ⅴ	[117]
50c（图 4-33）	—	1.565（5）	$N^{3-}[Li(thf)_2]^+$	Ⅴ	[119]
47b（图 4-32）	1.48（2）	2.180（9）	N_2H_4	Ⅲ	[117]
49（图 4-32）	av. 1.455	av. 2.225	N_2H_4	Ⅲ	[118b]
50a（图 4-33）	1.467（6）	2.161（4）	N_2H_4	Ⅲ	[119]
47c（图 4-32）	1.305（5）	2.214（3）	$NNMe_2$ 或 $NNMe_2^{2-}$	Ⅲ或 Ⅴ②	[117]
51（图 4-33）	1.467（6）	2.161（4）	$NNMe_2$ 或 $NNMe_2^{-2}$	Ⅲ或 Ⅴ②	[119]
57（图 4-36）	1.235（6）	1.756（5）	μ-$(N{=}N)^{2-}$	Ⅲ	[125]

续表 4-12

配合物	d(N—N)	d(V—N)	配体的性质	钒氧化态①	参考文献
53（图 4-36）	1.259（6）	1.777（3）	μ-$(N{=}N)^{2-}$	"Ⅱ"	[121]
54（图 4-36）	1.222（4）	av. 1.773	μ-$(N{=}N)^{2-}$	Ⅲ	[122]
55（图 4-36）	1.228（4）	1.933（3）	μ-$(N{=}N)^{2-}$	"Ⅱ"	[123]
56（图 4-36）	1.212（8）	av. 1.767	μ-$(N{\equiv}N)$或 μ-$(N{=}N)^{2-}$	Ⅰ或"Ⅱ"	[124]
52c（图 4-34）	1.130（16）	1.915（11）	$N_2\cdots[Na(thf)]^+$	-Ⅰ	[120b]

注：所述化合物按氮的氧化态升序排列。

① 氧化态是一个有争议的问题，取决于电子数量，这归结于与钒配位的氮配体的性质。这里给出的氧化态在所有情况下都与原始文献不符。

② 中性异二氮烯（N＝NMe2）或肼基（2-）。

$$[V_2^{III}(\mu\text{-}N_2)]^{2-} + HCl/H_2O \longrightarrow N_2(53\%) + N_2H_4(27\%) + NH_3(21\%) + 2\{V^{IV}\} \tag{4-41}$$

$$[V_2^{II}(\mu\text{-}N_2)] + HCl \longrightarrow 3/2N_2 + 2/3NH_3 + 2\{V^{III}\} \tag{4-42}$$

事实上，低价钒促进空气中 N_2 的减少并不取决于“复杂”辅因子配体的存在。近 40 年前 Shilov 等人阐明了含 V^{2+} 和 Mg^{2+} 的碱性溶液（或者更确切地说，这些离子的氢氧化物结构）能够非常有效地将 N_2 还原成氨和肼（如式 4-43 所示）[126a]。在室温和 N_2 压力为 10^5 Pa 时，形成的主要产物是肼。温度升高至 70℃时则主要产生氨。在最近的报道中，Shilov 研究小组表明，从含 V^{2+} 和儿茶酚的 N_2 还原醇溶液中，可以分离出组成$\{[V^{II}(cat)_2]^{2-}\}_4$ 的活性阴离子配合物，并利用其 $V^{II}(d^3)$ 零场分裂 EPR 特征来表征[126b]。图 4-37 中的 58 提供了在溶液中可能存在的活性单元，包括用于活化的底物 N_2。后来甚至分离出了含立方烷核心 $[V_2^{II}V_2^{III}(OMe)_2(cat)_2]^2$ 的立方烷式儿茶酚醛配合物，人们推测该配合物负责将 N_2 还原成氨以及将 H^+ 还原成氢，并对其结构进行了表征[126c]。当 Shilov 体系在碱性溶液中以及在邻苯二酚存在下具有活性时，含有 V^{2+} 和 α,ω-二羧酸盐 $^-O_2C(CH_2)_nCO_2^-$ 的酸性溶液（pH = 4.5）能有效地将二氮化物还原为肼（式 4-44）[127]。$n=5$ 和 $n=6$ 时达到最佳活性，这与吸收和激活 N_2 的最佳构象有关（图 4-37 中的 59）。有趣的是，通过苯乙烯和肉桂酸的共聚得到的聚羧酸酯也是具有活性的。

$$\{V^{II}(cat)\} + N_2 \longrightarrow \{V^{II}(cat)\cdots N_2\} \longrightarrow 4V^{III}{-}N_2^{4-} + \{V^{II}\}$$

$$4V^{III}{-}N_2^{4-} \xrightarrow{\{V^{2+}\},\,ROH} 2NH_3 + 6V^{III} \qquad \{V^{II}\} \xrightarrow{ROH} H_2 + 2V^{III} \tag{4-43}$$

$$4V^{2+} + N_2 + 5H^+ \longrightarrow 4V^{3+} + N_2H_5^+ \tag{4-44}$$

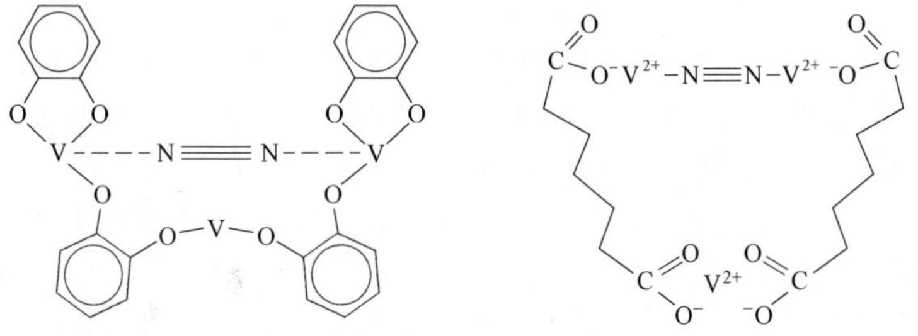

58 59

图 4-37 二氮在 V^{II}-儿茶酚酸[126b]和 V^{II}-二羧酸[127]系统中的活化作用

所有这些美丽的固氮模型配合物都有一个共同的缺点：它们不具有任何铁钒辅因子固氮酶的结构特征。相比之下，构成 FeMoco 的钒-铁硫基团的立方烷团簇是更为有利的结构模型，但其缺点是不能催化还原 N_2。

图 4-38 中 60 的立方烷已经能成功地将钒固氮酶的 XAS 数据与单晶 X 射线衍射获得的结构参数匹配；参见 4.4.1.2 节中的表 4-10。团簇 60 能够使肼还原成氨，其中二茂钴为电子源，盐酸氯替丁铵用于质子传递。与 60 有关的是具有与钒位配位的保护性三（吡唑基）硼酸盐（61）或三（吡唑基）甲磺酸盐（62）的异辛烷 61 和 62[128]，三（吡唑基）氢硼酸盐（61）或三（吡唑基）甲烷磺酸盐（62）与钒位点配位。团簇 61 可以用［V^{III}、Fe^{III}、$Fe_2{}^{II}S_4$］$^{2+}$（$S=3/2$）近似电荷分布的核心描述。它的单电子氧化产生了电荷分布为［V^{III}、Fe_2^{III}、$Fe^{II}S_4$］$^{3+}$的反磁性（$S=0$）核。Mössbauer 谱证明了其电荷定位，这表明有两个重叠的四极偶极子。团簇 62 可以在单电子步骤中（如式 4-45 所示）可逆地被氧化和还原，其中氧化还原电位为 $E_{1/2}(\mathrm{ox})=-0.23\mathrm{V}$ 和 $E_{1/2}(\mathrm{red})=-1.34\mathrm{V}$，参比标准氢电极。团簇 60 容易通过氯化亚铁和四硫代钒（V）酸盐自组装形成。61 和 62 的吡唑基和巯基配体可通过配体取代反应被引入 60。

$$[VFe_3S_4]^{3+} \rightleftharpoons [VFe_3S_4]^{3+} \rightleftharpoons [VFe_3S_4]^{+} \tag{4-45}$$

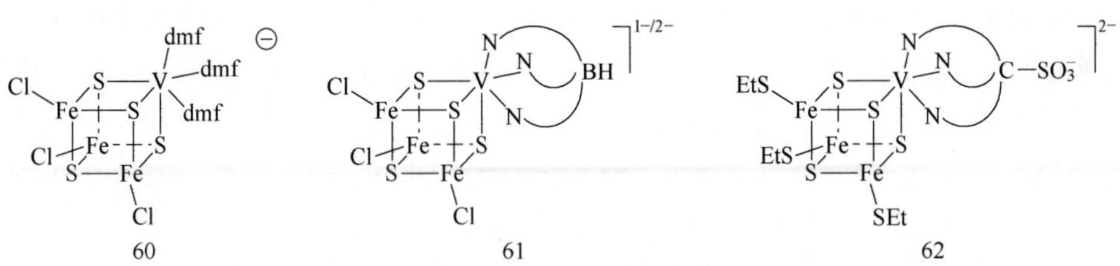

60 61 62

图 4-38 含［VFe_3S_4］核的异丁烷簇模型模拟钒固氮酶的铁-钒辅因子（FeVco，或 M 簇）中的铁-钒位点（如图 4-27 所示）

（三齿配体 N_3BH^- 是三（吡唑基）硼酸酯配体，配体 $N_3CSO_3^-$ 为三（吡唑基）甲磺酸酯）

FeVco 的另一个结构特征是组氨酸和高柠檬酸与钒的配位。咪唑和咪唑衍生物（包括组氨酸）以及羟基羧酸的+Ⅳ和+Ⅴ氧化态多与钒进行配位，并且在前面的部分中已经讨论过：羟基羧酸盐参见图 2-13、图 2-14、图 2-19 和图 2-20；组氨酸参见图 2-15 和图 2-18；其他咪唑衍生物参见图 4-21。柠檬酸钒（Ⅴ）配合物 63 如图 4-39 所示。这里，柠檬酸盐通过邻位羧酸盐加醇盐，即在假定为 FeVco 的模式下进行配位。这也适用于高密度钒（Ⅴ）配合物 64。然而，这些结构都不能满足“良好”模型的要求，因为它们是二氧钒双核配合物，而含钒辅因子中的钒中心都是单核的，并且不含氧基。更接近的结构是苯甲酸钒（Ⅳ）配合物 65，该配合物还能与电子性类似的席夫碱亚胺-N 模拟组氨酸结合。

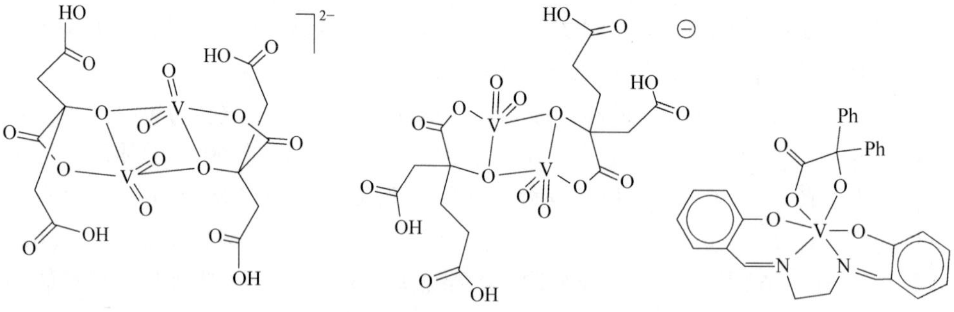

63　　64　　65

图 4-39　配合物模拟邻苯二甲酸酯与氢氧化物在 FeVco 中的配位作用

（配体是二氢锗酸盐（2-）（63）[139]、二氢高柠檬酸（2-）（64）[130]和苯甲酸盐（2-）（65）[131]。另外，非氧基配合物 65 通过由乙二胺和水杨醛衍生形成的双希夫碱配体稳定）

对于固氮酶的替代底物，特别是炔烃（如式 4-27 所示）来说，炔烃与钒并排配位模型化合物非常值得研究。并排配位或 π 配位意味着由钒-d 轨道对配体 π^* 轨道的 π 键反馈供电作用形成的三键的键强减弱了，配体因此被活化。在配合物［$ClV(dmpe)_2\eta^2$-$(Me_3SiOC\equiv COSiMe_3)$］［dmpe：二（二甲基膦）乙烷］中活化的硅氧烷乙炔被氢还原为乙烯（式 4-46）。前驱体乙炔配合物是由两个一氧化碳配体还原双电子偶联形成的。这种 C—C 键的形成是由式 4-37c 所代表的腈的还原 C—C 偶联反应。还原性 C—C 偶联反应也可与［$Ⅳ(CO)_2(CNR)_4$］等腈配合物进行（式 4-47）[115c]。这里，两个还原当量的电子由金属中心提供。

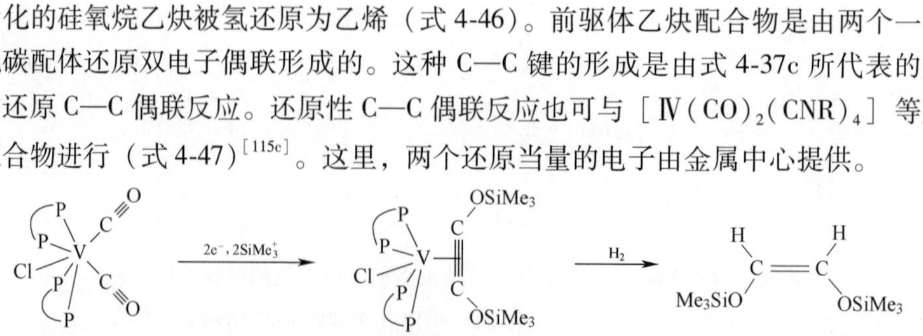

$2e^-, 2SiMe_3^+$　　H_2

（4-46）

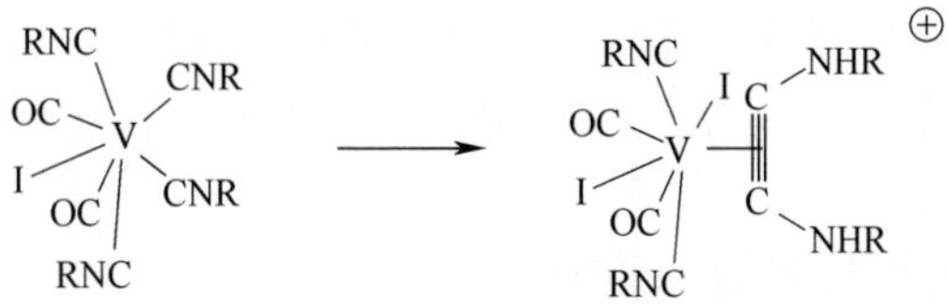

(4-47)

4.4.2　钒硝酸盐还原酶

特别是 Mo 和 V 固氮酶的平行存在，以及钒和钼大体上在元素周期表上的对角关系，表明钒也可以在其他钼基酶（即日益壮大的含钼蝶呤辅因子的钼蝶呤族）中替代钼。该族的一个重要成分是硝酸盐还原酶（辅因子如图 4-40 中的 66 所示），这是一种催化两电子硝酸盐还原成亚硝酸盐的酶，因此从反硝化开始时就具有活性（如图 4-26 所示）。图 4-40 还包含一个模型化合物 67[132]，该模型化合物是这种酶的假想钒辅因子，模拟二硫代烯酸配位。

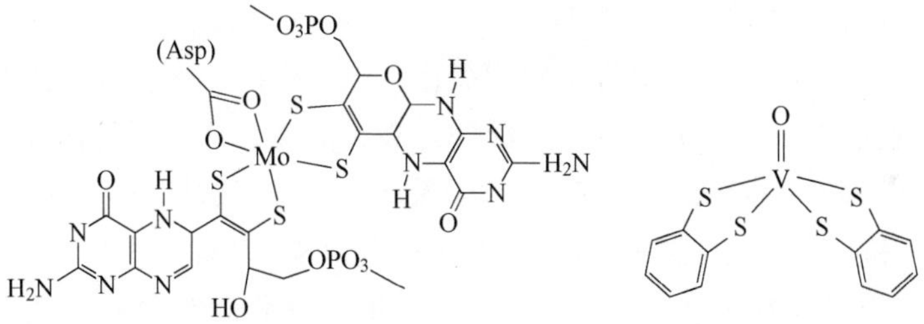

图 4-40　硝酸盐还原酶辅因子和假想钒辅因子

（大肠杆菌硝酸盐还原酶 A 钼蝶呤辅因子的氧化形式中的钼化学环境（66），
以及含有类似辅因子的含钒硝酸盐还原酶中钒核心的模型化合物（67））

从硝化还原硫代碱弧菌[133]和假单胞菌[134]中分离得到了两个具有部分特征的含钒、无钼硝酸盐还原酶。硝化还原硫代碱弧菌还原酶是一种兼性厌氧的嗜碱嗜盐菌，生活在强碱性湖中。其硝酸盐还原酶的分子量为 195kDa。

这一由四个亚基以及 C 型血红素辅因子组成的酶的钒铁比为 1∶3，且没有钼蝶呤辅因子，即钒与二硫烯部分不配位。该酶以硫代硫酸盐为电子供体，在厌氧或微氧条件下还原硝酸盐（以及其他底物如亚硝酸盐、溴酸盐和硒酸盐）。有趣的是，这种酶也在 H_2O_2、邻联茴香胺及卤代一氯二酮上表现出过氧化物酶和卤过氧化物酶的活性。

伊森氏疟原虫外周胞质中的含钒硝酸盐还原酶拥有 220kDa 的分子量（4 个亚基）。也没有蝶呤辅因子。在添加钒和硝酸盐的培养基中，钒首先被膜结合还原酶以 NADH 为电子供体还原，在硝酸盐耗尽后产生（钒的）异化还原作用。

尽管钒硝酸盐还原酶是否存在仍有待商榷，但目前已经明确细菌利用钒（Ⅴ）作为主要电子受体的能力，并且会在4.5节加以讨论。

4.5　钒和钒酸盐作为细菌的促进剂

如第1章所述，钒是一种比较稀有但普遍存在的元素，在海水中特别丰富，其浓度约为30nmol/L，为海洋中含量第二或最丰富的过渡金属。土壤中钒含量为3~310mg/kg。尽管钒（Ⅴ）很容易溶解，但钒的流动性很差。除此之外，在河水中，接近90%的钒存在于胶体组分中；溶解态钒（即钒酸盐或铁磷配体水溶性钒配合物）只有10%左右（见下文）。其在水中的低迁移率和低含量可能是由细菌活性，导致可溶性钒酸盐转化为不溶性氧钒氢氧化物（Ⅳ），然后通过地质成因学过程转化为钒矿物造成的。单晶石-钒（V^{IV}）氧化物和谢绿石（V^{IV}/V^{V}）（表1-1）等矿物都可能具有生物成因的矿物。

然而高等动植物在呼吸过程中使用氧作为电子受体，细菌和古细菌因可以使用多种可替代的电子受体而表现出广泛的呼吸灵活性，这些可替代的电子受体包括Fe^{3+}、Mn^{4+}和U^{6+}等高价金属离子，以及砷（Ⅴ）酸盐、硒（Ⅳ）酸盐、钼（Ⅶ）酸盐和钒（Ⅴ）酸盐等含氧阴离子。尽管啤酒酵母（*Saccharomyces cerivisiae*）具有代谢钒的能力[135]，过去二十年中细菌对钒酸盐的使用也有零星报道[136]，但对土壤细菌希瓦氏菌（*Shewanella oneidensis*）的系统研究才刚刚开始[137~139]。在表4-13中，列出了可以使用外源钒酸盐作为电子传递底物的细菌。还原作用可以是呼吸还原或者异化还原。在呼吸氧化还原过程中，电子流与质子易位耦合，从而导致三磷酸腺苷（ATP）的产生和生物体的生长。希瓦氏菌是兼性厌氧非发酵革兰氏阴性菌①，如果提供适合的生长条件，其属于呼吸还原范畴，否则属于异化还原。异化氧化还原作用在没有质子原动力产生的条件下进行。如副溶血性弧菌（*Vibrio parahaemolyticus*）就是一种能引起急性肠胃炎的钒酸盐还原菌。由于钒酸盐有可能通过干扰磷酸酶、激酶和核糖核酸酶对细胞代谢产生毒性作用（参见5.2.1节），所以抑制生长也可能是毒性作用的结果，而电子向钒酸盐的传递则可能是细菌解毒的一种手段。有趣的是，*Pseudomonas isanchenkovi* 是一种从被囊动物中分离出来的钒酸盐还原菌[136b]，这种海洋生物能从海水中吸收钒酸盐，并将钒酸盐还原为四价氧化钒，甚至是三价钒（参见4.1节）。

---

① 革兰氏阴性菌的外膜的脂多糖，使这些细菌对革兰氏染色具有“抗性”，与革兰氏阳性菌不同。

表 4-13 以钒酸盐作为电子传递主要底物的细菌

种 类	还原产物	电子供体	参考文献
假单胞菌属（*Pseudomonas*）钒还原菌；*Pseudomonas isanchenkovii*	V^{IV}、V^{III}、柱水钒钙矿矿物类	H_2、CO、糖类、有机酸	[136]
希瓦氏菌①（*Shewanella oneidensis* MR-1）	V^{IV}（可溶性的→粒状棕色沉淀）	乳酸盐、甲酸盐	[137]~[139]
副溶血性弧菌（*Vibrio parahaemolyticus*）	V^{IV}	甘油、甲酸盐	[137]
金属还原地杆菌（*Geobacter metallireducens*）	V^{IV}（可溶性的→绿色磷酸钒）	醋酸盐	[140]
深海热液喷口分离得到的菌株	V^{IV}、V^{III}	乳酸盐	[141]

① 下列菌株能还原钒酸盐：菌株 MR-1［来自纽约奥奈达湖（Lake Oneida，NY）］[137~139]，菌株 MR-4 和菌株 MR-8［黑海（Black Sea）］[139]，菌株 MR-30 和菌株 MR-42［密西根湖（Lake Michigan）］[139]。

延胡索酸盐预培养的希瓦氏菌细胞表现出明显的利用钒酸盐作为电子受体的能力。甲酸盐，特别是乳酸被用作电子源。在最佳条件下，每克细菌每小时还原约 16mmol/L 钒酸盐，生物量倍增时间为 10(±1)h[138]，绝对产率与可用 V^{V} 量成正比。值得注意的是，电子传递与质子易位是相互关联的；与 0.57 个 H^+ 用于还原三价铁离子及 1 个 H^+ 用于还原延胡索酸盐相比，每 2 个电子用于还原钒酸盐，就会有 0.62 个质子被释放。

用希瓦氏菌接种的含钒酸盐培养基由于形成钒氧根离子（VO^{2+}）而变成蓝色，并由于培养基成分或细菌排泄物而暂时稳定。经过一定时间，可形成一种主要由钒氢氧化物和希瓦氏菌克隆组成的粒状沉淀物（粒径>0.2μm）。这些结果表明，细胞外钒酸盐是由于与细胞外膜接触，进而被与外膜结合的钒酸盐还原酶还原的。通过透射电子显微镜（TEM）拍摄的图像（如图 4-41 所示）对钒进行可视化分析，表明钒也存在于周质空间中（如图 4-41a 所示），并且在有限的程度上，甚至在细胞质中（如图 4-41c 所示）形成液泡状夹杂物。细胞内钒含量可以反映钒（Ⅴ）酸盐还原为钒（Ⅳ）的细胞解毒作用。周质还原可以发生，如在周质还原酶作用下细菌还原三价铁离子的情况。然而，钒主要存在于细胞外空间中。图 4-42 中描述了电子转移路径的模型，外加质子的离解和 ATP 的形成，同时式 4-48 中的系列反应进一步表示了这几个反应步骤。电子可以通过胞浆乳酸盐等（如式 4-48a 所示）传递，并由与内膜（细胞溶质）相关的甲萘醌（MQ）①（如式 4-48b 所示）摄取。负责还原底物递送电子的和还原甲萘醌的酶（例如乳酸脱氢酶），有助于质子梯度的产生。甲萘醌的再氧化是通过四氢血红

① 甲基萘醌是 3-甲基萘醌，在 2 位具有聚异戊二烯链。

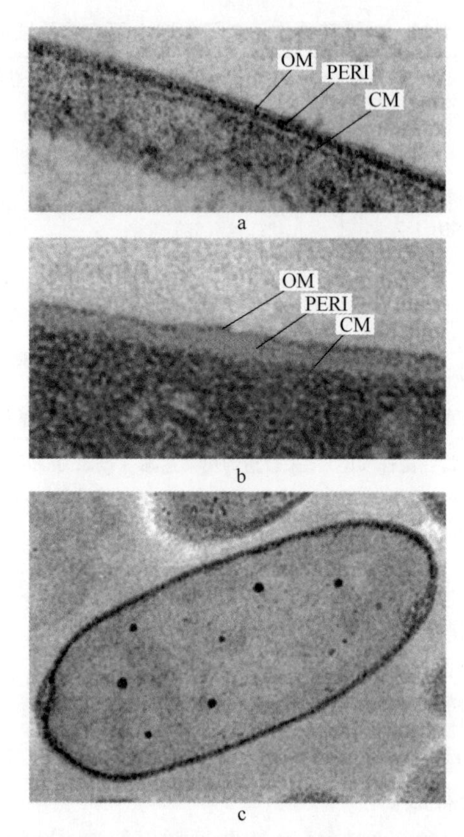

图 4-41 以钒（V）酸盐和延胡索酸盐作为电子受体的希瓦氏菌的透射电镜图（TEM）
（a（放大 50000 倍）和 c（放大 20000 倍）显示钒在膜区（a 中周质里的黑色区域）
和胞内钒（c 中的黑点）的存在。缩写：OM 为外膜，CM 为内膜，PERI 为周质空间。
由比利时根特大学 Wesley Carpentier 提供）
a，c—钒（V）酸盐；b—延胡索酸盐

素 C 型细胞色素① CymA（如式 4-48c 所示）实现的，这种物质也位于细胞质膜中。当质子被输送回细胞质时，ATP 就形成了（如式 4-48d 所示）。钒酸盐中的电子横跨周质空间的通道尚未被详细阐明。一种可能性是通过由细胞色素组成的梭状周质系统（如式 4-48e 所示），或多重血红素系统生成了周质空间，比如用于还原 Fe^{3+} 的十聚物 MtrA。不管怎样，电子最终被细胞色素 MtrC 获取，这种细胞色素暴露在外膜的外部部位，因此它可能是终端钒酸盐还原酶（如式 4-48f 所示）[139]。缺乏这种细胞色素的希瓦氏菌突变体不能还原钒酸盐。MtrC 是另一种十聚物细胞色素 C 型血红素。

① c-型细胞色素的特征包括轴向组氨酸、轴向蛋氨酸（均与铁中心配位）和蛋白质的卟啉和半胱氨酸功能之间的两个硫醚键。

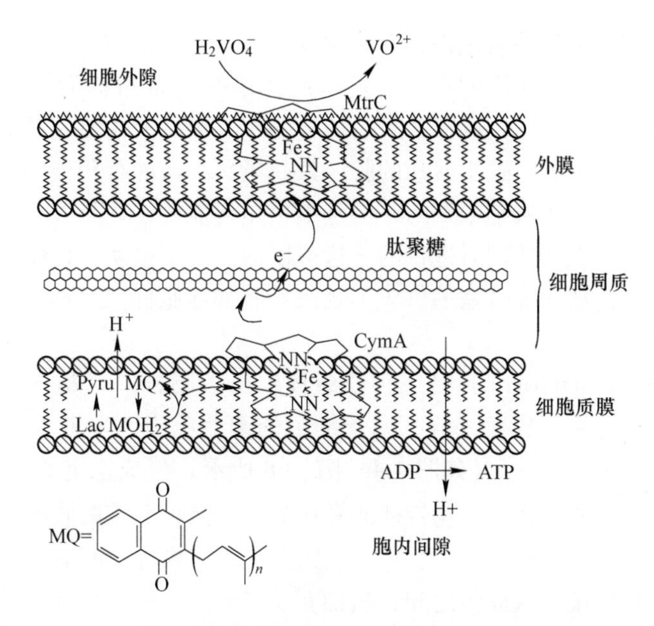

图 4-42 革兰氏阴性菌细胞膜（以乳酸为主要给电子体）
的电子传递途径以及 H^+ 的迁移和 ATP 的合成

（根据参考文献 137 简化而来。MQ 和 MQH_2 分别是甲基萘醌和对苯二酚；CymA 是一种四聚体，MtrC 是一种十聚物 C 型细胞色素血红素蛋白，见正文和式 4-48。肽聚糖（或者胞壁质）是由乙酰己糖和寡肽组成的嵌段共聚物，在细胞膜中起着结构作用）

$$\text{乳酸盐} \longrightarrow \text{丙酮酸盐} + 2H^+ + 2e^- \quad (4\text{-}48a)$$

$$MQ + 2H^+ + 2e^- \longrightarrow MQH_2 \quad (4\text{-}48b)$$

$$2MQH_2 + CymA(Fe^{3+}) \longrightarrow 2MQ + CymA(Fe^{2+}) + 4H^+ \quad (4\text{-}48c)$$

$$ADP + P_i + H^+(peri) \longrightarrow ATP + H^+(cyt) \quad (4\text{-}48d)$$

$$\{CymA(Fe^{2+}) \rightarrow CymA(Fe^{3+})\} + e^- \rightarrow \rightarrow \rightarrow \{MtrC(Fe^{3+}) \rightarrow MtrC(Fe^{2+})\} \quad (4\text{-}48e)$$

$$MtrC(Fe^{2+}) + [H_2VO_4]^- + 4H^+ \longrightarrow MtrC(Fe^{3+}) + VO_2{}^+ + 3H_2O \quad (4\text{-}48f)$$

细菌还原钒酸盐的潜在应用是地下水的解毒，包括含有受采矿活动影响的高钒酸盐浓度的区域。金属还原地杆菌（*Geobacter metallireducens*）是一种能够在高氧化状态下还原金属的细菌，它存在于各种地下环境中，并且能够在实验室通过醋酸酯作为电子递送源的呼吸还原作用有效地将浓度高达 5mmol/L 的钒（Ⅴ）酸盐转化为氧钒基[140]。在现场实验中，在含浓度高达 50mmol/L 的钒酸盐的地下水中注入醋酸酯，可刺激地杆菌还原钒酸盐，可以在几天之内完全去除钒酸盐。

通过细菌活动矿化钒（Ⅳ）氧化物/氢氧化物产生的沉淀本质上与微生物活化矿物钒相反。大多数需氧菌和厌氧菌合成和排出低分子量配体的能力是众所周

知的，它们能够从不溶性氧化铁和氢氧化铁沉积物中活化铁（Ⅲ），从而在有氧和生理 pH 值条件下保证铁的供应。这些配体系统通常被称为铁载体［希腊语“铁载体（iron carrier）”］，最有名的是基于由环三丝氨酸内酯及铁氧胺和高铁色素的羟肟基系统衍生的三碳胆酸盐的肠溶素。虽然细菌能否积极利用铁载体从钒的不溶性沉积物中活化钒是未知的，但基本上是可能的，并且在任何情况下，钒的活化都可能是与铁活化同时进行的。这可以通过以下事实来证明，钒氧根可能通过竞争铁载体，从而导致铁的供应不足来抑制如绿脓杆菌（*Pseudomonas aeruginosa*）的生长。

肠杆菌素（Enterobactin）是一种铁载体，由大肠杆菌（*Escherichia coli*）等肠原细菌产生，与希瓦氏菌一样，属于细菌的革兰氏阴性 γ 亚群。钒（Ⅳ）与肠菌素 H_6ent、$[V(ent)]^{2-}$（如图 4-43 中的 68 所示）形成稳定的阴离子复合物，其结构特征与 Fe^{3+} 复合物的结构特征非常相似。与其他儿茶酚胺配合物一样（参见 2.3.2.2 节和 4.1.2 节），钒失去其典型的氧基，并与六酚氧基配位。配位几何结构介于三角棱镜和八面体之间，扭曲角为 28°。三丝氨酸骨架的形成加强了 Δ 手性（如图 2-26 所示）。该复合物的另一个重要特征是酰胺质子与邻位儿茶酚氧之间的氢键网络，同时，V^{4+} 与儿茶酚酸盐的核心配位，这为拟球形的外层亲

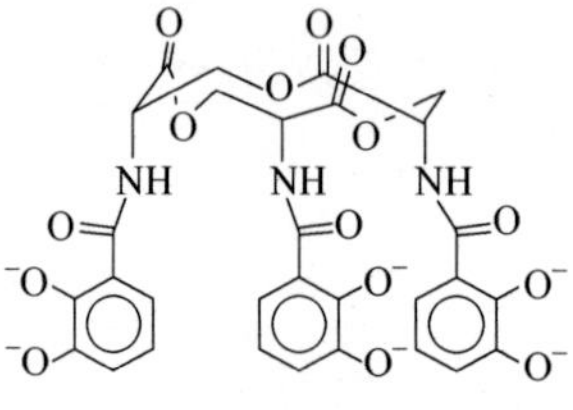

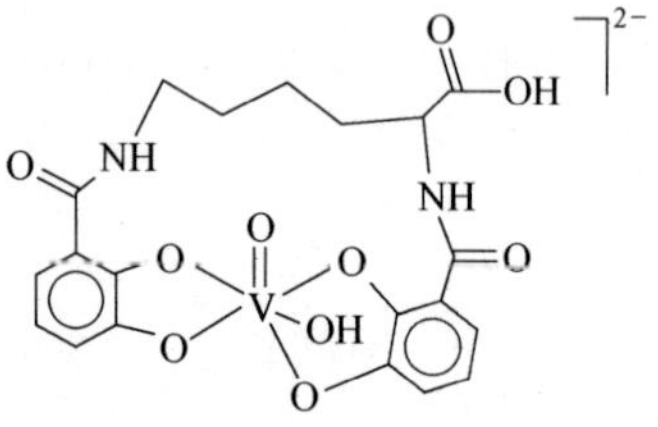

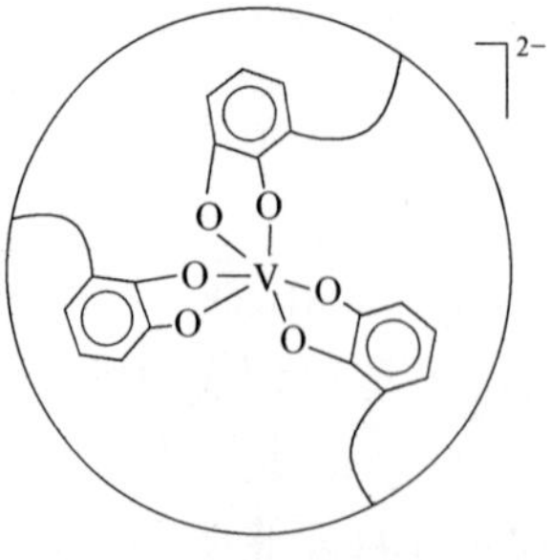

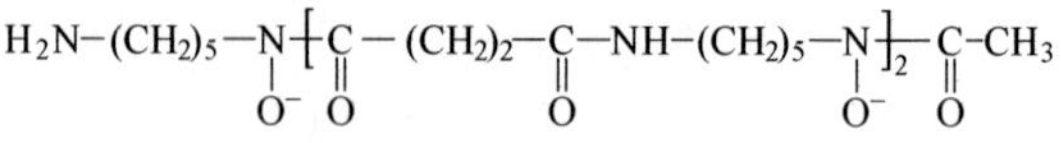

图 4-43 “钒载体”（钒携带者）和（模型）配合物

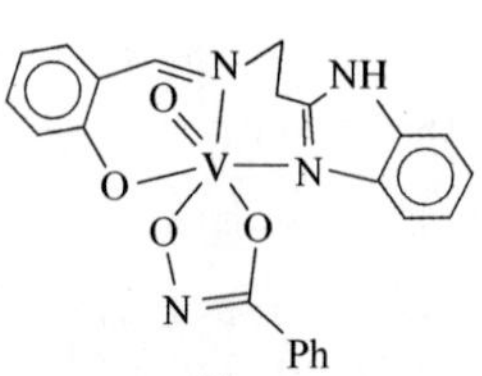

（68a 为铁载体肠杆菌素的六价阴离子；68b 为非氧钒（Ⅳ）配合物的结构特征[142]，其周围环状三丝氨酸内酯由包围圈表征；69 为偶氮螯合钒氧配合物的结构（由棕色固氮菌产生的铁载体），改编自相应的二氧钼配合物[143]；70 为铁载体去铁胺 B 的三阴离子形态；71 为其配合物[144]，以苯氧肟酸为配体，模拟基于异羟肟酸的铁载体的配位作用）

水的金属负载铁载体提供必要的刚性，使其能够利用水进行迁移。

偶氮螯合素 H_4azc 是一种具有赖氨酸骨架的双儿茶酚酸酯。它是由土壤固氮菌棕色固氮菌（*Azotobacter vinelandii*）生物合成的，并与钒（Ⅴ）形成牢固的配合物 $[VO(OH)(azc)]^{2-}$（如图 4-43 中的 69 所示）①[143]。该配合物的稳定性（在 pH 值为 6.6 时表观稳定常数 $K=6.3\times10^8$）介于二氧钼（Ⅵ）和钨（Ⅵ）配合物之间。棕色固氮菌能够表达钒固氮酶（见 4.4 节），而偶氮螯合素可以充当钒配体，向这种固氮生物体提供钒。

钒很容易与类似铁载体中的官能团去铁胺（70）类似的氧肟酸盐形成配合物。图 4-43 中的模型配合物 71 揭示了羟基肟基的配位模式，钒通过两个含氧官能团，与一种由水杨醛和氨基乙基苯并咪唑衍生的希夫碱及苯氧肟酸结合[144]。在 0.1mol/L $HClO_4$ 溶液中 1∶1 的钒和去铁胺的配合物的形成常数为 3×10^6，这相当于在强酸性介质中相应铁（Ⅲ）配合物的稳定性[145]。

参考文献

[1] M. Henze, Z. Physiol. Chem. 1911, 72, 494-501.

[2] H. Michibata, N. Yamaguchi, T. Uyama and T. Ueki, Coord. Chem. Rev. 2003, 237, 41-51.

[3] (a) L. S. Botte, S. Scippa, M. de Vincentiis, Experientia 1979, 35, 1228-1230; (b) S. Scippa, K. Zierold, M. de Vincentiis, J. Submicrosc. Cytol. Pathol. 1988, 20, 719-730.

[4] (a) I. G. Macara and G. C. McLeod, Comp. Biochem. Physiol. 1979, 62A, 821-826; (b) D. Baldwin, M. McCabe and F. Thomas, Comp. Biochem. Physiol. 1984, 79A, 479-482.

[5] L. Califano and P. Caselli, Pubbl. Staz. Zool. Napoli 1947, 21, 235-271.

[6] (a) M. Henze, Z. Physiol. Chem. 1932, 213, 125; (b) L. Califano and E. Boeri, J. Exp. Biol. 1950, 27, 253-256.

[7] M. J. Smith, Experientia 1989, 45, 452-457.

[8] D. A. Webb, J. Exp. Biol. 1939, 16, 499-523.

[9] (a) E. Bayer, G. Schiefer, D. Waidelich, S. Scippa and M. de Vincentiis, Angew. Chem. Int. Ed. Engl. 1992, 31, 52-54; (b) D. L. Parry, S. G. Brand and K. Kustin, Bull. Mar. Sci. 1992, 50, 302-306.

[10] H. J. Bielig and E. Bayer, Liebigs Ann. Chem. 1953, 580, 135-158.

[11] (a) S. Lee, K. Kustin, W. E. Robinson, R. B. Frankel and K. Spartalian, J. Inorg. Biochem. 1988, 35, 183-192; (b) R. M. K. Carlson, Proc. Natl. Acad. Sci. USA 1975, 72, 2217-2221.

[12] (a) P. Frank and K. O. Hodgson, Inorg. Chem. 2000, 39, 6018-6027; (b) P. Frank, R. M.

① 参考文献［143］没有提供偶氮茶碱配合物——钒酸盐配合物 69 的结构式。这里的公式是基于结构类似物 $[MoO_2(azc)]^{2-}$ 提出的（反荷离子：K^+）。

K. Carlson, E. J. Carlson and K. O. Hodgson, Coord. Chem. Rev. 2003, 237, 31-39; (c) P. Frank, E. J. Carlson, R. M. K. Carlson, B. Hedman and K. O. Hodgson, in: Vanadium the Versatile Metal (K. Kustin, J. Costa Pessoa and D. C. Crans, Eds), ACS Symposium Series, Vol. 974, American Chemical Society, Washington, DC, 2007, 281-295. See also: DOI: 10-1016/j. jinorgbio. 2007. 12. 001.

[13] P. Frank, B. Hedman and K. O. Hodgson, Inorg. Chem. 1999, 38, 260-270.

[14] (a) A. L. Dingley, K. Kustin, I. G. Macara, G. C. McLeod, Biochim. Biophys. Acta 1981, 649, 493-502; (b) H. J. Bielig, E. Jost, K. Pfleger, W. Rummel and E. Seifen, Z. Physiol. Chem. 1961, 325, 122-131.

[15] D. E. Ryan, N. D. Ghatlia, A. E. McDermott, N. J. Turro and K. Nakanishi, J. Am. Chem. Soc. 1992, 114, 9659-9660.

[16] N. Yamaguchi, Y. Amakawa, H. Yamada, T. Ueki and H. Michibata, Zool. Sci. 2006, 23, 909-915.

[17] T. Hamada, M. Asanuma, T. Ueki, F. Hayashi, N. Kobayashi, S. Yokoyama, H. Michibata and H. Hirota, J. Am. Chem. Soc. 2005, 127, 4216-4222.

[18] K. Fukui, T. Ueki, H. Ohya and H. Michibata, J. Am. Chem. Soc. 2003, 125, 6352-6353.

[19] M. Yoshinaga, T. Ueki, N. Yamaguchi, K. Kamino and H. Michibata, Biochim. Biophys. Acta. 2006, 1760, 495-503.

[20] (a) T. Ishii, I. Nakai, C. Numaco and T. Otake, Naturwissenschaften 1993, 80, 268-270; (b) T. Ishii, T. Otake, K. Okoshi, M. Nakahara and R. Nakamura, Mar. Biol. 1994, 121, 143-151; (c) T. Ishii, in: Vanadium in the Environment, Part 1: Chemistry and Biochemistry (J. O. Nriagu, Ed.), John Wiley & Sons, Inc., New York, 1998, vol. 23, Ch. 9.

[21] C. L. Simpson and C. G. Pierpont, Inorg. Chem. 1992, 31, 4308-4313.

[22] B. Baruah, S. Das and A. Chakravorty, Inorg. Chem. 2002, 41, 4502-4508.

[23] P. Buglyó, A. Dessi, T. Kiss, G. Micera and D. Sanna, J. Chem. Soc., Dalton Trans. 1993, 2057-2063.

[24] D. C. Crans, J. J. Smee, E. Gaidamauskas and L. Yang, Chem. Rev. 2004, 104, 849-902.

[25] R. Meier, M. Boddin, S. Mitzenheim and K. Kanamori, in: Metal Ions in Biological Systems (H. Sigel and A. Sigel, Eds), Marcel Dekker, New York, 1995, Ch. 2.

[26] S. Ghosh and M. Mukherjee, Acta Crystallogr., Sect. C 1994, 50, 1204-1207.

[27] M. R. Maurya, A. Kumar, M. Ebel and D. Rehder, Inorg. Chem. 2006, 45, 5924-5937.

[28] R. E. Berry, E. M. Armstrong, R. L. Beddoes, D. Collison, S. N. Ertok, M. Halliwell and C. D. Garner, Angew. Chem. Int. Ed. Engl. 1999, 38, 795-798.

[29] H. Ter Meulen, Rece. Trav. Chim. Pays-Bas 1931, 50, 491-504.

[30] (a) E. Bayer and H. Kneifel, Z. Naturforsch., Teil B 1972, 27, 207; (b) H. Kneifel and E. Bayer, Angew. Chem. Int. Ed. Engl. 1973, 12, 508; (c) P. Krauss, E. Bayer and H. Kneifel, Z. Naturforsch., Teil B 1984, 39b, 829-832.

[31] H. U. Meisch, J. A. Schmitt and W. Reinle, Z. Naturforsch., Teil C 1978, 33, 1-6.

[32] E. Bayer, E. Koch, G. Anderegg, Angew. Chem. Int. Ed. Engl. 1987, 26, 545-547.

[33] M. A. A. F. de C. T. Carrondo, M. T. N. L. S. Duarte, J. Costa Pessoa, J. A. L. Silva, J. J. R. Fraústo da Silva, M. C. T. A. Vaz and L. F. Vilas-Boas, J. Chem. Soc., Chem. Commun. 1988, 1158.

[34] (a) E. M. Armstrong, D. Collison, R. J. Deeth and C. D. Garner, J. Chem. Soc, Dalton Trans. 1995, 191-195;(b) E. M. Armstrong, R. L. Beddoes, L. J. Calviou, J. M. Charnock, D. Collison, N. Ertok, J. N. Naismith and C. D. Garner, J. Am. Chem. Soc. 1993, 115, 807-808.

[35] M. A. Nawi and T. L. Riechel, Inorg. Chim. Acta 1987, 136, 33-39.

[36] J. Lenhardt, B. Baruah, D. C. Crans and M. D. Johnson, Chem. Commun. 2006, 4641-4643.

[37] (a) T. Hubregtse, E. Neeleman, T. Maschmeyer, R. A. Sheldon, U. Hanefeld and I. W. C. E. Arends, J. Inorg. Biochem. 2005, 99, 1264-1267; (b) T. Hubregtse, U. Hanefeld and I. W. C. E. Arends, Eur. J. Org. Chem. 2007, 2413-2422.

[38] (a) J. J. R. Fraústo da Silva, Chem. Spec. Bioavail. 1989, 1, 139-150; (b) P. M. Reis, J. A. L. Silva, J. J. R. Fraústo da Silva and A. J. L. Pombeiro, Chem. Commun. 2000, 1845-1846.

[39] (a) P. M. Reis, J. A. L. Silva, A. F. Palavra, J. J. R. Fraústo da Silva, T. Kitamura, Y. Fujiwara and A. J. L. Pombeiro, Angew. Chem. Int. Ed. 2003, 42, 821-823; (b) P. M. Reis, J. A. L. Silva, A. F. Palava and J. J. R. Fraústo da Silva, J. Catal. 2005, 235, 333-340.

[40] M. F. C. Guedes da Silva, J. A. L. da Sila, J. J. R. Fraústo da Silva, A. J. L. Pombeiro, C. Amatore and J. N. Verpeaux, J. Am. Chem. Soc. 1996, 118, 7568-7573.

[41] (a) K. Kanamori, K. Kusajima, H. Yachi, H. Suzuki, Y. Miyashita and K. I. Okamoto, Bull. Chem. Soc. Jpn. 2007, 80, 324-328; (b) E. Ludwig, H. Hefele, E. Uhlemann and F. Weller, Z. Anorg. Allg. Chem. 1995, 621, 23-28; (c) T. K. Paine, T. Weyhermüller, E. Bill, E. Bothe and P. Chauduri, Eur. J. Inorg. Chem. 2003, 4299-4307.

[42] S. J. Angus-Dunge, P. C. Paul and A. S. Tracey, Can. J. Chem., 1997, 75, 1002-1010.

[43] L. Saussine, H. Mimoun, A. Mitschler and J. Fisher, New. J. Chem. 1980, 4, 235-237.

[44] K. Wieghardt, U. Quilitzsch, B. Nuber and J. Weiss, Angew. Chem. Int. Ed. Engl. 1978, 17, 351-352.

[45] A. D. Keramidas, S. M. Miller, O. P. Anderson and D. C. Crans, J. Am. Chem. Soc. 1997, 119, 8901-8915.

[46] (a) H. Vilter, K. W. Glombitza and A. Grawe, Bot. Mar. 1983, 26, 331-340; (b) H. Vilter, Phytochemistry 1984, 23, 1387-1390; (c) P. Jordan and H. Vilter, Biochim. Biophys. Acta 1991, 1073, 98-106.

[47] (a) G. E. Krenn, Academisch Proefschrift (PhD thesis), Free University of Amsterdam, 1989; (b) D. R. Morris and L. P. Hager, J. Biol. Chem. 1966, 241, 1763-1768.

[48] (a) J. W. P. M. Van Schijndel, E. G. M. Vollenbroek and R. Wever, Biochim. Biophys. Acta 1993, 1161, 249-256; (b) N. Bar-Nun, S. Shcolnick and A. M. Mayer, FEMS Microbiol. Lett. 2002, 217, 121-124.

[49] H. Plat, B. E. Krenn and R. Wever, Biochem. J. 1987, 248, 277-279.

[50] A. Butler, Coord. Chem. Rev. 1999, 187, 17-35.

[51] (a) R. Wever, M. C. M. Tromp, B. E. Krenn, A. Marjani and M. Van Tol, Environ. Sci. Tech-

nol. 1991, 25, 446-449; (b) N. Itoh and M. Shinya, Mar. Chem. 1994, 45, 95-103.
[52] J. V. Walker and A. Butler, Inorg. Chim. Acta 1996, 243, 201-206.
[53] (a) S. Macedo-Ribeiro, W. Hemrika, R. Renirie, R. Wever and A. Messerschmidt, J. Biol. Inorg. Chem. 1999, 4, 209-219; (b) Z. Hasan, R. Renirie, R. Kerkman, H. J. Ruijssenaars, A. F. Hartog and R. Wever, J. Biol. Chem. 2006, 281, 9738-9744.
[54] M. Weyand, H, J. Hecht , M. Kiess, M. F. Liaud, H. Vilter and D. Schomburg, J. Mol. Biol. 1999, 293, 595-611.
[55] (a) A. Messerschmidt and R. Wever, Inorg. Chim. Acta 1998, 273, 160-166; (b) S. Macedo-Ribeiro, W. Hemrika, R. Renirie, R. Wever and A. Messerschmidt, J. Biol. Inorg. Chem 1999, 4, 209-219; (c) A. Messerschmidt and R. Wever, Proc. Natl. Acad. Sci. USA 1996, 93, 392-396; (d) A. Messerschmidt, L. Prade and R. Wever, Biol. Chem. 1997, 378, 209-315.
[56] (a) M. N. Isupov, A. R. Dalby, A. A. Brindley, Y. Izumi, T. Tanabe, G. N. Murshudov and J. A. Littlechild, J. Mol. Biol. 2000, 299, 1035-1049; (b) J. A. Littlechild and E. Garcia- Rodriguez, Coord. Chem. Rev. 2003, 237, 65-76.
[57] (a) H. Dau, J. Dittmer, M. Epple, J. Hanss, E. Kiss, D. Rehder, C. Schulzke and H. Vilter, FEBS Lett. 1999, 457, 237-240. (b) U. Christmann, H. Dau, M. Haumann, E. Kiss, P. Liebisch, D. Rehder, G. Santoni and C. Schulzke, Dalton Trans. 2004, 2534-2540.
[58] J. M. Arber, E. de Boer, C. D. Garner, S. S. Hasnain and R. Wever, Biochemistry 1989, 28, 7968-7973.
[59] (a) E. de Boer, K. Boon and R. Wever, Biochemistry 1988, 27, 1629-1635; (b) E. de Boer, C. P. Keijzers, A. A. K. Klaaseen, E. J. Reijerse, D. Collison, C. D. Garner and R. Wever, FEBS Lett. 1988, 235, 93-97; (c) K. Fukui, H. Ohya-Nishiguchi and H. Kamada, Inorg. Chem. 1998, 37, 2326-2327.
[60] N. Pooransingh-Margolis, R. Renirie, Z. Hasan, R. Wever, A. J. Vega and T. Polenova, J. Am. Chem. Soc. 2006, 128, 5190-5208.
[61] D. Rehder, M. Časný and R. Grosse, Magn. Reson. Chem. 2004, 42, 745-749.
[62] G. Zampella, P. Fantucci, V. L. Pecoraro and L. De Gioia, J. Am. Chem. Soc. 2005, 127, 953-960.
[63] (a) O. Bortolini, M. Carraro, V. Conte and S. Moro, Eur. J. Inorg. Chem. 2003, 42-46; (b) V. Conte, F. di Furia and G. M. Licini, Appl. Catal. 1997, 157, 335-361; (c) V. Conte, di Furia and S. Moro, J. Phys. Org. Chem. 1996, 9, 329-336.
[64] (a) M. A. Andersson and S. G. Allenmark, Tetrahedron 1998, 54, 15293-15304; (b) M. A. Andersson, A. Willetts and S. Allenmark, J. Org. Chem. 1997, 62, 8455-8458; (c) H. B. ten Brink, H. E. Schoemaker and R. Wever, Eur. J. Biochem. 2001, 268, 132-138.
[65] (a) J. N. Carter-Franklin, J. D. Parrish, R. A. Tschirret-Guth, R. D. Little and A. Butler, J. Am. Chem. Soc. 2003, 125, 3688-3689; (b) J. S. Martinez, G. L. Carroll, R. A. Tschirret-Guth, Altenhoff, R. D. Little and A. Butler, J. Am. Chem. Soc. 2001, 123, 3289-3294.
[66] Y. Zhang and R. H. Holm, Inorg. Chem. 1990, 29, 911-917.

[67] B. J. Hamstra, G. J. Colpas and V. L. Pecoraro, Inorg. Chem. 1998, 37, 949-955.

[68] R. I. de la Rosa, M. J. Clague and A. Butler, J. Am. Chem. Soc. 1992, 114, 760-761.

[69] G. B. Schul' pin and E. R. Lachter, J. Mol. Catal. A, 2003, 197, 65-71.

[70] (a) M. R. Maurya, A. Kumar, M. Ebel and D. Rehder, Inorg. Chem. 2006, 45, 5924-5937; (b) G. Santoni and D. Rehder, J. Inorg. Biochem. 2004, 98, 758-764; (c) C. R. Cornman, J. Kampf, M. Soo Lah and V. L. Pecoraro, Inorg. Chem. 1992, 31, 2035-2043.

[71] J. Tatiersky, P. Schwendt, A. Sivák and J. Marek, Dalton Trans. 2005, 2305-2311.

[72] M. Časný and D. Rehder, Dalton Trans. 2004, 839-846.

[73] R. E. Drew and E. W. B. Einstein, Inorg. Chem. 1973, 12, 829-835.

[74] C. Dordjevic and S. A. Craig, Inorg. Chem. 1985, 24, 1281-1283.

[75] H. Mimoun, L. Saussine, E. Daire, M. Postel, J. Fischer and R. Weiss, J. Am. Chem. Soc. 1983, 105, 3101-3110.

[76] D. C. Crans, A. D. Keramidas, H. Hoover-Litty, O. P. Anderson, M. M. Miller, L. M. Lemoine, S. Pleasic-Williams, M. Vandenberg, A. J. Rossomando and L. J. Sweet, J. Am. Chem. Soc. 1997, 119, 5447-5448.

[77] M. Vennat, J. M. Brégeault and P. Herson, Dalton Trans. 2004, 908-913.

[78] H. Schmidt, I. Andersson, D. Rehder and L. Pettersson, Chem. Eur. J. 2001, 251-257.

[79] H. Mimoun, P. Chaumette, M. Mignard, L. Saussine, J. Fischer and R. Weiss, Nouv. J. Chim. 1983, 7, 467-475.

[80] C. Wikete, P. Wu, G. Zampella, L. deGioia, G. Licini and D. Rehder, Inorg. Chem. 2007, 46, 196-207.

[81] S. Groysman, I. Goldberg, Z. Goldschmidt and M. Kol, Inorg. Chem. 2005, 44, 5073-5080.

[82] W. R. Browne, A. G. J. Ligtenbarg, J. W. de Boer, T. A. van den Berg, M. Lutz, A. L. Spek, F. Hartl, R. Hage and B. L. Feringa, Inorg. Chem. 2006, 45, 2903-2916.

[83] T. Moriuchi, M. Nishiyama, T. Beppu, T. Hirao and D. Rehder, Bull. Chem. Soc. Jpn. 2007, 80, 957-959.

[84] M. Greb, J. Hartung, F. Köhler, K. Špehar, R. Kluge and R. Csuk, Eur. J. Org. Chem. 2004, 3799-3812.

[85] H. Glas, E. Herdtweck, G. R. J. Artus and W. R. Thiel, Inorg. Chem. 1998, 37, 3644-3646.

[86] (a) G. J. Colpas, B. J. Hamstra, J. W. Kampf and V. L. Pecoraro, J. Am. Chem. Soc. 1996, 118, 3469-3478; (b) T. S. Smith, Ⅱ, and V. L. Pecoraro, Inorg. Chem. 2002, 41, 6754-6760.

[87] K. P. Bryliakov, E. P. Talsi, T. Kühn and C. Bolm, New. J. Chem. 2003, 27, 609-614.

[88] P. Wu, G. Santoni, C. Wikete and D. Rehder, in: Vanadium the Versatile Metal (K. Kustin, J. Costa Pessoa and D. C. Crans, Eds.), ACS Symposium Series, Vol. 974, American Chemical Society, Washington, DC, 2007, 61-69.

[89] C. Ohta, H. Shimizu, A. Kondo and T. Katsuki, Synlett. 2002, 161-163.

[90] G. Liu, D. A. Cogan and J. A. Ellman, J. Am. Chem. Soc. 1997, 119, 9913-9914.

[91] C. Bolm and F. Bienewald, Angew. Chem. Int. Ed. Engl. 1995, 34, 2883-2885.

[92] D. Balcells, F. Maseras and A. Lledós, J. Org. Chem. 2003, 68, 4265-4274.

[93] X. Zhang, M. Meuwly and W. D. Woggon, J. Inorg. Biochem. 2004, 98, 1967-1970.

[94] (a) V. Vergopoulos, W. Priebsch, M. Fritzsche and D. Rehder, Inorg. Chem. 1993, 32, 1844-1849; (b) C. Grüning, H. Schmidt and D. Rehder, Inorg. Chem. Commun. 1999, 2, 57-59.

[95] M. Časný and D. Rehder, Chem. Commun. 2001, 921-922.

[96] C. Kimblin, X. Bu and A. Butler, Inorg. Chem. 2002, 41, 161-163.

[97] S. Nica, A. Pohlmann and W. Plass, Eur. J. Inorg. Chem. 2005, 2032-2036.

[98] (a) H. Bortels, Zentralbl. Bakteriol. Parasitenkd. Infektionskr. 1933, 87, 476-477; (b) H. Bortels, Zentralbl. Bakteriol. Parasitenkd. Infektionskr. 1936, 95, 193-217.

[99] C. K. Horner, D. Burk, F. E. Allison and M. S. Sherman, J. Agric. Res. 1942, 65, 173-192.

[100] H. L. Jensen and D. Spencer, Proc. Linnean Soc. N. S. W. 1947, 72, 73-87.

[101] (a) R. L. Robson, R. R. Eady, T. H. Richardson, R. W. Miller, M. Hawkins and J. R. Postgate, Nature 1986, 322, 388-390; (b) R. Cammack, Nature 1986, 322, 312.

[102] (a) R. N. Pau, in: Biology and Biochemistry of Nitrogen Fixation (M. J. Dilworth and R. Glenn, Eds), Elsevier, Amsterdam, 1991, Ch. 3; (b) R. R. Eady, Coord. Chem. Rev. 2003, 237, 23-30.

[103] R. L. Robson, P. R. Woodley, R. N. Pau and R. R. Eady, EMBO J. 1989, 8, 1217-1224.

[104] (a) C. Z. Blanchard and B. J. Hales, Biochemistry 1996, 35, 472-478; (b) R. C. Tittsworth and B. J. Hales, Biochemistry 1996, 35, 479-487.

[105] G. Boison, C. Steingen, L. J. Stal and H. Bothe, Arch. Microbiol. 2006, 186, 367-376.

[106] (a) J. M. Arber, B. R. Dobson, R. R. Eady, P. Stevens, S. S. Hasnain, C. D. Garner and E. Smith, Nature 1987, 325, 372-374; (b) J. Chen, J. Christiansen, R. C. Tittsworth, B. J. Hales, S. J. George, D. Coucouvanis and S. P. Cramer, J. Am. Chem. Soc. 1993, 115, 5509-5515.

[107] B. J. Hales, A. E. True and B. M. Hoffman, J. Am. Chem. Soc. 1989, 111, 8519-8520.

[108] J. E. Morningstar, M. K. Johnson, E. E. Case and B. J. Hales, Biochemistry 1987, 26, 1795-1800.

[109] N. Ravi, V. Moore, S. G. Lloyd, B. J. Hales and B. H. Huynh, J. Biol. Chem. 1994, 269, 20920-20924.

[110] M. J. Dilworth and R. R. Eady, Biochem. J. 1991, 277, 465-468.

[111] K. Fisher, M. J. Dilworth and W. E. Newton, Biochemistry 2006, 45, 4190-4198.

[112] W. Plass, J. Mol. Struct. (Theochem) 1994, 121, 53-62.

[113] (a) F. Studt, T. Tuczek, Angew. Chem. Int. Ed. 2005, 44, 5639-5642; (b) F. Neese, Angew. Chem. Int. Ed. 2006, 45, 196-199.

[114] D. V. Yandulov and R. R. Schrock, Inorg. Chem. 2005, 44, 1103-1117.

[115] Y. Gao and Y. Zhou, Huaxue Tongbao 2007, 70, 270-276; (b) Z. Janas and P. Sobota, Coord. Chem. Rev. 2005, 249, 2144-2155; (c) D. Rehder, J. Inorg. Biochem. 2000, 80, 133-136.

[116] N. C. Smythe, R. R. Schrock, P. Müller and W. Weare, Inorg. Chem. 2006, 45, 9197-9205.

[117] S. C. Davies, D. L. Hughes, Z. Janas, L. B. Jerzykiewicz, R. L. Richards, J. R. Sanders, J. E. Silverston and P. Sobota, Inorg. Chem. 2000, 39, 3485-3498.

[118] (a) W. G. Chu, C. C. Wu and H. F. Hsu, Inorg. Chem. 2006, 45, 3164-3166; (b) H. F. Hsu, W. C. Chu, C. H. Hung and J. H. Liao, Inorg. Chem. 2003, 42, 7369-7371.

[119] Z. Janas and P. Sobota, Coord. Chem. Rev. 2005, 249, 2144-2155.

[120] (a) C. Woitha and D. Rehder, Angew. Chem. Int. Ed. Engl. 1990, 29, 1438-1440; (b) H. Gailus, C. Woitha and D. Rehder, Dalton Trans. 1994, 3471-3477.

[121] I. Vidyaratne, S. Gambarotta and I. Korobkov, Inorg. Chem. 2005, 44, 1187-1189.

[122] R. Ferguson, E. Solari, C. Floriani, D. Osella, M. Ravera, N. Re, A. Chiesi-Villa and C. Rizzoli, J. Am. Chem. Soc. 1997, 119, 10104-10115.

[123] (a) J. J. H. Edema, A. Meetsma and S. Gambarotta, J. Am. Chem. Soc. 1989, 111, 6878-6880; (b) G. J. Leigh, R. Prieto-Alcón and J. R. Sanders, Chem. Commun. 1991, 921-922.

[124] B. Hessen, G. Liu, A. Batinas and A. Meetsma, personal communication; see also: Abstracts of Papers, 232nd ACS National Meeting, San Francisco, CA, 2006.

[125] S. Hao, P. Berno, R. K. Minhas and S. Gambarotta, Inorg. Chim. Acta 1995, 244, 37-49.

[126] (a) A. Shilov, N. Denisov, O. Efimov, N. Shuvalov, N. Shuvalova and A. Shilova, Nature 1971, 231, 460-461; (b) N. P. Luneva, A. P. Moravskii and A. E. Shilov, Nouv. J. Chim. 1982, 6, 245-251; (c) N. P. Luneva, S. A. Mironava, A. E. Shilov, M. Yu. Antipin and Y. T. Struchkov, Angew. Chem. Int. Ed. Engl. 1993, 32, 1178-1179.

[127] B. Folkesson and R. Larsson, Acta Chem. Scand., Ser. A, 1979, 33, 347-357.

[128] (a) C. Hauser, E. Bill and R. H. Holm, Inorg. Chem. 2002, 41, 1615-1624; (b) D. V. Fomitchev, C. C. McLauchlan and R. H. Holm, Inorg. Chem. 2002, 41, 958-966.

[129] M. Tsaramyrsi, D. Kavousanaki, C. P. Raptopoulos, A. Terzis and A. Salifoglou, Inorg. Chim. Acta. 2001, 320, 47-59.

[130] D. W. Wright, R. T. Chang, S. K. Mandal, W. H. Armstrong and W. H. Orme-Johnson, J. Bioinorg. Chem. 1996, 1, 143-151.

[131] V. Vergoupoulos, S. Jantzen, D. Rodewald and D. Rehder, Chem. Commun. 1995, 377-378.

[132] J. J. A. Cooney, M. D. Carducci, A. E. McElhaney, H. D. Selby and J. H. Enemark, Inorg. Chem. 2002, 41, 7086-7093.

[133] A. N. Antipov, D. Y. Sorokin, N. P. L' Vov and J. G. Kuenen, Biochem. J. 2003, 369, 185-189.

[134] (a) A. N. Antipov, N. L. Lyalikova, T. V. Khijniak and N. P. L' vov, FEBS Lett. 1998, 441, 257-260; (b) A. N. Antipov, N. L. Lyalikova, T. V. Khijniak, N. P. L' vov and A. N. Bach, IUBMB Life 2000, 50, 39-42.

[135] G. R. Willsky, D. A. White and B. C. McCabe, J. Biol. Chem. 1984, 259, 13273-13281.

[136] (a) N. A. Yokova, N. D. Saveljeva and N. N. Lyalikova, Mikrobiologiya 1993, 62, 597-603; (b) N. N. Lyalikova and N. A. Yukova, Mikrobiologiya 1990, 59, 968-975; (c) N. N. Lyalikova and N. A. Yukova, Geomicrobiol. J. 1992, 10, 15-26; (d) A. N. Antipov, N. N. Lyalikova and N. P. L' vov, IUBMB Life 2000, 49, 137-141.

[137] W. Carpentier, PhD Thesis, University of Gent, 2005.
[138] (a) W. Carpentier, K. Sandra, I. De Smet, A. Brigé, L. De Smet and J. Van Beeumen, Appl. Environ. Microbiol. 2003, 69, 3636-3639; (b) W. Carpentier, L. De Smet, J. Van Beeumen and A. Brigé, J. Bacteriol. 2005, 187, 3293-3301.
[139] J. M. Myers, W. E. Antholine and C. R. Myers, Appl. Environ. Microbiol. 2004, 70, 1405-1412.
[140] I. Ortiz-Bernad, R. T. Anderson, H. A. Vrionis and D. R. Lovley, Appl. Environ. Microbiol. 2004, 70, 3091-3095.
[141] J. T. Csotonyi, E. Stackebrandt and V. Yurkov, Appl. Environ. Microbiol. 2006, 72, 4950-4956.
[142] T. B. Karpishin, T. M. Dewey and K. N. Raymond, J. Am. Chem. Soc. 1993, 115, 1842-1851.
[143] J. P. Bellenger, F. Arnaud-Neu, Z. Asfari, S. C. B. Myneni, E. I. Stiefel and A. M. L. Kraepiel, J. Biol. Inorg. Chem. 2007, 12, 367-376.
[144] M. R. Maurya, A. Kumar, M. Ebel and D. Rehder, Inorg. Chem. 2006, 45, 5924-5937.
[145] I. Batinic´, M. Biruš and M. Pribanic´, Croat. Chem. Acta 1987, 60, 279-284.

本章缩写

(1) DOPA：dihydroxy-phenyl-alanine，二羟基苯丙氨酸/多巴。
(2) EPR：electron paramagnetic resonance，电子顺磁共振。
(3) NADPH：nicotinamide adenine dinucleotide phosphate，还原型烟酰胺腺嘌呤二核苷酸磷酸盐。
(4) acac：acetylacetonate，乙酰丙酮基。
(5) edta：ethylenediamine tetra-acetic acid，乙二胺四乙酸。
(6) ESEEM：electron spin echo envelope modulation，电子自旋回波包络调制。
(7) GST：glutathione S-transferase，谷胱甘肽转移酶。
(8) XAS：X-ray absorption spectroscopy，X 射线吸收光谱。
(9) NHE：normal hydrogen electrode，标准氢电极。
(10) DEAE：diethyl-aminoethanol，二乙胺基乙基。
(11) VHPO：vanadate-dependent haloperoxidases，钒酸盐卤代过氧化物酶。
(12) VBrPO：vanadate-dependent bromoperoxidase，溴代过氧化物酶。
(13) VIPO：vanadate-dependent iodoperoxidases，碘代过氧化物酶。
(14) VClPO：vanadate-dependent chloroperoxidases，氯代过氧化物酶。
(15) Arg：arginine，精氨酸。
(16) Ser：serine，丝氨酸。
(17) Lys：lysine，赖氨酸。
(18) His：histidine，组氨酸。
(19) EXAFS：extended X-ray absorption fine structure，延伸 X 射线吸收精细结构。

（20）DFT：density functional theory，密度泛函理论。

（21）MAS：magic angle spinning，魔角旋转。

（22）BSA：bovine serum albumin，牛血清蛋白。

（23）GSH：glutathione，谷胱甘肽。

5 钒化合物对细胞功能的影响

本章主要讲述了钒化合物在细胞/分子水平上所起的药理学作用（参见 5.1 节），同时也涉及钒与蛋白质的相互作用［在一定程度上，包括钒对蛋白质底物以及 DNA 的干扰（参见 5.2 节）］。由于钒产生的有利和不利的效应是同时存在的或者是受剂量影响的，还有可能是受多种因素共同调控的，因此，本章还将关注钒的吸收、分布以及毒性方面的一些问题，其中一部分已经在前言中进行了简要的叙述。而关于营养、环境和毒理学方面的综合论述则超出了本书的讨论范围，对这部分感兴趣的读者可以参考第 1 章结尾部分的“延伸阅读”中所推荐的书籍和期刊列出的相关文章。

以钒酸盐（$H_2VO_4^-$）为例，可以借助图 5-1① 来说明饮食中钒的代谢过程：经口摄入的钒酸盐进入胃肠道后，部分被还原生成钒氧化合物（VO^{2+}），并随粪便排出体外。另一部分钒则被吸收进入血液循环，在血清转铁蛋白（Tf）和血清白蛋白（Alb）的作用下发生氧化还原以及配位反应。最终，钒酸盐和钒氧化合物主要进入肝脏、脾脏以及肾脏细胞中，其中部分随尿液排出体外，另一部分则被骨骼吸收并能存留较长时间。

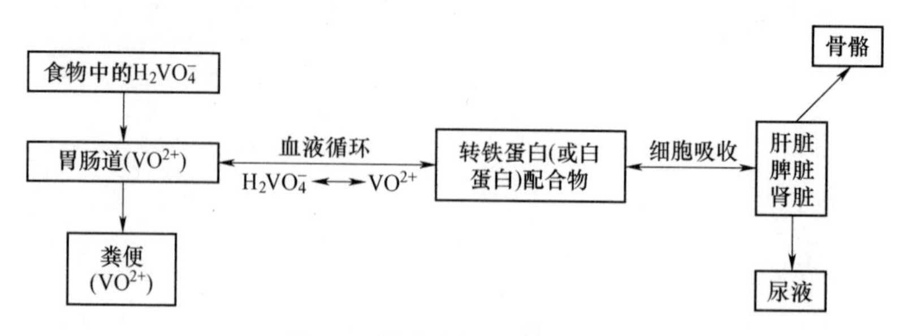

图 5-1　饮食中钒的代谢过程

当然，图 5-1（及相应的说明）只是整个复杂代谢过程的粗略表述，意在使读者了解钒在人体内代谢的基本过程。在 5.1 节和 5.2 节中，将会对此给出更为详细的描述。发生在“细胞水平”上的反应始于钒化合物被细胞组织吸收后。

① 图 5-1 改编（略修改）自阿根廷拉普拉塔国立大学的 E. J. Baran 于 2007 年在维也纳召开的第十三届国际生物无机化学国际会议上的报告。

吸收前后，在“分子水平”上形成不同形态的钒（参见第2章）。由此产生的发生改变的钒化合物，或未发生改变的原始的钒化合物，均会对细胞功能产生影响，从而对生物产生有害或有益的效应。

5.1 钒在药理学方面的作用

5.1.1 钒化合物在治疗糖尿病方面的作用

本节的结构如下：

(1) 糖尿病的一般性质；

(2) 钒化合物在糖尿病治疗中的应用前景；

(3) 在体内外具有生理功能的“现代”钒化合物；

(4) 胰岛素样钒化合物的形态及钒在机体内的分布情况；

(5) 钒在细胞水平上的分子机制及功能。

5.1.1.1 *糖尿病的一般性质*

有持续且“正确”供应的葡萄糖，是所有器官维持其正常活性及生理功能的必要条件，供应不足（低血糖）将会导致细胞凋亡（细胞死亡），而高血糖则会对器官造成损害。因此，控制血糖浓度维持在最佳水平（约为5mmol/L）是十分必要的。食物被摄取且其中的糖被吸收后，或是淀粉等物质通过在胃肠道中降解而被代谢后，血糖水平会发生下降。为了维持餐后血糖浓度正常，由胰腺上的胰岛β细胞产生且以六配位方式与Zn^{2+}结合的胰岛素将会被激活，即释放到血液中，从而刺激骨骼肌细胞（约占受体细胞的75%）和脂肪组织细胞吸收葡萄糖。另外，当处于三餐之间及其他未进食状态（空腹）时，储存在肝脏中的肝糖原将会被分解为葡萄糖，并被释放进入血液中，从而帮助维持空腹血糖正常。胰岛素水平的升高与降低受其拮抗激素，即受胰腺上的胰岛α细胞产生的胰高血糖素的影响。葡萄糖也可以由乳酸或丙氨酸合成（糖异生），而过量的葡萄糖则可转化为甘油并进一步转化为甘油三酯（生成脂肪）而被储存起来。在所有这些过程中，胰岛素起着核心作用，它的缺乏、供应不足或靶细胞对其不能充分识别都会导致慢性糖尿病的产生。另外，胰岛素也是脂肪分解的重要抑制剂，缺乏胰岛素会导致脂肪不受控地降解，从而产生大量的超过正常柠檬酸循环代谢水平的乙酰辅酶A，其在体内可进一步转化为如乙酰乙酸形式的会对外周血管造成损伤的酮体。这些酮体在体内不断累积，最终会导致在四肢（主要发生部位）上形成众多开放性的伤口及坏死。糖尿病的另一个典型的并发症是糖尿病性视网膜病变，这是由微血管受损而引起的严重视力损伤（视物模糊和形成盲点），其最终会导致失明。与糖尿病有关的其他并发症还包括肾衰竭、心脏病和神经病变。

图 5-2 概述了胰岛素的主要作用和由糖尿病引起的功能障碍。

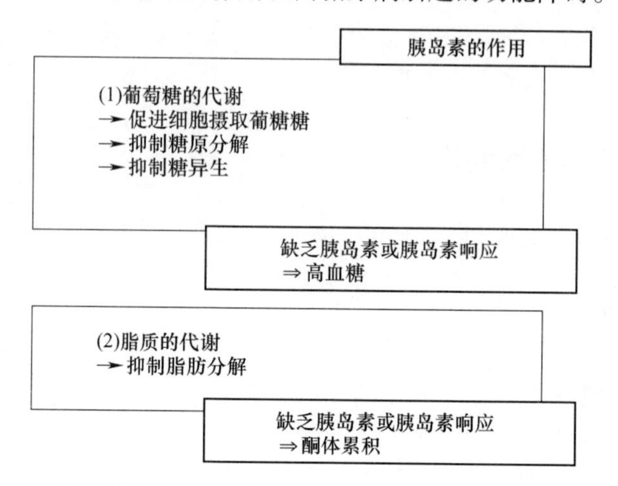

图 5-2　胰岛素的主要作用及胰岛素缺乏引起的功能障碍

糖尿病分为两类：

（1）Ⅰ型糖尿病①：胰腺上的胰岛 β 细胞不能正常产生胰岛素。其病因可归为由（由遗传或病毒引起的）自体免疫反应或是由事故等造成的胰脏受损。儿童和青少年是这种糖尿病的易发人群。大约 10%的糖尿病患者患有的是此类糖尿病。

（2）Ⅱ型糖尿病：机体对胰腺产生的胰岛素敏感度下降。对于这种“胰岛素耐受”或称为“胰岛素抵抗”的病症，其发病机理在细胞水平上可以理解为是由细胞膜上缺乏相应的胰岛素受体（IR）或受体密度降低所引起的。全世界大约 90%的糖尿病患者患有的是该类糖尿病，且老年人虽是易发人群，但在肥胖青少年中其发病率也越来越高。目前对于产生胰岛素抵抗的病因仍不是十分清楚，有一种假说认为，活性氧（ROS）水平的上升是其产生的一个重要诱因[1]。本书将详细地对此类糖尿病在生化方面的特性进行综述[2]。

据世界卫生组织统计，目前全球范围内存在约 1.5 亿例糖尿病患者，且到 2025 年这一数字将翻倍。因此，糖尿病将成为未来主要的流行病之一。对Ⅰ型糖尿病的治疗通常是通过皮下注射胰岛素来进行的。对于Ⅱ型糖尿病，在一定程度上，可以通过加强锻炼和合理饮食来加以控制从而达到治疗的目的（这两种治疗方式并不适用于肥胖青少年）。对于Ⅱ型糖尿病晚期患者，可通过注射胰岛素缓解病症，但随着机体对胰岛素耐受性的增强，最终，这种治疗方式将不再起作用。且需要说明的是，由于胰岛素是一种肽类激素（如图 5-3 所示），因此不能

① Ⅰ型糖尿病又称为胰岛素依赖型糖尿病（IDMM），Ⅱ型糖尿病又称为非胰岛素依赖型糖尿病（NIDDM）。

通过口服的方式给药。对此，除皮下注射胰岛素外，目前已经研发出新的治疗方式。但由于具有严重的副作用，已有的掺有可提高肺泡渗透性的添加剂的可吸入型胰岛素制剂现在已经停产。目前，市面上还有几种可以至少在一段时间内控制血糖水平的口服药物，但其都具有不良的副作用。这些药物（如图 5-3 所示）包括：（1）可刺激胰岛 β 细胞分泌胰岛素的磺酰脲类制剂；（2）可刺激脂肪细胞吸收葡萄糖的被称为格列酮（glitazones）的噻唑烷类制剂①。前者的副作用主要是会造成低血糖；后者则会导致脂肪大量堆积，即引起患者体重增加，并且还会造成胃肠道疾病。而胰高血糖素样肽类物质则是一种新型的治疗Ⅱ型糖尿病的药物。

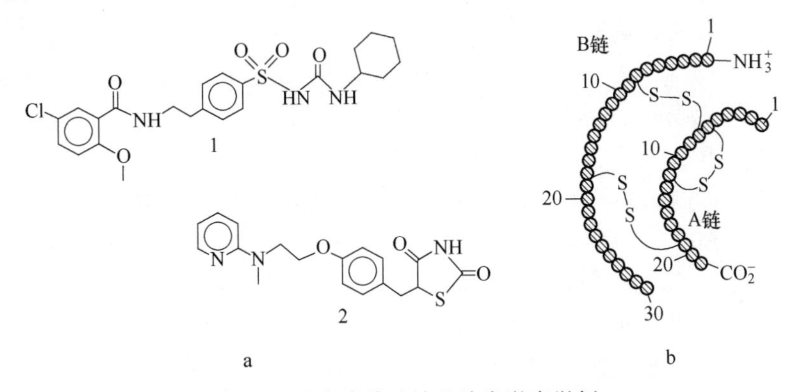

图 5-3 具有降糖功效的肽类激素举例

a—两类口服降糖药的典例（化合物 1 属于磺酰脲类制剂，化合物 2 为噻唑烷二酮，属于噻唑烷类制剂）；
b—胰岛素示意图（具有生理活性的胰岛素由 2 条肽链组成，肽链间通过 2 个二硫键连接，其中 A 链还额外含有一个二硫键）

5.1.1.2 钒化合物在糖尿病治疗中的应用前景

1897~1898 年间，在里昂（Lyon）的 L'Hôtel-Dieu 医院就钒酸钠水溶液的药理作用进行了测试，结果表明，钒对此次实验的 44 名受试者的各类健康问题都具有潜在疗效，包括贫血、肺结核、风湿、肌萎缩、癔症、神经衰弱以及糖尿病（3 名受试者）[3]。对受试者在餐前经口给药（含 4~5mg $NaVO_3$ 的水溶液），每周 3 次，每次给药的时间间隔在 24h 以上。对此，所有患者都表现出食欲增加，体重上升以及身体状况改善的情况。对于参试的 3 名糖尿病患者，其中 2 名体内血糖水平略微下降（原始资料对该现象的描述为"*le sucre peut diminuer un peu chez les diabetiques*"）。这应该是首次提出钒可能有助于糖尿病治疗的报道。其他将钒酸盐作为药物用于治疗糖尿病的例子并不常见，这可能是由于当超过生理剂量

① 该类药物的潜在危害可参考文献记载，如 Chem. Eng. News，2007，85（22），8.

时，钒酸盐具有显著的毒性，例如，其对兔子的致死剂量为17mg/kg，对狗的致死剂量为75mg/kg[3]。对于人类，钒酸盐的致死剂量值似乎稍高一些（如表1-2所示）。1995年，出现了第二个应用钒酸盐治疗糖尿病的人体试验的报道，其受试者包括5名Ⅰ型糖尿病患者和5名Ⅱ型糖尿病患者[4]。研究表明，通过在2周内每天摄入125mg的$NaVO_3$，所有Ⅱ型糖尿病患者和部分Ⅰ型糖尿病患者的胰岛素敏感性都有所提高，且其胆固醇水平明显下降。而对此，常见的副作用是轻度胃肠道不耐受。

距首次提出钒酸盐在糖尿病治疗中的作用后的80年，一项体外研究表明钒具有胰岛素类似物①的作用。这一结果揭示了，钒酸盐可以刺激脂肪细胞摄取和降解葡萄糖，促进肝糖原合成并抑制其发生糖异生[5]。钒（Ⅴ）酸盐通过被还原为钒氧化合物（VO^{2+}）来促进葡萄糖在脂肪细胞中的氧化，而钒氧化合物（VO^{2+}）的作用则是通过抑制细胞中磷酸酶的活性[6]实现的，这也符合“现代”关于钒（Ⅴ、Ⅳ）化合物的作用机理的认识。Heyliger等[7a]和Meyerovitch等[7b]首次通过大鼠体内试验报道了钒酸盐对于治疗由链脲霉素（STZ）诱导产生的糖尿病的作用。STZ是一种由链霉菌（*Streptomyces achromogenes*）产生的抗生素，通过静脉注射，其可破坏胰腺中可以产生胰岛素的胰岛β细胞，从而诱导Ⅰ型糖尿病的产生。因此，可将STZ大鼠作为研究人类Ⅰ型糖尿病的动物模型。通过对STZ大鼠经口灌胃钒酸盐，可以将其血糖水平降低到正常范围，并且可以防止由Ⅰ型糖尿病引起的心肌功能障碍。对于可作为研究人类Ⅱ型糖尿病的动物模型②的ob/ob纯合子小鼠（ob是肥胖基因）[8]，钒酸盐也可以降低其血糖水平。在以上体内试验中，钒酸盐均是在毫摩尔浓度水平上，以$[H_2VO_4]^-$（如图5-4中的3所示）、$[H_2V_2O_7]^{2-}$和$[V_4O_{12}]^{4-}$混合物的形式被溶于动物的饮用水中使用的。

之后发现，硫酸氧钒对STZ大鼠也具有与钒酸盐类似的作用[9]。相较于钒酸盐，硫酸氧钒的优点在于其毒性很小，缺点则是其在肠道中的吸收率（≤1%）很低（参见第1章）。造成如此低的吸收率的原因是，硫酸氧钒在小肠微碱环境中会生成不溶性钒氧化合物。在水溶液中，硫酸氧钒只能在一定的酸性条件下以$[VO(H_2O)_4OH]^+$（如图5-4中的4所示）的形式存在（如2.1.1节中式2-3和式2-4所示）。在体外试验中，通过与缓冲物质等成分发生配位反应可以将溶液pH值稳定在中性条件下。过氧钒化合物（过氧钒酸盐）（如图5-4中的5所示）也是一种潜在的治疗糖尿病的有效药物。这主要是因为当使用钒酸盐和过氧化氢

① 对于能模拟胰岛素功效的钒化合物，可以使用“胰岛素样”“类胰岛素”和“胰岛素增强”等术语描述。应根据具体语义来选择最合适的描述方式。另外，只有在有胰岛素存在的情况下，钒化合物才可能发挥“胰岛素增强”作用。

② 朱克（Zucker）fa/fa大鼠是可用于模拟人类Ⅱ型糖尿病的另一种动物模型。这种大鼠携带fa基因的纯合子（fa：脂肪）。

共同培养脂肪细胞时，所生成的过氧钒酸盐对钒酸盐具有协同作用，但这种作用可被过氧化氢酶消除[10]。且该作用还可被 IR 酪氨酸激酶促进或被酪氨酸磷酸酶抑制（参见 5.1.1.4），另外可被脂肪生成促进或被脂肪分解抑制，还可被蛋白质合成促进。过氧钒酸盐还可以引起分离自动物模型的骨骼肌细胞中葡萄糖的氧化和糖原的合成[11]。

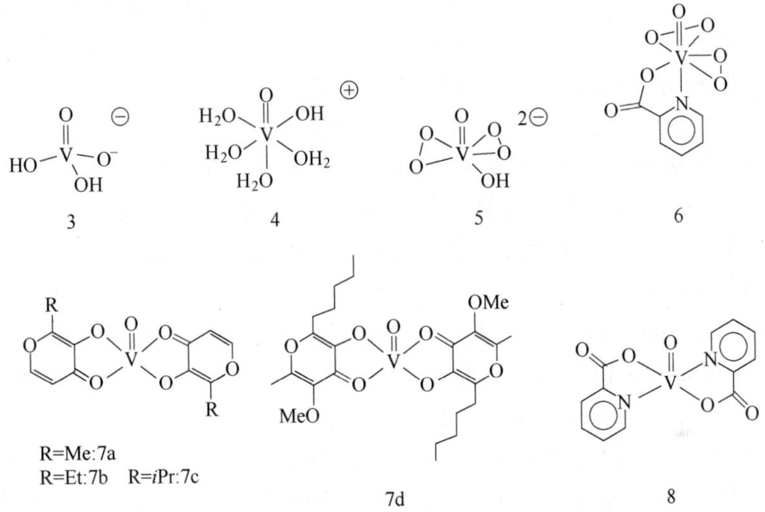

图 5-4 历史上已发现的可作为胰岛素类似物的无机（上排）和有机（下排）钒化合物（3—钒酸盐（钒酸钠）；4—钒氧化合物（硫酸氧钒）；5—过氧钒酸盐（钒酸盐和过氧化氢的混合物）；6—过氧吡啶甲酸配合物；7—二（麦芽酚）配合物 {R=CH_3：BMOV = [$VO(ma)_2$] 7a；R=C_2H_5：BEOV 7b；R=*i*Pr：7c；吡喃酮配合物 7d}；8—二（吡啶甲酸）氧钒（Ⅳ）。在生理条件下，除硫酸氧钒外，以上水溶液中主要组分都会在 pH 值为 7 时形成不溶性氢氧化物）

尽管过氧钒酸盐似乎具有极高的药效（超过钒酸盐 2 个数量级），但其在体内的适用性仍值得怀疑。这是因为当口服时，其很难不被分解地通过胃肠道，即便被完整地吸收，也很快会被过氧化氢酶分解成钒酸盐。钒酸盐存在的潜在毒性以及钒氧化合物（硫酸氧钒）存在的极低吸收率都使得它们不能用作治疗糖尿病的药物。而从大约 15 年前，作为替代品的含有有机配体的钒配合物已经被研发和测试。通过选择不同的有机配体，可以实现对该类含钒药物的精准导向和微调。因此有机钒配合物的优点（如下所列）是显而易见的：

（1）药物毒性得到最大限度的降低。

（2）可以在胃（pH≈2）和小肠（pH≈7.2）中以最稳定的状态存在。

（3）能最大程度地被黏膜细胞吸收和降解进入血液。

（4）在血液运输过程中，可保持自身不发生氧化还原和配体交换。

（5）通过外围修饰，其能转变为可被细胞吸收的形式（修饰主要包括平衡

配合物的水/油性以及在外围添加具有识别作用的细胞膜受体)。

(6) 稳定性提高(不易被降解),从而保证其在细胞内可正常发挥功能。

对第1种以环戊二烯基(茂基)为配体的钒配合物的测试是通过使用以NN、ON和OO为配体的二(过氧)钒配合物(如图5-4中的6所示[12])和二(麦芽酚)氧钒(Ⅳ)(BMOV)(如图5-4中的7a所示[13])治疗糖尿病来开展的。毫不夸张地说,对BMOV及其同系物的探索已成为该领域最有趣的进展。这些进展包括已将BMOV应用于临床试验的第1阶段[14],并且马上将进入第2阶段①。对麦芽酚衍生物的配合物的探索方面的进步是发现了吡喃酮配合物(7d),它可以长时间地滞留在大鼠血液中,这可能是由于其含有亲脂性残基的缘故[15a]。吡喃酮是大蒜(*Allium sativum*)中的一种组分。关于包含吡啶甲酸(如图5-4中的8所示)及其衍生物的第2类钒氧(Ⅳ)配合物的信息是由Sakurai课题组[15b]提供的,并且Sakurai以及其他的包括我(Dieter Rehder)在汉堡(Humburg)的课题组在内的一些课题组对这些信息做了进一步的补充说明(参见5.1.1.3节)。

对于"钒与糖尿病"这一课题,已经围绕着不同的着眼点被反复论述。从我个人的角度来看,以下研究结果是具有极高价值的(按时间顺序排序):

(1)"钒调节胰岛素生物效应的作用机制"(1998)[16]:在分子学水平上阐述了钒酸盐发挥其胰岛素类似物作用的作用机制。

(2)"作为胰岛素类似物的钒化合物"(1999)[17a]和"将钒化合物作为胰岛素增强剂的设计"(2000)[17b]:对各类具有胰岛素类似物或胰岛素增强剂作用的钒化合物进行了很好的分类综述。

(3)"钒的胰岛素类似物作用——作为治疗剂的潜力"(2003)[18]:强调了钒参与体内代谢作用的分子机制。

(4)"作为胰岛素类似物的钒锌配合物的化学与生物化学性质——糖尿病治疗试验"(2006)[19]:主要关注对具有胰岛素类似物性质的金属离子VO^{2+}和Zn^{2+}的研究现状,包括形态及作用机制等方面。

5.1.1.3 在体内外具有生理功能的"现代"钒化合物

图5-5给出了一些在体内外都具有胰岛素类似物活性的有机钒配合物(9~17)。表5-1列出了关于包括配合物(如图5-4中的6~8所示)在内的这些配合物的发现。给出这些配合物是为了证明其配位模式的高度多样性,包括仅含O(7,17)、N(12)或S(14)的功能配体,以及如ON(6,8,9,10,11)、OS(13)、NS(15)和ONS(16)等的混合功能配体。包括钒(Ⅳ)在内的大量钒配合物已经被测试;另外,钒(Ⅴ)配合物具有与如$V(maltolate)_3$(maltolate即麦芽酚,化学式

① 私人通信,来自Orvig,英国哥伦比亚大学,温哥华.请参阅Akesis医药网站(圣地亚哥)——www.akesis.com.

为 $C_6H_6O_3$）等钒（Ⅲ）配合物相同的活性。一方面，其活性与其氧化价态之间无明显的关系；另一方面，配位作用的性质证明在细胞内形成的活性物质的类型与最初采用的物质不同（见下文）。

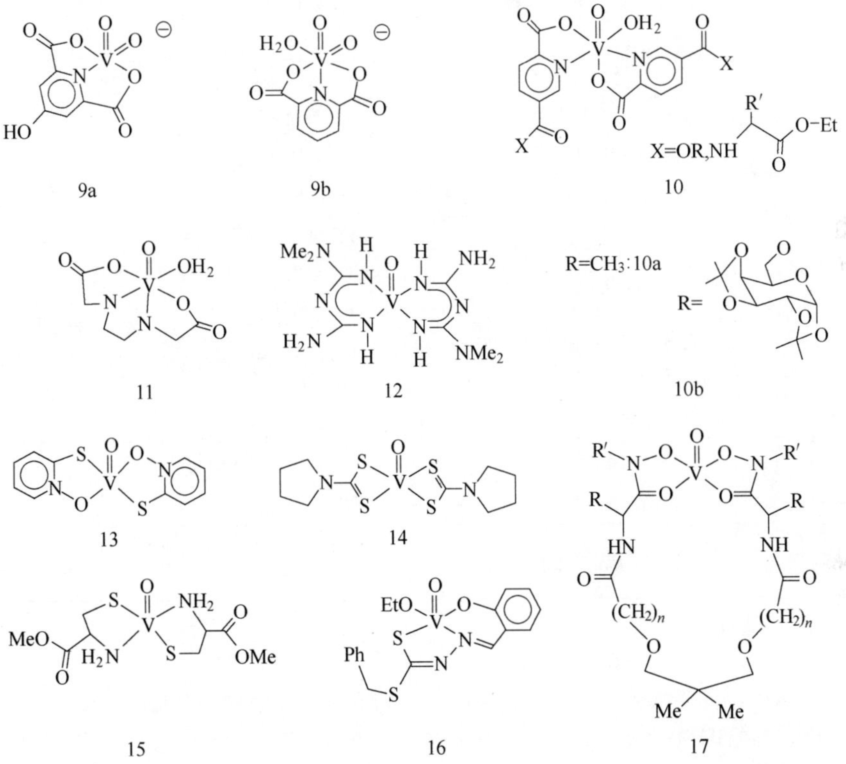

图 5-5 已报道的在体内外都具有胰岛素类似物效应（或具有胰岛素增强作用）的与有机配体配位的钒配合物

（详细说明及参考文献见表 5-1）

表 5-1 具有胰岛素类似物效应的与有机配体配位的钒配合物

配合物编号（与图 5-4 和图 5-5 中一致）	受试细胞类型或动物模型	效　应	参考文献
6	（1）肝癌细胞； （2）脂肪细胞； （3）大鼠肝细胞	（1）激活 IR 激酶； （2）刺激脂肪合成； （3）抑制蛋白酪氨酸磷酸酶（PTP）	[12]
7a	STZ 大鼠（口服或腹腔注射）	血糖和血脂水平恢复正常	[13]
7d	维斯塔尔（Wistar）大鼠	血糖水平降低	[15]①
8	STZ 大鼠（口服或腹腔注射）	血糖水平降低	[20]

续表 5-1

9a	STZ 大鼠（口服）	血糖水平降低，甘油三酯和胆固醇恢复正常水平	[21]
9b	天然（非人为）患糖尿病的猫（口服）	改善机体调控血糖能力，体重增加	②
10	（1）SV-3T3 小鼠③； （2）大鼠脂肪细胞	（1）促进葡萄糖的吸收与降解； （2）抑制 FFA④的释放	[22]
11	大鼠脂肪细胞	抑制 FFA④的释放	[23]
12	STZ 大鼠（口服或腹腔注射）	血糖水平降低	[24]
13、14	（1）大鼠脂肪细胞； （2）STZ 大鼠（口服）	（1）抑制 FFA④的释放； （2）血糖水平正常化并改善血清 FFA④和 BUN⑤	[25a]、[25b]
13⑥	由 SV-3T3 小鼠成纤维细胞分化的脂肪细胞	蛋白质酪氨酸磷酸化水平提高	[26]
15	STZ 大鼠	血糖水平正常化	[25c]
16	SV-3T3 小鼠③	促进葡萄糖的吸收与降解	[27]
17	大鼠脂肪细胞	促进葡萄糖的代谢	[28a]
VO^{2+}海藻糖	小鼠颅骨成骨细胞（MC3T3E1）	促进有丝分裂，加快葡萄糖消耗，促进细胞增殖⑦	[28b]

① i. p.：腹腔注射；

② 私人通信，来自 Debbie C. Crans，科罗拉多州立大学，柯林斯堡，Co，USA；

③ 由猿猴病毒转化的成纤维细胞（取自结缔组织；向脂肪细胞代谢的方向转化）；

④ FFA：游离脂肪酸；

⑤ 血尿素氮；

⑥ 胰岛素的协同作用；

⑦ 低剂量（5~25μm）。

从图 5-6 和图 5-7 中可以看出，不同钒化合物的活性出现差异的关键因素似乎是：（1）稳定性，其有助于化合物顺利到达靶细胞；（2）由外围配体维持的水/油平衡或是由膜受体识别产生的外围功能，两者都有助于化合物进入靶细胞的细胞质中。从图 5-6a 可以看出，对 STZ 大鼠腹腔注射硫酸氧钒（VS）和麦芽酚配合物（麦芽酚的芳环上含有一个甲基取代基 7a，麦芽酚的芳环上含有一个异丙基取代基 7c）后，其体内血糖水平随时间的变化情况。显然，相较于硫酸氧钒，这两类麦芽酚配合物更能有效降低血糖水平。硫酸氧钒降低血糖水平的能力与对照组（以 0.9% NaCl 处理）几乎无差异，这主要是由于其易与 Tf 形成稳定的配合物，从而使其有效性降低。下面将根据图 5-6 和图 5-7 来阐明麦芽酚配合物抵抗配体交换（包括 Tf）并保持其自身稳定性的能力。图 5-6b 给出了用亲水性的硫酸氧钒和吡啶甲酸配合物（10a）处理的大鼠脂肪细胞释放游离脂肪酸

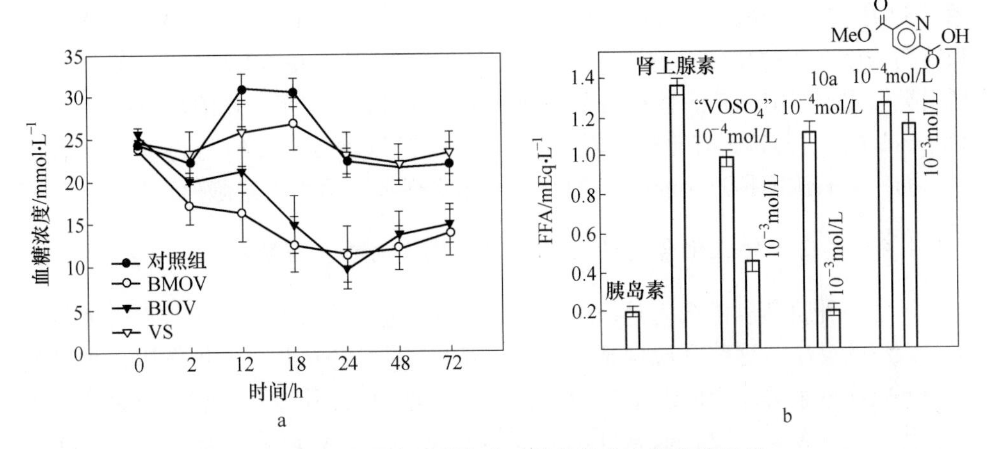

图 5-6 具有胰岛素类似物功效的钒化合物的稳定性

a—腹腔注射胰岛素样钒化合物后的 STZ 大鼠的血糖水平随给药时间变化的变化情况[13b]

（对照组：0.9% NaCl；BMOV 和 BIOV 分别为图 5-4 中所示的麦芽酚配合物 7a 和 7c；VS：

硫酸氧钒；给药量为 0.1mmol/kg 体重）；b—钒化合物对脂肪分解的抑制情况[22a]

（胰岛素能有效抑制游离脂肪酸（FFA）的释放，从而能抵抗胰岛素拮抗剂肾上腺素的作用；

硫酸氧钒和甲吡啶配合物（如图 5-5 中的 10a 所示）也可以抑制 FFA 的释放，

这种抑制作用在 10a 浓度较高（1mmol/L）时尤为显著。但当配体单独存在时，其并不发挥作用。

出处：K. H. Thompson et al., J. Biol. Inorg. Chem. 8, 66~74。版权（2003）为 Springer 出版社所有）

（FFA）的情况。配合物（10a）是甲吡啶钒配合物处于水/油平衡的一个例子[22a]。当浓度为 1mmol/L 时，甲吡啶配合物可发挥与胰岛素相同的效力。当仅有配体存在时，则不具备这种效力；在误差允许范围内，其释放 FFA 的情况与用胰岛素拮抗剂肾上腺素处理的对照组类似。图 5-7 展示了由半乳糖衍生物（如

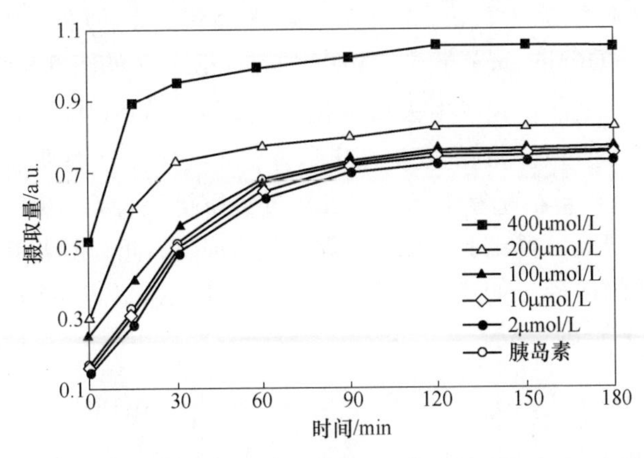

图 5-7 小鼠成纤维细胞对葡萄糖的摄取及降解随给药时间和给药量变化的变化情况[22b]

（由如图 5-5 中的 10a 所示的半乳糖甲吡啶配合物引起的，经猿猴病毒，即类脂肪细胞改性；

在 MTT 法中，纵坐标表示吸收情况，单位任意，用以衡量葡萄糖被细胞摄取后被降解的量）

图 5-5 中的 10b 所示）引起的改性成纤维细胞对葡萄糖的摄取及降解随给药时间和给药浓度变化的变化情况[22b]。在浓度较低（2~100μmol/L）时，10b 具有胰岛素类似物的作用，其活性在给药约 90min 后达到最大水平；在浓度较高（200~400μmol/L）时，其具有比胰岛素更强的效力，且这种效力在给药约 30 min 后达到平衡；当其浓度接近 1mmol/L 时，则开始出现细胞凋亡（细胞死亡）。

5.1.1.4 胰岛素样钒化合物的形态及钒在机体内的分布情况

评估一种胰岛素样钒化合物作用机制的一个重要的因素是观测其在生理条件下与血清的反应。这些反应包括：（1）伴随着质子化或去质子化作用，水以配体的形式促进水解反应的发生；（2）钒（Ⅳ）被 O_2 或其他具有氧化能力的活性氧氧化为钒（Ⅴ）；（3）通常伴随着配体交换，钒（Ⅴ）被还原体系（包括如 NAD(P)H、$FADH_2$、抗坏血酸、谷胱甘肽（GSH）以及儿茶酚胺等）还原为钒（Ⅳ），并可最终被进一步还原为钒（Ⅲ）；（4）通过与体液和组织中无氧化还原能力的低分子量或高分子量的组分相互作用从而发生配体交换（参见表 2-5）。2.2 节详细介绍了当有机配体存在时，钒酸盐和钒氧化合物的形态。在这里将分别就是否存在外源添加的竞争性组分，来探讨有机钒配合物在水溶液中的形态。

简单的钒氧化合物，如二（甲基乙酰丙酮）氧钒（Ⅳ）（$[VO(Meacac)_2]$，如图 5-8 中的 18 所示）[29] 和 BMOV（或 $[VO(ma)_2]$，7a）溶于水时，水会作为其第六配体，以顺式或反式的方式与桥氧基结合，其中以顺式排列为主。根据水的 pH 值及配体与 VO^{2+} 的比例，钒氧化合物会发生部分水解从而产生单配位形式的配合物，其会与水中原有配合物保持一个平衡的状态。基于各存在形态的平行超精细耦合常数（$A_{\parallel}$，见 3.3.2 节）之间存在的加和关系，可以利用 EPR 技术来检测水溶液中 $[VO(Meacac)_2]$ 或 BMOV 的存在形态（如图 5-8 所示）。7a 在被氧化（$pK_a=7.2$）之前首先发生去质子化作用，生成的氧化产物 $[VO_2(ma)_2]^-$（如图 5-8 所示）通过观测到的发生在化学位移 $\delta=-496$ 处的来鉴别[30]。涉及的级联反应（式 5-1）包括超氧中间体、二核过氧桥钒配合物、羟（氧）钒（Ⅴ）配合物的形成。因此，类比上述反应步骤，就钒而言，可以给出钒氧化合物催化烃类化合物氧化的途径（如 4.3.3 节中的图 4-20 所示），式 5-1 的速率决定步骤是氧-超氧钒（Ⅴ）的形成。

$$V^{Ⅳ}O^{2+}+O_2\rightarrow V^{Ⅴ}O(O_2^-)\xrightarrow{2\times}OV^{Ⅴ}(O_2^{2-})V^{Ⅴ}O\underset{-H_2O}{\overset{+H_2O}{\rightleftarrows}}V^{Ⅴ}O(OH)\rightarrow V^{Ⅴ}O_2^-+H^+ \quad (5\text{-}1)$$

另外，pH 值在 5~9.5 时，以 $[VO_2(ma)_2]^-$ 形式为主的钒（Ⅴ）酸盐-麦芽酚体系易发生“自发的”还原反应从而生成 $[VO(ma)_2]$。其反应速率受反应时间、反应物浓度以及溶液 pH 值的影响；且在 pH<5 时，还原反应尤为剧烈[31]。

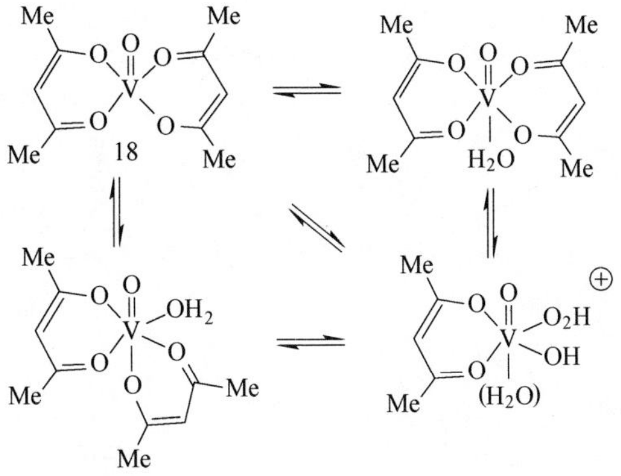

图 5-8 胰岛素样钒化合物举例

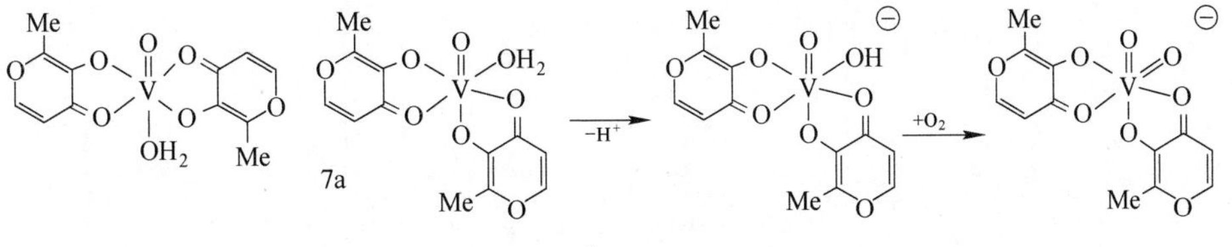

a—水中［$VO(Meacac)_2$］（18）的各种形态；b—麦芽酚配合物（7a）在水溶液中形成的顺式和反式［$VO(ma)_2(H_2O)$］（以顺式为主，另外其去质子化产物可被氧化为［$VO_2(ma)_2$］$^-$）

通过在较宽 pH 值范围内对三元体系［钒氧基/配体 A(L_A)/配体 B(L_B)］中的配合物形态进行研究，可以得出钒（Ⅳ）氧配合物在体液中可能具有的性质。L_A 代表螯合剂，如吡啶甲酸、吡啶二羧酸、麦芽酚和吡啶酮的阴离子，其与钒一般可形成形如［$VO(LA)_n$］^{q}($n=1$ 或 2；q 表示电荷）的螯合物。L_B对应于体液中的小分子组分，常见的（如表 2-5 所示）如草酸、柠檬酸、磷酸盐和乳酸盐。下面分别对 L_A和 L_B的结构进行举例说明：如图 5-5 中配合物 10a 所含的 5-吡啶甲酸甲酯属于 L_A的一种；图 5-9a 介绍了属于 L_B的乳酸盐（左）和磷酸盐（右）[22a]。图 5-9b 给出了四元体系（钒氧基/L_A/L_B/Tf）中配合物的存在情况。Tf 和 Alb 是血液中主要的大分子组分（见下文）。当存在 Tf 时，大部分的钒氧基从其原有配体上游离出来并与 Tf 紧密结合。只有包含磷酸或柠檬酸且同时有甲吡啶存在的三元配合物可以在一定程度上保持稳定，即不发生钒氧基从原有配体上的解离。

EPR 的研究结果显示，含甲吡啶配体的钒氧配合物（如图 5-4 中的 8 所示）似乎可以在血液中稳定存在而不被氧化。通过将健康大鼠麻醉后进行 EPR 检测可以得到甲吡啶配合物在血液中的滞留时间以及排出速率[32]。在这些研

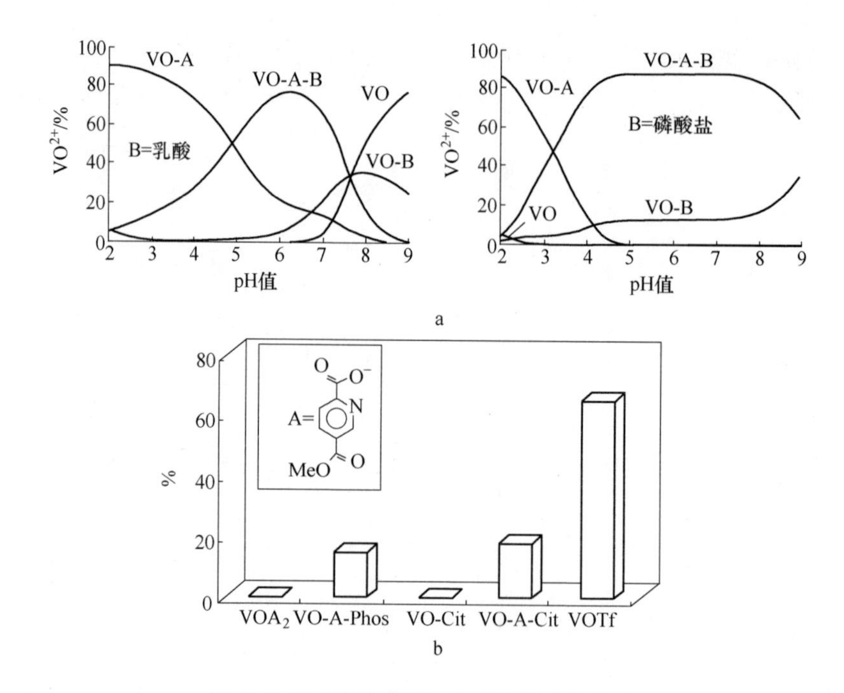

图 5-9 钒（Ⅴ）酸盐-麦芽酚体系分布图

a—三元体系（VO^{2+}-A-B）中钒配合物的形态分布图；b—包含转铁蛋白（VO^{2+}-A-B-Tf）的四元体系中钒配合物的形态分布图（由匈牙利塞格德大学的 T. Kiss 提供；A：甲吡啶配体；B：如图所示）

究中，将聚乙烯管的一端与左股动脉和静脉相连，另一端与硅胶管相连，从而构建一个体外血液循环。该循环可以直接与用于 EPR 检测的石英比色皿相连，且其循环动力由大鼠自身的心跳及血压维持。由 EPR 信号强度随时间的衰减得到的这些配合物的半衰期反映了其自“内”（心脏、肺部、肝脏、肾脏）向“外”（大脑、肌肉、脂肪组织）的分布情况。经静脉注射的含钒的盐溶液（平衡钒浓度为 0. 5mg/kg 体重），其变化情况从形成硫酸氧钒所需的 3min 到形成 5-碘吡啶配合物所需的 30min 不等，在这期间还会形成甲基吡啶。这些物质的形成似乎与钒化合物在血液中保持稳定并能促进血糖水平正常化有直接关系。

总的来说，这些结果与利用^{48}V 标记的 BMOV（如图 5-4 中的 7a 所示）和硫酸氧钒进行的关于钒化合物的体内分布研究所得的结果一致[33]。^{48}V 同位素可以发射 β^+射线和 γ 射线，且相较于^{48}Ti，其半衰期为 16d。值得注意的是，这些研究表明，对于大鼠而言，不论是经口饲喂还是腹腔注射，在超过 24h 的时间里，相较于硫酸氧钒，BMOV 均可以更为有效地分布于组织中且较少被排出。对钒化合物富集程度最高的组织是骨骼，其次是肾脏和肝脏。以硫酸氧钒和

BMOV 形式存在的钒在骨骼中的滞留时间①分别为 11d 和 31d。经口饲喂的^{48}V，在 24h 后分别以硫酸氧钒和 BMOV 形式随粪便排出的钒量为 75%和 62%。根据其他的一些研究结果，可以得知以硫酸氧钒形式经口饲喂的钒其吸收率较低，约为 1%。

“药物与血清蛋白（如 Tf 和 Alb）之间的反应是药物代谢的一个重要方面，其对于药物的分布、生物转化以及最终的作用机制有着极大的影响……关于含钒药物发挥作用的方式目前还存在争议。因此，研究钒在体内的运输以及生物转化过程，对于更为深入地认识具有治疗糖尿病作用的钒化学形态十分重要。”[34] Tf 和 Alb 是血清中存在的两种主要的大分子组分。钒氧基可以特异性地结合到 Tf 的 Fe 上的 2 个活性位点处，或结合到 Alb 的末端组氨酸的活性位点处。近期的研究指出，钒的麦芽酚配合物 [$VO(ma)_2$] 与 Tf 之间的相互作用是 Tf 将麦芽酚配体完全去除后，与剩余的 VO^{2+} 发生紧密结合。因此，根据这些研究结果可以得知，不可能有足够量的完好无损的 [$VO(ma)_2$] 到达靶组织②，对于其他钒化合物的研究结果应该也是类似的。与之相反的是，人血清 Alb 与钒氧基形成的配合物在热力学上是不稳定的，从而最终会形成一个三元配合物体系 [$VO(ma)_2HSA$]。钒氧基可能是结合到 Alb 上的咪唑基的第 6 个位点处（或是被水占据，如图 5-8 中的 7a 所示）。因此，虽然理论上，[$VO(ma)_2$] 可以由血清 Alb 完好无损地运输，但目前还不清楚这是否能保护其不被 Tf 降解。任何情况下，钒化合物（或其降解产物 VO^{2+}）与 Alb 的反应以及 VO^{2+} 与 Tf 的配位都可能有助于降低血浆排出钒的速率，从而增强钒作为胰岛素类似物的功效。利用脂肪细胞进行的体外研究表明，Alb（不包括 Tf）可以增强 [$VO(ma)_2$] 作为胰岛素类似物的功效[26]。

如上所述，钒（由 [$VO(ma)_2$] 提供）可以有效地被富集在骨骼中，其存留时间为 1 个月，相应的半衰期为 4d。因此，骨骼可能是钒富集并长期再次释放的一个重要场所，这有助于延长并增强钒作为胰岛素类似物的功效。通过 ESEEM 研究（参见 3.4 节）可以猜想出存在于羟基磷灰石中的钒氧根离子所形成的骨骼的无机组分。这一组分是通过在含有钒氧根：三磷酸根=1：3 的混合溶液中，VO^{2+} 与三磷酸发生配位反应所形成的。图 5-10a 表示双脉冲 ESEEM 图谱与根据其所给出的钒-三磷酸配合物的结构示意图[35]。此外，钒氧根离子被富集前可能会被氧化为钒酸盐，之后在羟基磷灰石中与原有的磷发生晶格替换（图 5-10b）。注意，钒铅矿作为一种铅钒酸盐（如表 1-1 所示），是羟基磷灰石的同晶磷灰石。

图 5-11 中的配合物 19 是另一种很有意思的具有胰岛素类似物功效的吡啶酮

① 停留时间 $t_R = 1/2 \exp(t_{1/2})$；$t_{1/2}$：半衰期（钒浓度降为原浓度的一半所需的时间）。

② 存在，但远远不足。

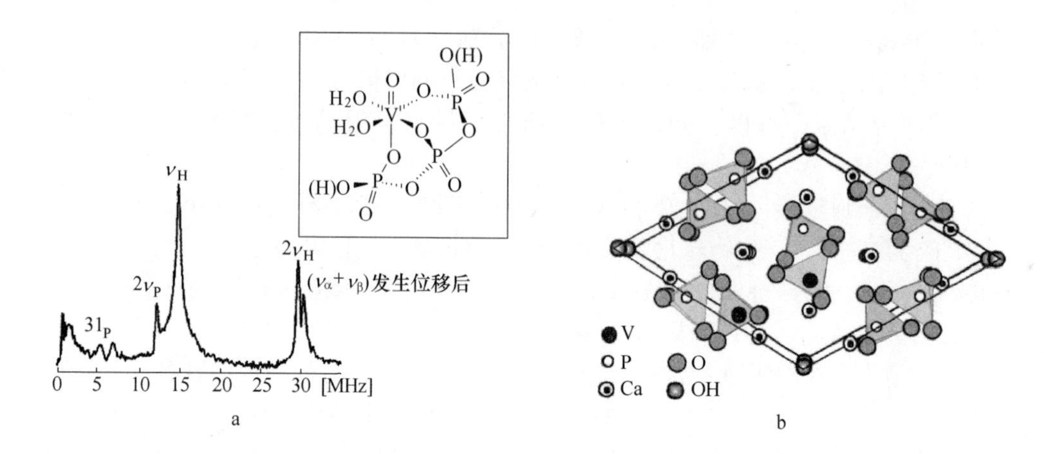

图 5-10　钒氧根离子参与骨骼形成示意图

a—含有钒氧根∶三磷酸根=1∶3 的混合溶液的 ESEEM 光谱图（记录条件为 pH=5，$c(VO^{2+})$ = 0.7mmol/L，m_1 = -1/2 EPR；ν_P 和 ν_H 分别是 ^{31}P 和 ^1H 的塞曼频率；5.3MHz 和 6.7MHz（超精细耦合常数为 1~1.5MHz）处出现的双峰表示磷酸盐与 VO^{2+} 的直接结合，其结构如插图中所示[35]；存在于钒配位层的水/氢氧化物是通过其各自的 HYSCORE 光谱推断的。出处：S. A. Dikanov et al., J. Am. Chem. Soc. 124, 2969~2978。版权（2002）为美国化学学会所有）；b—被钒任意取代 2 个磷的羟基磷灰石的结构示意图（由德国达姆施塔特工业大学的 Barbara Albert 提供）

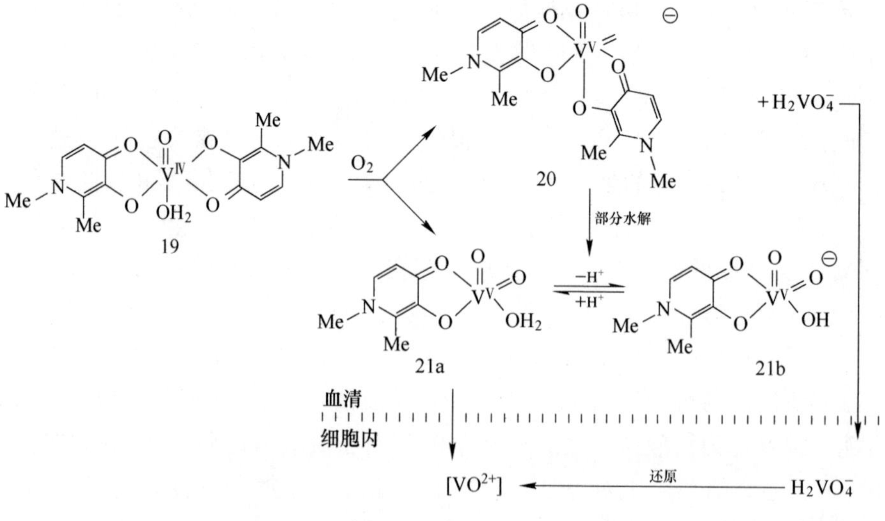

O_2
19
20
$+H_2VO_4^-$
部分水解
$-H^+$
$+H^+$
21a
21b
血清
细胞内
$[VO^{2+}]$
还原
$H_2VO_4^-$

图 5-11　吡啶酮配合物 19 在血液中的形态

（根据文献［36a］，结合 EPR 和 ^{51}V 核磁共振（NMR）得出；21a 通过扩散作用进入细胞，钒酸盐则通过磷酸盐通道进入细胞；｛VO^{2+}｝代表任意一种在细胞内发生的 21a 的还原性降解，或钒酸盐降解的生成物与细胞质组分发生配位反应所形成的钒酰配合物）

类配合物。在人类血液中，19 易被氧化为二氧钒酸盐配合物 20 和 21，在此过程中会伴随有钒酸盐的生成，即氧化产生 21 的过程中会发生部分水解，而当完全水解时，则会产生钒酸盐。这些不同形态的钒化合物可以由^{51}V 核磁共振（NMR）清楚地展现[36a]。钒酸盐［H_2VO_4］$^-$（不包括已沉淀的形态）可以通过磷酸盐通道进入血细胞，因此，特异性的磷酸盐通道阻断剂会阻碍细胞对其的吸收。配合物 21 是以中性水溶态形式（21a）和去质子化的非离子形式（21b）存在的，且这两种形式处于交换平衡状态。动力学研究表明，只有中性水溶态配合物 21a 可以通过血细胞的细胞膜，此跨膜运输过程应该是借助扩散作用实现的。其在细胞内发生还原并被降解生成 VO^{2+}。尽管 19 可以被体液中小分子组分（如草酸、乳酸、柠檬酸盐和磷酸盐）转运，但这一作用是可以忽略不计的[36b]。当 Tf 存在时，19 是不稳定的；而对于［$VO(ma)_2$］，19 可以取代其上的钒氧基[36c]。

补充说明：基于以上讨论，可以得知生理条件下当 Tf 存在时，［$VO(ma)_2$］是不稳定的[34]。因此，吸收或注射给药后，大部分的钒化合物难以完整地到达靶细胞。先前的报道（如［36d］）指出，［$VO(ma)_2$］也可以与 Tf 发生配位反应生成一个三元配合物，即 VO^{2+}-ma-Tf。如图 5-9b 所示，还可以得知，三元配合物（钒氧基-吡啶甲酸-磷酸盐/柠檬酸盐）可以与 Tf 共存。热力学研究的结果（VO^{2+}-Tf 配合物的高稳定性，pK = 14.6）也支持文献［34］的发现。然而需要说明的是，热力学模型与平衡条件有关，因此不能完全适用于生物系统。另外，当解离原本的钒配合物中的配体时，可能存在动力学限制；还可能由于 Alb 上发生的另外的配位反应或是如柠檬酸盐、磷酸盐等对原有配体发生的取代，导致一些二次配合物的生成。对人类全血中的吡啶酮配合物 19（图 5-11[36a]）的相关发现也支持了这一观点。其结果是，热力学平衡的建立在很大程度上会被延迟。因此利用热力学模型模拟得出的结论是，会有数量相当可观的携带有原始“信息”（即原始配体）的钒配合物完好无损地顺利到达靶细胞。综上，必须考虑到由于原有配合物与外界蛋白质发生相互作用（特别是通过氢键的作用）导致的配体取代延迟的现象。这种相互作用是借助于 VO^{2+} 的顺磁性发生的，并通过^1H NMR 的自旋-晶格弛豫速率被观测到的。

在这里总结一下，当遇到存在于细胞质中的竞争性配体时，直接或通过 Tf 的膜上受体间接进入靶细胞的钒化合物可能发生的反应。其中，GSH 和三磷酸腺苷（ATP）的浓度处于毫摩尔水平。虽然不能十分有效地还原钒（Ⅴ），但 GSH 仍可将其还原为钒（Ⅳ），或通过配位反应，使钒（Ⅴ）和钒（Ⅳ）被稳定化（参见 2.2.1 节）。图 5-12 给出了含有 1 个三齿配体（ONO，例如可由 2，6-吡啶二羧酸（2-）提供）的配合物形式及其可能在细胞内发生的钒（Ⅳ）再氧化成钒（Ⅴ）并伴随着活性氧［H_2O_2、O_2^-、$O_2^{\cdot -}$、$OH^{\cdot}$，如式 5-1 所示］生成的反应过程。对于（猜想的）在细胞质中生成的各种形态的钒之间的相互联系，还

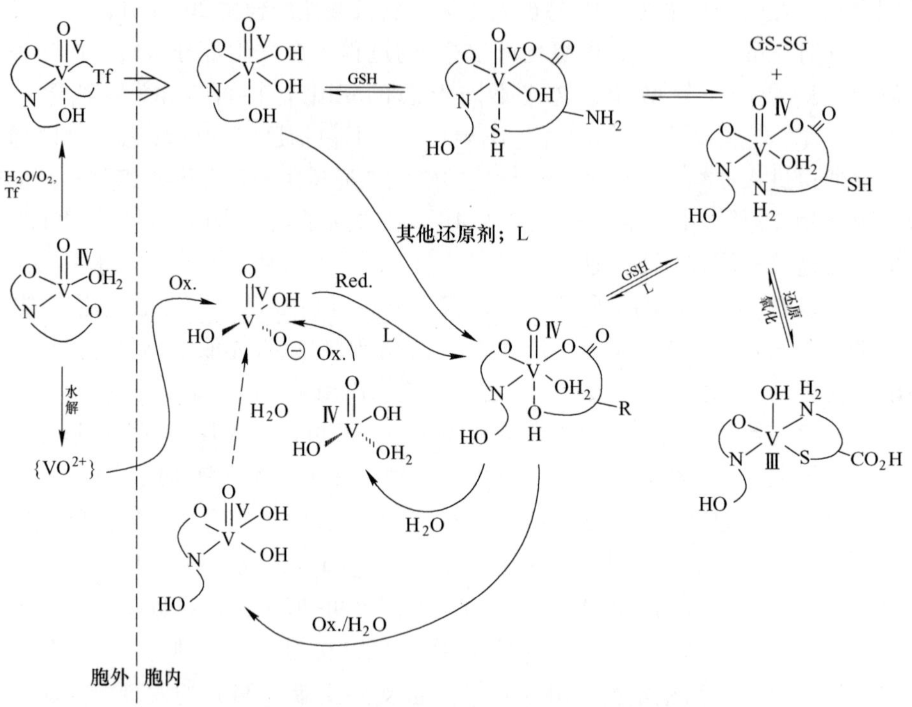

图 5-12 含有 1 个三齿配体（ONO，如吡啶二羧酸）的钒（Ⅳ）配合物到达靶细胞并与之结合的可能途径

（这些途径包括：被 O_2 或其他活性氧氧化、水解、还原、产物的稳定化［如谷胱甘肽（GSH）对钒的稳定化作用］、配体交换、由胞内配体如乳酸盐所造成的重新组合；Tf 为转铁蛋白；图依据文献［27］及正文中对各种钒形态的详细介绍绘制）

应考虑钒（Ⅳ）被进一步还原为钒（Ⅲ）的可能性，这一过程可能涉及的还原剂为 NAD(P)H 和抗坏血酸。Kiss 及其同事研究了当 GSH 存在时，VO（三齿配体）的形态，并发现了 1 个只在 pH 值为 2~7 时稳定存在的三元配合物 $[VO(dipic)GSH]^-$，且当 pH 值为 4~6 时，其在体系中处于主导地位。在 pH 值为 4~8 时，VO^{2+}-maltol-GSH 体系中存在稳定的配合物 $[VO(ma)_2GSH]^-$[37a]。麦芽酚可与 ATP 在 pH 值为 7 时形成稳定的配合物 $[VO(ma)ATP]^{n-}$[37b]。对于 VO^{2+}-maltol-ATP 体系，图 5-13 给出了其主要所含的钒配合物随 pH 值变化的变化情况以及相应的 EPR 特征。

5.1.1.5 钒在细胞水平上的分子机制及功能

本节将对以下内容的研究现状进行阐述：（1）胰岛素刺激细胞摄取葡萄糖的作用；（2）钒对胰岛素缺乏（Ⅰ型糖尿病）或耐受（Ⅱ型糖尿病）情况的影响；（3）钒作为具有协同效应的胰岛素增强剂的功效。对于以上内容的叙述及

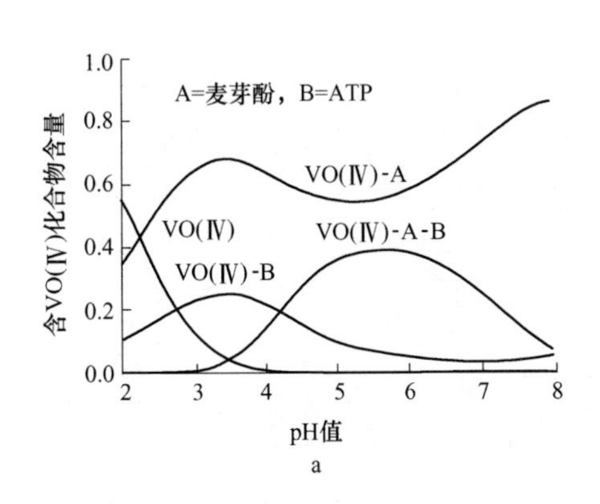

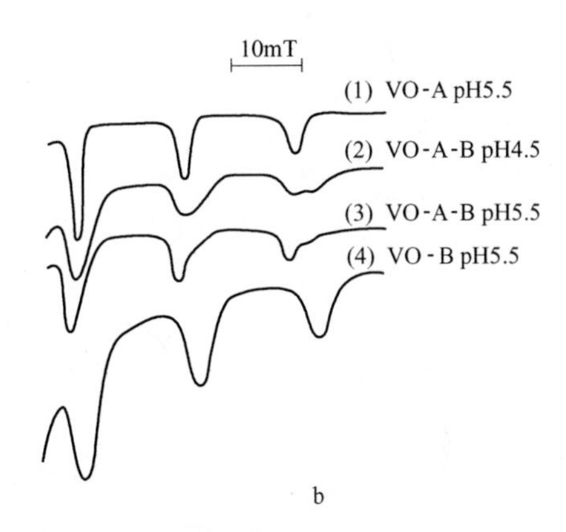

图 5-13 VO^{2+}-麦芽酚-ATP（1∶2∶2）体系

a—钒化合物形态分布优势图（$c(VO^{2+})$ = 2mmol/L，由电位法可清楚地检测到在生理 pH 值条件下，三元配合物（伴有 2 个麦芽酚配合物 VO-A）的存在）；b—高场区（m_I=+3/2，+5/2 和+7/2 平行跃迁）的 EPR 谱图（T=140K，(1)：VO^{2+}-麦芽酚；(4)：VO^{2+}-ATP；(2) 和 (3)：二元和三元配合物的重叠部分[37b]）

（出处：T. Kiss et al.，Inorg. Chim. Acta 283，202～210。版权（1998）为 Elsevier 所有）

解释，将会做适当的简化处理，以供那些对生物化学方面了解不深入的人们（包括作者自身）参考。对于这部分更详细的介绍，可以参考文献［2］和［38a］（胰岛素的作用机制）以及文献［15］、［17］和［18］（钒化合物上的靶点）。钒酸盐（或其他形式的钒）发挥作用的许多细节仍有待探索，另外还有一些仍存在争议。图 5-14 给出了近几年得出的几个比较公认的理论的示意图。

细胞的 IR 是由 2 个 α 亚基和 2 个 β 亚基构成的四聚体型跨膜蛋白。在第 1 步中，胰岛素结合到细胞外表面的亚基上，并在细胞内表面亚基上引发酪氨酸的磷酸化过程（如图 5-14a 和 b 所示）。随后，各种内源性底物开始发生磷酸化。其中部分底物可被归为含 IR 的底物（IRS）。换言之，胰岛素可激发 IR 亚基（β 亚基）上的酪氨酸激酶①的活性，从而使 IRS 发生磷酸化[28b]。如图 5-14b 所示，IRS 的磷酸化引起了一个向 IR 传递的信号转导过程，最终使含有葡萄糖转运蛋白 4(Glut4) 的囊泡被活化，继而由被转移到膜上的 Glut4 将葡萄糖运输至细胞内。葡萄糖可以被氧化、代谢成甘油三酯或用于合成糖原。在这个过程中，保证胰岛素顺利发挥其作用，激活 Glut4 的关键在于磷脂酰肌醇-3′-激酶（P13K；未给出；IR 作为多种蛋白的停泊点，可以结合或激活磷脂酰肌醇 3′-激酶）的作用。当缺乏胰岛素或缺乏对胰岛素信号的响应时，亚基上的磷酸化过程则会被蛋

① 激酶是可以催化磷酸化反应从而形成磷酸氢酯（磷酸酯）的蛋白质。酪氨酸和丝氨酸是典型的磷酸化位点。磷酸化过程会伴随着磷酸化底物的激活；因此，将这类酶称为激酶。

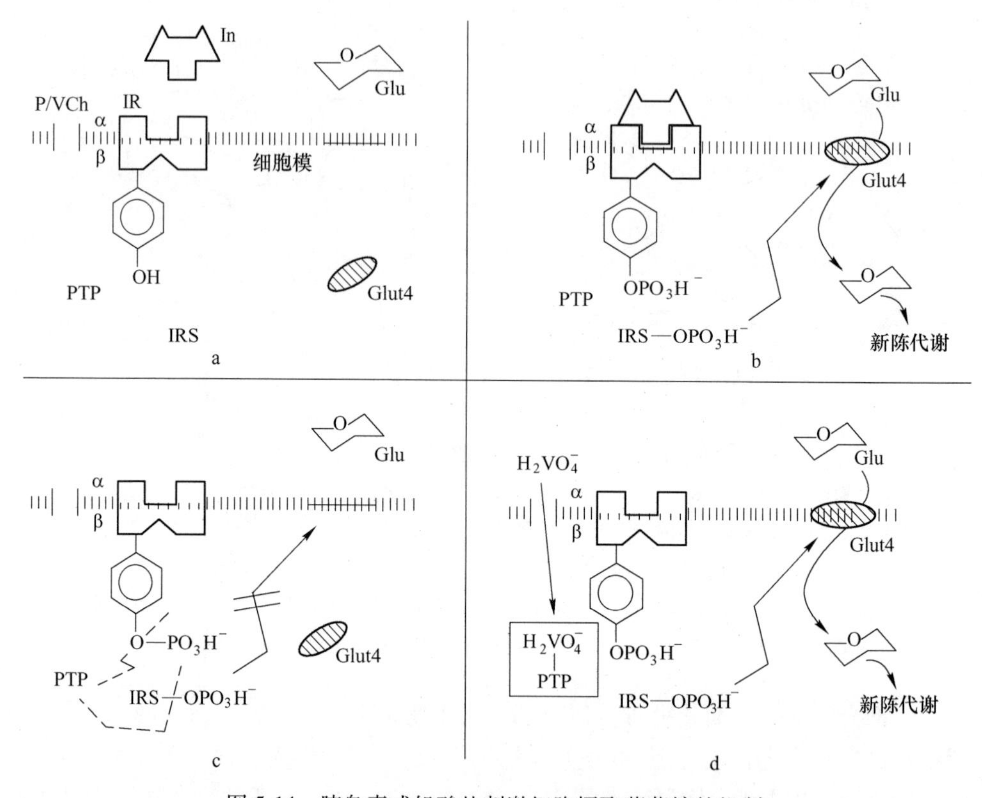

图 5-14　胰岛素或钒酸盐刺激细胞摄取葡萄糖的机制

a—胰岛素（In）与其受体（IR）对接前的情况（P/VCh：磷酸盐/钒酸盐阴离子通道；Glu：葡萄糖；Glut4：葡萄糖转运蛋白 4；PTP：蛋白酪氨酸磷酸酶；IRS：含 IR 的底物）；b—In 与 IR（的亚基）在外部的对接（与 IR 的对接导致了 IR 内部的亚基的酪氨酸发生磷酸化，从而进一步导致了 IRS 的磷酸化；反之，IRS 的磷酸化又可诱导信号转导，即“之”字形箭头，从而使 Glut4 转移到膜上使葡萄糖进入细胞内，即弯箭头）；c—PTP 催化 IR 和 IRS（虚线）上的磷酸酯键水解（自发磷酸化）阻断信号转导的过程（缺乏 In 时）；d—信号转导重新建立（钒酸盐进入细胞，通过抑制磷酸酶活性实现转导的重新建立）

白酪氨酸磷酸酶（PTP）① 阻止，使得 IRS 不发生磷酸化，从而导致信号转导的消失（如图 5-14c 折线所示）。图 5-14d 描述了当钒化合物通过扩散作用、胞吞或磷酸盐/钒酸盐阴离子通道（P/VCh）进入细胞的情况。不论是直接进入还是在细胞内由其他形式的钒转化而来（如图 5-12 所示）SH 或氨基酸侧链上的 N 形成共价键，可以与酶上的活性位点紧密结合（参见 5. 2. 1 节），从而阻止磷酸酶的去磷酸化作用。如图 5-14d 描述的，在某些特定情况下，PTP 会受到抑制，从

① 由于磷酸酶具有催化底物发生去磷酸化（通常是通过水解实现）的作用，因此，其在某种意义上可理解为激酶的“拮抗剂”。

而保证信号转导顺利进行，使得葡萄糖可以被顺利运送到细胞内。已经发现的渥曼青霉素（Wortmannin）① 是一种典型的胰岛素信号转导抑制剂，但其不会抑制由钒（或钒和胰岛素的混合物）引起的 IR 和 IRS 的磷酸化，从而证明钒化合物可以在信号转导的早期发挥其活性，即通过抑制 PTP 的活性保证信号转导的顺利进行[12,26]。但钒酸盐还会激发非 IR 酶的活性，从而可能导致副作用的产生。

钒酸盐具有的维持肝脏内葡萄糖稳定以及血清葡萄糖浓度正常（血糖正常）的胰岛素类似物的作用也可以通过合成肝糖原及抑制其分解的磷酸盐介导的恢复，或是对糖异生作用的抑制得以表达，该过程的关键步骤可能在于对葡萄糖-6-磷酸酶（G-6P 酶）的抑制。

胰岛素促进脂肪合成以及抑制 FFA 释放（脂肪分解）的过程同样涉及复杂的信号通路网络，部分过程还需要 Glut4 的参与。在脂肪细胞中，胰岛素主要通过降低细胞内环磷酸腺苷（*c*AMP）的数量来抑制激素敏感型脂肪酶的活性，从而抑制脂肪的分解。在这一过程中，参与反应的磷酸二酯酶[38a]的浓度水平又可受到作为磷酸盐拮抗剂的钒酸盐的干扰。

5.1.2 其他潜在的医药应用

目前已知的钒化合物对于一些疾病的治疗是有益的，尤其对肺结核、阿米巴痢疾（amoebiasis）、艾滋病（HIV）、疱疹以及癌症等方面的治疗很有帮助。这里将首先介绍一下其对于预防癌症的发生以及抗癌方面的作用，之后再就其他方面的医疗作用进行简要的讨论。

5.1.2.1 钒在癌症和癌前治疗方面的应用

目前已知的钒化合物能有效发挥抗癌作用的癌症类型包括：几种类型的白血病、埃利希（Ehrlich）腹水肿瘤、癌肺、乳腺癌、胃肠道癌症、前列腺癌、睾丸癌、卵巢癌、肝癌、鼻咽癌以及骨髓癌。通常，对于一些简单的含钒药剂（如硫酸氧钒、钒酸盐或过氧钒酸盐等）的使用剂量很低（微摩尔级），从而保证其处于安全剂量水平。通过评估钒（Ⅳ）氧配合物的抗癌功效，得出邻菲罗啉（o-phenanthroline）配合物“metvan”（如图 5-15 中的 22 所示）是一种前景广阔的可以用于治疗多种癌症的抗癌药物，其浓度处于纳摩尔到低微摩尔的水平上[39]，就可以诱导人类白血病细胞、多发性骨髓瘤细胞以及多种肿瘤细胞发生凋亡。按照目前已知的可用于治疗糖尿病的钒化合物与配体能够发生的配位方式，“metvan”是不可能在体内存在的，而会再度发生反应转变为不具备抗癌作用的

---

① 渥曼青霉素（Wortmannin）是真菌渥曼青霉（Penicillium wortmanni，又称 funiculosum）的一种代谢产物，属于一种甾体化合物。其上含有的部分呋喃可以与赖氨酸侧链作用，从而发生开环反应。该青霉素是磷酯酰肌醇-3′-激酶（P13K）的一种有效抑制剂，参见文献［38b］。

简单的钒化合物。不过对于“典型”抗癌剂二氯化钒类物质［如图 5-15 中的 23 所示，为（η^5-C_5H_5）$_2VCl_2$[40] 和 Cp_2VCl_2 的简化结构］，其活性片段环戊二烯钒（即，茂钒）能稳定存在于体液中（见下文）。钒氧配合物 24 在体外可以稳定存在，其含有的配体存在于叶绿素中。通过利用同位素 ^{48}V 标记的 24 已证明，对于某些肿瘤细胞而言，相较于无机钒，其更易被吸收，这进一步说明了它在体内能稳定存在[41]。

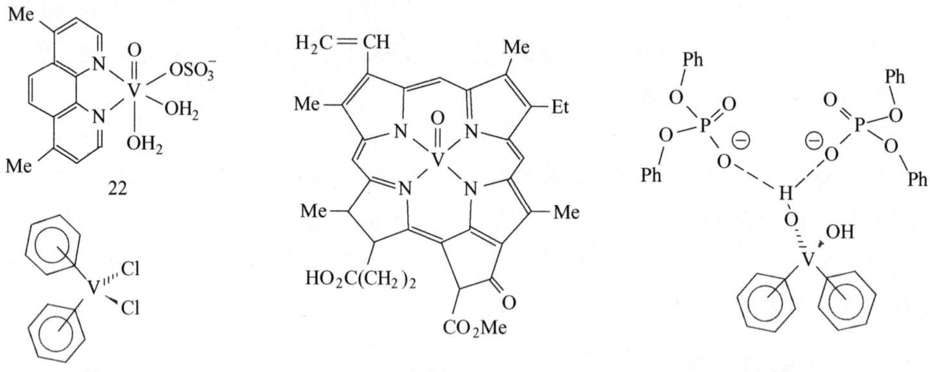

图 5-15 已经被应用于癌症的化学预防及化疗中的配合物

（22 代表 metvan；在生理条件下，配合物 23 和 24 可以十分稳定地存在；外层配合物 25 模拟了 Cp_2VX_2 和 DNA 上的磷酸基团发生反应的可能的模式）

在 5.1.1 节中讨论的作为糖尿病治疗的主要作用机制的细胞酪氨酸磷酸酶的抑制作用，也可以用于说明钒化合物应用于癌症化疗中的潜力[42]。抑制酪氨酸磷酸酶的活性，从而可促进蛋白质中酪氨酸残基的磷酸化，并最终激活肿瘤细胞自身的凋亡作用或激活能表达肿瘤抑制作用的基因。钒酸盐对磷酸盐代谢酶的其他调控作用也会参与到这个过程中[42]。

钒化合物还可发挥一些其他的作用，包括对活性氧产生的干预以及对烷（烃）化剂的解毒作用。致癌物导致的 DNA 损伤被认为是由烷（烃）化或氧化损伤引起的化学致癌作用的早期阶段。DNA 的烷（烃）化发生在其亲核位点上，如鸟嘌呤-N^7 和胸腺嘧啶-O^4，从而导致碱基对无法正常配对，使得复制后的基因发生突变，并最终导致癌症的形成。

对 DNA 氧化损伤最敏感的指标是 8-羟基脱氧鸟苷（8-OHdG）浓度的升高。其余指标还有 DNA 单链断裂、DNA-蛋白质交联和染色体畸变程度的升高。此外，肿瘤细胞的增殖还与肝脏内巯基组氨酸三甲基表达水平的提高有关。在患有肝癌（由二乙基亚硝胺引发）的大鼠体内可以检测到以上所有异常情况。并且，这些异常的生理指标可以通过经口饲喂含有浓度为 4μmol/L 的钒酸盐的饮用水来抑制，说明钒酸盐具有对癌症的化疗作用[43]。钒（Ⅳ、Ⅴ）氧化合物既可以消

除也可以生成[42b] ROS（过氧化物、超氧化物、羟基自由基和纯氧），这在很大程度上取决于会造成氧化还原电位发生改变的因素（例如 pH 值以及与钒发生暂时性结合的辅酶等）。式 5-2a~式 5-2e 代表了典型的反应过程。式 5-2a 和式 5-2b 所对应的反应模型分别由 3. 3. 3 节的图 3-16 中的 6a 和 6c 表示。式 5-2d 代表的是一个芬顿（Fenton）型反应。由钒酸盐催化（式 5-2e）H_2O_2 反应可以得到纯氧。这一过程可以使人联想到在缺乏底物时，非钒酸盐依赖型卤代过氧化物酶同样可催化 H_2O_2 产生纯氧（式 4-10）①。至今尚未探明钒的化疗功效（“致癌物阻断机制”[44]）是否是由于清除了会造成 DNA 损伤的 ROS，或是通过限制 ROS 的产生从而竞争性地消除了其他致癌因素。通过补充钒酸盐[43]从而限制 8-OHdG[43]的生成是一种可能的抗氧化机制。

$$V^{IV}O^{2+} + O_2 + e^- \longrightarrow V^{IV}O(O_2)^+ (\rightarrow \text{水解生成 } V^{V}O^{3+} + H_2O_2) \tag{5-2a}$$

$$VO^{3+} + O_2^{\cdot -} \rightleftharpoons VO^{2+} + O_2 \tag{5-2b}$$

$$VO^{3+} + O_2^{2-} \rightleftharpoons VO^{2+} + O_2^{\cdot -} \tag{5-2c}$$

$$V^{IV}O^{2+} + H_2O_2 \longrightarrow V^{V}O_2^+ + H^+ + HO^{\cdot} \tag{5-2d}$$

$$H_2O_2 + 1/2O_2 \xrightarrow{\{[H_2VO_4]^-\}} {}^1O_2 + H_2O \tag{5-2e}$$

存在于烟草燃烧形成的烟雾以及多种食物（尤其是油炸食品）中的烷（烃）化剂（如二甲基亚硝胺），从本质上讲，也可以通过生物合成制得。并且，由于具有使 DNA 烷（烃）化的能力，1-甲基-1-亚硝基脲已成为一种广为人知的化学致癌物。烷（烃）化剂的毒性可以通过将亲电烷（烃）基转移到亲核试剂（如钒酸盐 $[H_2VO_4]^-$）上来消除。通过这种方式可以消除毒性并防止 DNA 的损伤。目前已经建立了以硫酸二乙酯作为烷（烃）化剂、含水乙腈作为溶剂、钒酸盐三聚物 $[V_3O_9]^{3-}$ 作为亲核试剂的烷（烃）化剂的解毒反应历程的模型[44]。有人可能会说，构建模型所选取的条件并不能反映体内的真实情况，因为，体内的溶剂是水而非含水乙腈，且寡钒酸盐浓度很难达到微摩尔级别。对于这种质疑可以从两个方面来解释：一方面，乙腈的介电性能比水更接近细胞基质；另一方面，较高浓度的寡钒酸盐有可能在一些特定的可以蓄积钒酸盐的细胞层中出现，尤其是易于导致癌细胞形成的微酸性环境中。钒酸盐的去烷（烃）化作用可由图 5-16 表示：烷（烃）化剂上的烷（烃）基 R 是带正电的，其可以转移到钒酸盐的一个氧阴离子上，并借助水发生质子化从而最终被转化为乙醇。对于二甲基亚硝胺而言，起烷（烃）化作用的是间歇性生成的二烷（烃）基盐阳离子。

① 体外研究表明，当过氧化物存在时，钒氧基可以有效切割 DNA。这一过程除了可能有助于抗癌外，也必须考虑到可能会造成的毒性效应，即损伤健康细胞的 DNA。

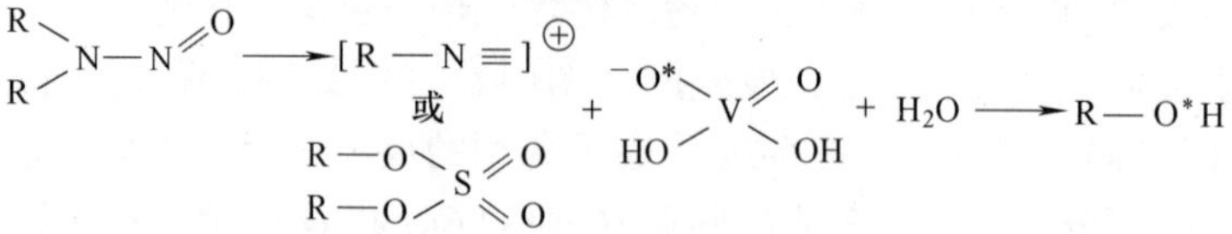

$$\begin{matrix} R_2N-N{=}O \longrightarrow [R-N\equiv]^{\oplus} \\ \text{或} \\ (R-O)_2S({=}O)_2 \end{matrix} + {}^{-}O^{*}-V({=}O)(OH)(OH) + H_2O \longrightarrow R-O^{*}H$$

图 5-16 钒酸盐的去烷（烃）化作用

已经有人提出对于能影响基因表达的茂钒（如图 5-15 中的 23 所示），其抗癌能力或许可以媲美已广为人知的抗癌药物——顺铂［顺二氯化二氨亚铂（Ⅱ）］。顺铂在体内可以发生氨化或羟基化，并且其中的{*cis*-$Pt(NH_3)_2$}会与癌细胞 DNA 上的 2 个相邻的鸟嘌呤-N^7 发生紧密结合，形成链内交联①，从而导致 DNA 的“绞缠”并阻碍其复制。可信的反应方式，这是因为尽管两者的空间排布不同（四聚顺铂的几何形状是平面正方形，而 Cp_2VCl_2 则是立体的四面体结构），但其咬入角∠X-M-X（X=OH 或 H_2O）以及 X 和 X 之间的距离基本上是相同的。通过比较顺铂和 Cp_2VCl_2 的体外作用，可以发现两者表达细胞毒性的机制不同[45]。另外，用 Cp_2VCl_2 处理的腹水肿瘤细胞的形态变化可以理解为是由二卤化茂金属攻击细胞内 DNA 所导致的（如图 5-17 所示）[40]。在所测试的茂金

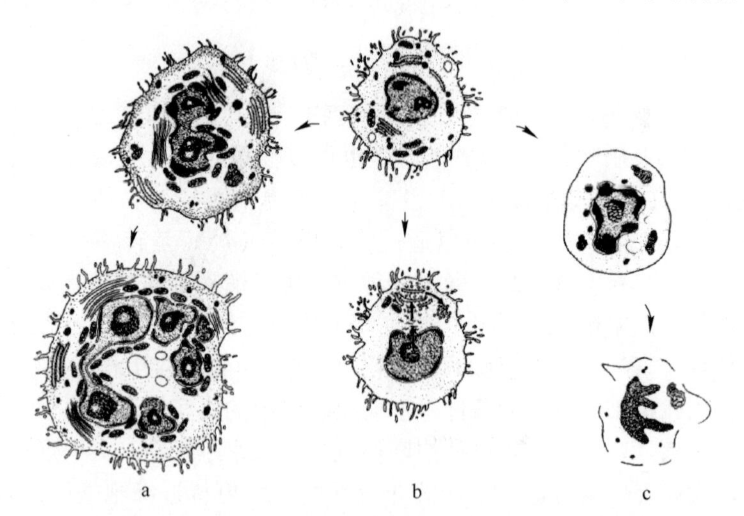

图 5-17 由 Cp_2VCl_2（以及 Cp_2TiCl_2）引起的埃利希（Ehrlich）腹水肿瘤细胞的形态学改变

a—伴随细胞质退化形成的巨细胞；b—内源性病毒的形成；c—细胞变性坏死：

在体外，坏死的巨细胞发生裂解，在体内，这些细胞被巨噬细胞清除

（出处：P. Köpf-Maier and H. Köpf, Drugs Future, 11, 297～319。

版权（1986）为 Prous Science Journals 所有）

① 已观察到还存在其他的交联方式。

属配合物（金属元素 M 包括 Ti、V、Zr、Hf、Mo）中，茂钒对于抵抗肿瘤细胞［埃利希腹水瘤或海拉（HeLa）细胞①］增殖的作用最为显著；当其浓度低于 5μmol/L 时，增殖作用就可被抑制。通过向患有埃利希肿瘤的小鼠腹膜注射 Cp_2VCl_2，可以发现肿瘤质量显著降低。

有趣的是，生理 pH 值条件下，Cp_2VCl_2 可与脱氧腺苷磷酸盐上的磷酸基团在水溶液中发生反应，从而生成半衰期为 0.49（或 0.48）ms 且（V…P）键长约为 5.5nm 的由外层配位反应生成的配合物（与 2 个磷酸基团发生反应）[46a]。这种结构是通过分析顺钒中心对于 ^{31}P 核的弛豫时间的影响得出的，其与配合物 $Cp_2V(OH)_2 \cdot 2PO_2(OPh)_2^-$ 的结构特征模型（如图 5-15 中的 25 所示）高度吻合，因此，Cp_2VCl_2 或其水解产物对 DNA 造成损伤的过程也与之类似。

对作为肿瘤生长机制的 DNA 断裂的抑制作用也可以用常见形式的二（过氧）钒（V）酸盐配合物 $[VO(O_2)_2L]^-$（L 为邻菲罗啉或联吡啶）生成羟基自由基的反应来解释[46b]。

5.1.2.2 钒在医药方面的其他作用

如图 5-18 所示的含有氨基硫脲衍生物（26）及酰肼衍生物（27）配体的钒配合物能够降低可引发阿米巴病（又称阿米巴痢疾）的痢疾内变形虫（即溶组织内阿米巴原虫，*Entamoeba histolytica*）的活性，从而可用于治疗阿米巴痢疾[47]。这类通过水传播的变形虫可以寄生在人体肠道，有时也可寄生在其他脏器中，尤其是肝脏。这是引发阿米巴病的病因，其会进一步引发阿米巴性结肠炎、肠脓肿和肝脓肿。患者通常会出现腹痛、腹泻和便血等症状。这是一种波及了世界各地数百万人的传播范围广泛的流行病。阿米巴原虫是继疟疾和血吸虫病后的第三大杀手[48]。对于具有传染性的阿米巴病，其主要的治疗方式是使用硝基咪唑类药物，如甲硝唑（如图 5-18 中的 28 所示），其对 90%患有轻中度阿米巴病的患者是具有疗效的。然而，这类药物会引发很多副作用，如恶心、神经系统病变以及心律失常。癌症研究机构将甲硝唑归为对人类具有潜在致癌性的物质（2B 组）。对配合物 26 和 27 及其相关化合物的体外试验表明，其可有效抑制阿米巴原虫的生长。如图 5-18 所示，对于治疗阿米巴病，这些钒化合物可能具有与甲硝唑相同甚至“更佳”的疗效。如图 5-18 所示，以二（乙酰丙酮）氧钒（IV）［$VO(acac)_2$］为对照可以发现，当仅有配体存在时，其不会对阿米巴原虫的生存造成实质性的影响。

---

① 埃利希（Ehrlich）肿瘤是一种分化程度低的恶性肿瘤（分离自患有乳腺癌的小鼠），它可以以实体瘤或非实体瘤的形式生长。海拉细胞分离自一名患有宫颈癌的女性（名为 Henriette Lacks）体内，该女性由于癌症于 1951 年过世。

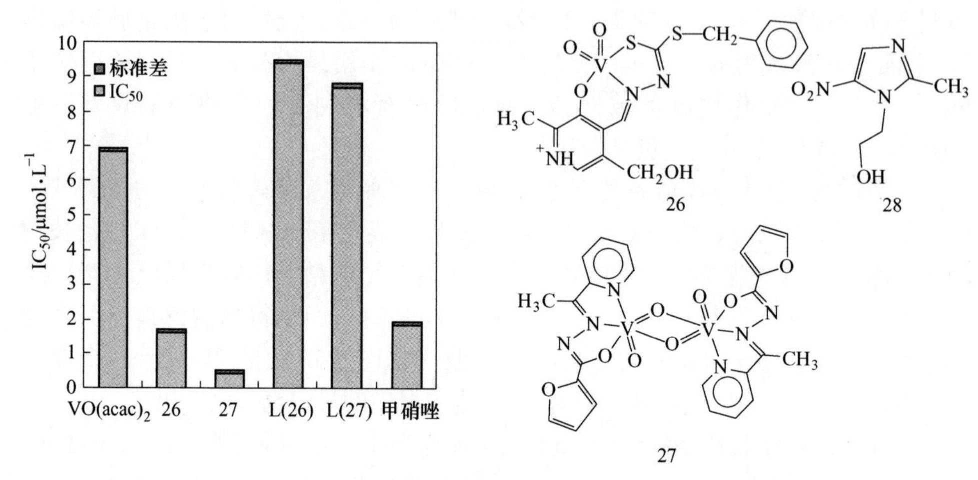

图 5-18 可以用来消灭引发阿米巴病的阿米巴原虫（*Entamoeba histolytica*）的具有灭菌作用的化合物

（希夫碱配合物 26 及 27 都具有体外活性，甲硝唑（28）是常用的治疗阿米巴病的药物；图中左半部分对甲硝唑、配合物 26、27、[$VO(acac)_2$]、26 的配体（L）和 27 的配体对于阿米巴原虫（*Entamoeba histolytica*）活性的抑制作用进行了比较；IC_{50}为抑制半数阿米巴原虫生长所需的化合物浓度）

茂钒配合物具有杀精作用[49]。以硫脲（Htu）为配体的钒（Ⅴ）氧配合物（如图 5-19 中的 29 所示）表现出具有杀精以及抗 HIV 的作用[50]。目前，Htu 类药物可用于治疗 HIV，其主要是通过阻断 HIV-1 逆转录酶（存在于包括 HIV 在内的逆转录病毒中的一种可以对病毒内的遗传物质 RNA 实现逆转录从而生成相应 DNA 的 DNA 合成酶）的表达从而抑制病毒的复制。这类药物在纳摩尔的剂量水平即可发挥功效。钒（V）氧-Htu 配合物[$VO(OMe)(tu)_2$]①可以有效降低 HIV 的活性（$IC_{50}=1\mu mol/L$），但对于人类而言，它同时也会降低男性精液中精子的运动能力，不过其对于女性生殖道上皮细胞是无毒的。也有报道指出，水溶态的钒（Ⅳ）氧——卟啉配合物（如图 5-19 中的 30 所示）具有降低 HIV-1 活性的作用。对其进行的体外试验表明，当配合物浓度为 5μmol/L 时，活性抑制率可达 97%。钒氧基和卟啉配体同时存在时才可能表达出抗 HIV 的功效：单独存在配体、锌-卟啉配合物或硫酸氧钒时，都不能表现出抗 HIV 的功效[51]。

如其他的多金属含氧酸盐（POMs）一样，以 POM 为配体的钒配合物也是有效的抗病毒药物。体外试验表明，钒代杂多钨酸盐具有抗流感病毒、副流感病毒、登革热（Dengue fever）病毒、HIV-1 病毒、SARS 病毒②的活性[52]。其发挥

① 硫脲（Htu）配合物[VO(OMe)(tu)2]的结构式参考自文献［50］，其中钒的配位数为 4。该结构式不代表配合物的真实组分。

② SARS（严重急性呼吸综合征）是由冠状病毒引起的非典型肺炎。

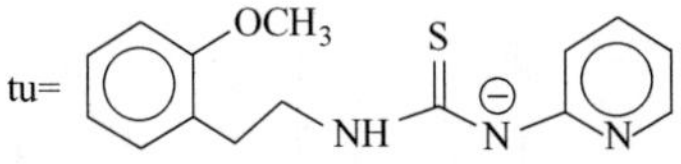

tu= OCH3 S NH N N

R NEt2 R= N O V N N N R R O=S=O R

29: $VO(OMe)(tu)_2$ 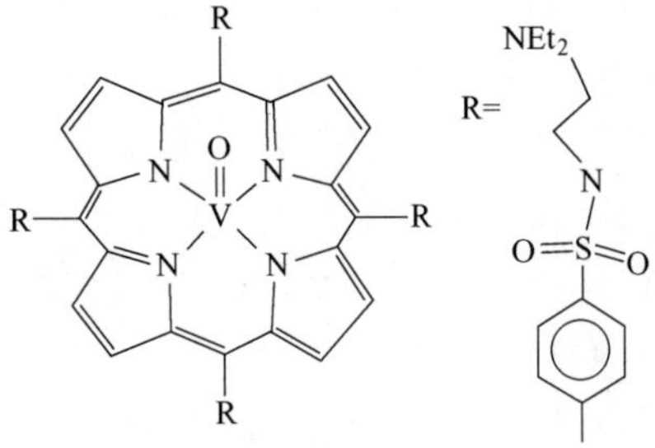　　30

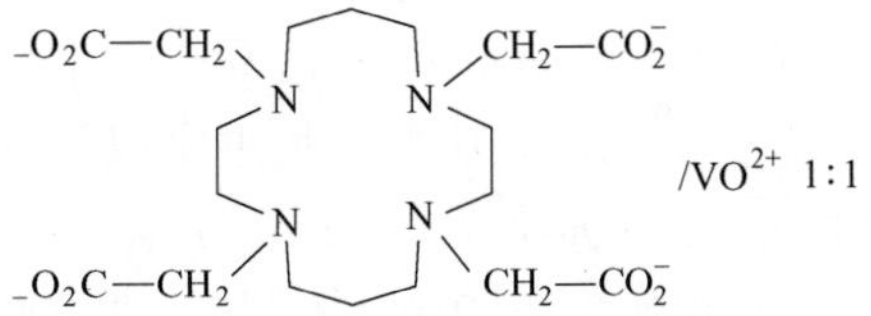

$^{-}O_2C—CH_2$ N N $CH_2—CO_2^-$ N N $^{-}O_2C—CH_2$ $CH_2—CO_2^-$ /VO^{2+} 1∶1

NH_2 O HN O O V O O OH_2 NH_2

31 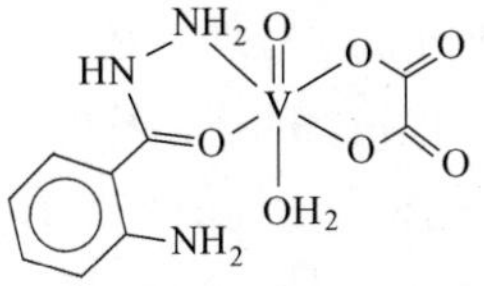　　32

图 5-19　具有药理学功能的含钒配合物

（29 为硫脲（Htu）与钒氧基形成的配合物的假定公式[$VO(OMe)(tu)_2$]（具有杀精作用）；30 为具有抗 HIV-1 活性的卟啉配合物；31 为大环与钒氧基以 1∶1 比例配位的配合物；32 为酰肼配合物：应用于结核分枝杆菌（*Mycobacterium tuberculosis*）体外抑制作用研究的例子）

作用的一种方式在热力学上是不稳定的，会分解形成单核或多核的金属含氧酸盐(参见 2.1 节中对钒酸盐的概述)。然而，在动力学上，这种分解的速率是十分缓慢的，在 pH 值大约为 7 时，其半衰期可长达几个小时。可能的机制是对磷酸盐代谢酶活性或是肌醇诱导的 Ca^{2+} 释放的（抑制性）干扰作用。其药效是借助钒酸盐十聚物来探明的（参见 5.2 节）。存在于体内/外介质中的（阳离子）大环配体可对多聚阴离子 POMs 形成保护，从而使其可以稳定存在（如 2.1.1 节中的图 2-7 所示)。如果没有这种保护，在生理 pH 值和浓度条件下，其热力在本书第 3 章[3]中提到的钒酸盐在肺结核治疗中的应用在之后的几十年中似乎没有进一步的发展。在 20 世纪 70 年代初，一个来自俄罗斯的课题组重新开始利用动物来探究硫酸氧钒对抗击肺结核分枝杆菌（*Mycobacterium tuberculosis*）的功效[53]。近期探索的一些能用于治疗肺结核的钒化合物包括如图 5-19 所示的含有一个巨四氮杂环配体的钒氧配合物（31）[54a]以及酰肼配合物（32）[54b]。研究结果表明，两者均可有效抵抗结核分枝杆菌的侵袭。

5.2　钒与蛋白质及蛋白质底物的相互作用

不存在天然的含钒功能蛋白。迄今为止已探明的含钒功能蛋白已在前面的章节中进行了详述：

（1）对于可催化卤素 X^- 失去 2 个电子从而氧化为 X^+ 的钒卤代过氧化物酶（VHPOs），其含有的钒酸盐［$H_2VO_4^-$］是通过共价键与蛋白质中组氨酸上的 Nε 结合的（如 4.3 节中的图 4-16 所示）。

（2）钒（Ⅱ～Ⅳ）固氮酶是 Fe_7VS_9 簇（FeV 辅因子）的一个组成部分，其对于高柠檬酸及组氨酸上的三桥接硫、邻位羟基和羧基具有调控作用（如 4.4 节中的图 4-27 所示）。

（3）钒结合蛋白（vanadins）是一种在海鞘中发现的可以存储钒氧阳离子的蛋白质，它含有连接到赖氨酸末端氨基上的极高水平的 VO^{2+} 含量（如 4.1.2 节中的图 4-5 所示）。另外，还已从假单胞菌（*Pseudomonas isachenkovii*）中分离得到了钒（Ⅳ）结合蛋白（参见 4.5 节）；这类蛋白质在厌氧环境中是以钒酸盐作为末端电子受体的，其似乎也存在于氢细菌（*Xanthobacter autotrophicus*）中[55]。

此外最重要的是，来自钒（Ⅳ、Ⅴ）酸盐的钒氧根离子作为磷酸盐类似物所具有重要的意义：作为磷酸化底物的钒酸盐及其类似物可以替代磷酸基作为蛋白质的配体或底物。另外，钒酸盐通常可以有效抑制磷酸盐代谢酶的活性；有时在一些比较罕见的情况下，它也可以增强磷酸盐代谢酶的活性。在 30 年前发现的其对钠钾离子泵（即 Na^+-K^+ ATP 酶，又称 Na^+-K^+腺苷三磷酸酶）的抑制作用是生物无机钒化学史上的一个里程碑，这极大地推动了对于磷酸盐和钒酸盐之间拮抗作用的研究。钒酸盐对于细胞内 PTP 的抑制作用在上文关于钒酸盐的胰岛素类似物功效的介绍中已经给出（参见 5.1.1.5 节），其对磷酸盐的拮抗作用将会在 5.2.1 节中进行介绍，5.2.2 节则主要关注其对 β-内酰胺酶的抑制作用。

较少被提及的钒（Ⅲ）氧基也可以与许多蛋白质发生结合，且多数是非特异性结合，即不会使原有蛋白质具有钒特有的一些功效。值得注意的是，钒可与 Tf 上的金属离子结合位点紧密结合，Tf 被视为钒（VO^{2+} 和 $H_2VO_4^-$）的一种与生理有关的转运蛋白。钒氧基（和钒酸盐）与蛋白质的非特异性结合以及钒与其他金属离子对酶的金属辅因子位点的竞争性结合越来越多地被应用于表征金属离子（如 Mg^{2+} 和 Ca^{2+}）的特异性和非特异性结合。这主要是将钒作为光谱检测中的探针，如 ^{51}V NMR（钒酸盐为探针）和 EPR、ESEEM 和 ENDOR（钒氧根为探针）。第 3 章对此选取了几个例子进行了举例介绍（主要介绍方法），另外还在 5.2.4 节中介绍了其他的一些例子。

最后，5.2.5 节中将介绍钒酸盐和钒氧根对蛋白质的一些修饰作用。

5.2.1　钒酸盐代谢酶和磷酸盐代谢酶

本节将分为以下几部分进行介绍：

（1）一般性质。

（2）对磷酸酶和核糖核酸酶的干扰作用。

（3）卤代过氧化物酶的活性与钒抑制型磷酸酶的关系，磷酸酶的活性与脱卤代过氧化物酶的关系。

（4）对磷酸转移酶的促进作用。

5.2.1.1　一般性质

钒酸盐对于对磷酸盐代谢酶的抑制[57a]和促进[57b]作用是十分常见且可信的，这可以归因于“钒酸盐与磷酸盐之间的拮抗作用”，其在很大程度上反映出这两种离子具有相似的生理作用[58]。两者间存在的有趣的相似之处具体表现为，磷酸酶与脱卤代过氧化物酶之间以及钒抑制型磷酸酶和卤代过氧化物酶之间，不论是在活性位点、蛋白质的三级结构还是功能上（见下文）都十分相似。基于此，人们提出了一个共同进化起源假说，即认为这两类酶是趋同进化的。

许多研究致力于发现磷酸盐（如图 5-20a 所示）和钒酸盐（如图 5-20b 所示）［主要为钒（Ⅴ）］的相似点。然而需要注意的是，生理条件下，钒（Ⅳ）酸盐也会存在于溶液中（参见第 2.1.1 节，如图 5-20c 所示）。显然，钒酸盐和磷酸盐确实非常相似：它们的空间结构都是四面体型的，因此，其电荷基本上呈球形分布。然而，在 pH 值为 7 时，体系中这两类盐主要的存在形式所带的净电荷数是不同的，磷酸盐带 2 个负电荷而钒酸盐带 1 个负电荷，从而导致了它们的转运方式及与亲电试剂发生的反应均不相同。另外还有一些明显的不同之处导致了（或者说，是在一定程度上导致了）钒酸盐会对磷酸盐代谢酶产生抑制作用。其中最主要的不同在于钒酸盐易被还原成带 1 个电子且配位数大于 4（通常为 5 或 6）的形式并以该形式稳定存在，这是由于这种形式的钒酸盐具有较低的轨道能量。这意味着存在如图 5-20 所示的五（d）或六（e）水合阴离子（各类形式的四面体钒酸盐处于平衡状态）。在很多情况下（不是所有情况），对钒酸盐的固定一般是通过共价结合实现的，因此，其可与酶的氨基酸侧链上的官能团紧密结合，也可以与酶的底物以及辅因子发生紧密结合，如核糖核酸酶上的尿苷。

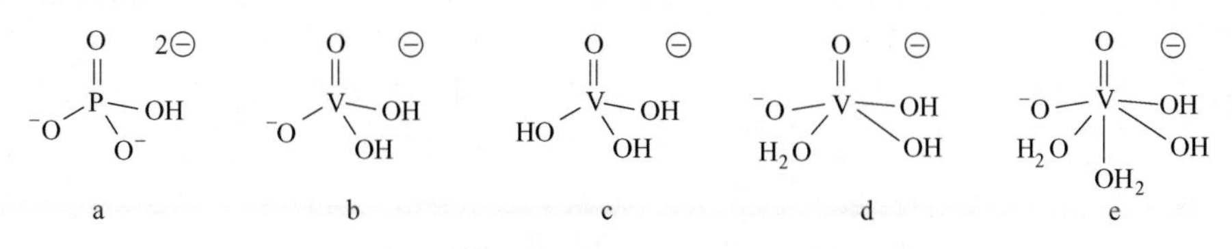

图 5-20　磷酸盐、钒酸盐及其水合物的结构式

5.2.1.2　对磷酸酶和核糖核酸酶的干扰作用

可被钒酸盐抑制的最主要的两类磷酸代谢酶是磷酸酶和核糖核酸酶。磷酸酶

可催化许多底物中磷酸酯键的水解，其反应过程如图 5-21a 所示。磷酸酶的活性位点处通常含有一个组氨酸，这在酸性磷酸酶中十分常见。核糖核酸酶（即 RNA 酶）能使核糖核酸上的 2 个磷酸二酯键中的 1 个发生断裂，从而使 RNA 发生裂解。公认的核糖核酸酶的催化机制是一个两步催化反应，如图 5-21b 所示。第 1 步是“转磷酸化”过程，即通过质子化作用，使得 RNA 上的一个磷酸二酯键发生断裂从而使得磷酸基团和核糖分子形成环状结构。第 2 步是通过水解作用，生成非环状的单个核糖核苷酸分子。在如图 5-21 所示的两类酶的作用机制中，中间产物具有非常重要的作用，其所含的磷是以五配位（“磷中间产物”）的形式存在于一个三角双锥的结构中。这些磷中间体是不稳定的，但如果以钒代替磷，从而形成的“钒中间体”则是可以稳定存在的。因此，钒的抑制作用通常可被归因于钒在酶的活性位点处可形成这类“冻结的（即，稳定的）”中间体。简单地说，由于钒酸盐与磷酸盐具有相似性，因而其可以被磷酸酶所“捕获”利用。然而，与磷酸盐相反的是，钒酸盐会与酶上的活性位点之间形成稳定的共价键，从而阻断了真正的磷酸酯键的断裂。

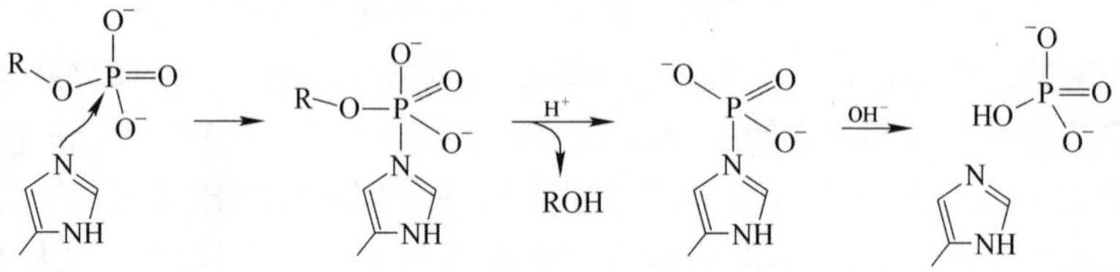

a

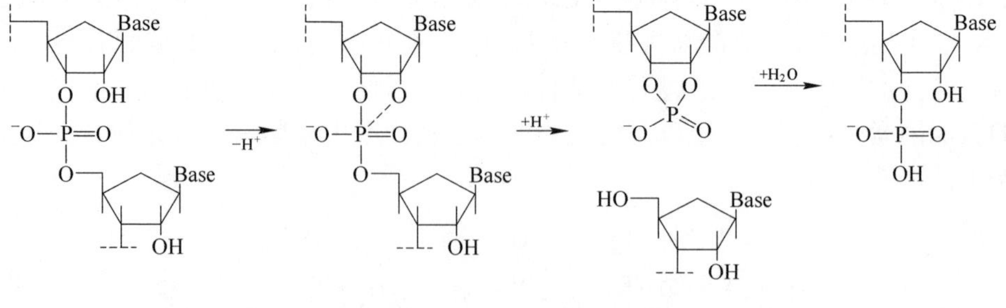

b

图 5-21 抑制磷酸酶和核糖核酸酶的机理

a—磷酸酶利用其活性位点处的组氨酸催化磷酸酯键水解的示意图（给出了该过程中生成的磷的五配位中间态）；b—核糖核酸酶催化磷酸二酯键断裂的机制（给出了形成环状磷酸核糖结构的转磷酸作用及之后进一步的水解作用的示意图）

图 5-22 给出了钒酸盐抑制型核糖核酸酶构型①的 2 个例子，即，分别以牛胰核糖核酸酶 A(Ⅰ)[59b] 和从米曲霉（*Aspergillus oryzae*）中获取的核糖核酸酶 T_1 (Ⅱ)[60a] 为例，说明可能存在的钒与之结合的方式。对于 I，钒酸盐可共价结合到底物尿苷的 2′-或 3′-含氧核糖上，并借助形成的氢键网络被固定在酶上。牛胰核糖核酸酶 A 是一个由 124 个氨基酸组成的单链蛋白质，可催化单链 RNA 上的磷酸二酯键的水解。核糖核酸酶 T1 可以在 RNA 上的鸟苷处进行特异性的切割，从而生成末端连有鸟苷-3′-磷酸的寡核苷酸。对于含钒化合物Ⅱ，当无底物存在时，钒酸盐和蛋白质不会发生共价结合。相反，钒酸盐（$[H_2VO_4]^-$）会通过氢键的作用被牢固地嵌入酶的催化位点处。加入钒酸盐的三氨基甲烷（Tris）缓冲液②的 ^{51}V NMR 光谱中显示出 1 个被大幅度拓宽的共振信号且游离单钒酸盐的化学位移也稍稍前移，这证实了酶与钒酸盐产生了牢固的结合。通过 ^{51}V NMR的研究还发现了在含有底物类似物肌苷的三元体系中，钒酸盐稳定性急剧升高。在这里，信号 ^{51}V 的化学位移 $\delta=-523$ 表示钒是以典型的三角双锥形的五配位形式被酶结合，这与Ⅰ中的形式相吻合。图 5-24 展示了应用以钒酸盐为探针的 ^{51}V NMR 来研究钒酸盐与蛋白质的相互作用的效果。取自拟南芥（*Arabidopsis thaliana*）

Ⅰ:RNase-A　　Ⅱ:RNase-T_1

Ⅲ:*c*NPDase　　Ⅳ:T-DNA-PDase

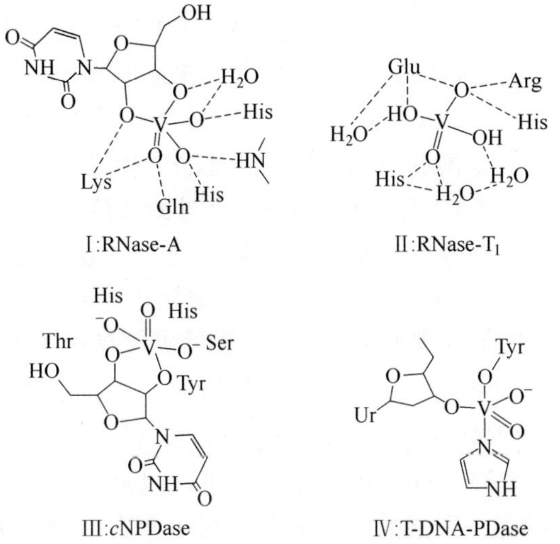

图 5-22　对钒酸盐抑制型核糖核酸酶水解核苷酸中磷酸二酯键进行表征的 4 个例子

（Ⅰ为牛胰核糖核酸酶 A 中尿苷与钒酸盐形成的配合物；Ⅱ为取自米曲霉（*Aspergillus oryzae*）的核糖核酸酶 T_1 与钒酸盐形成的配合物；Ⅲ为取自拟南芥（*Arabidopsis thaliana*）的环核苷酸磷酸二酯酶（*c*NPD 酶）中的尿苷与钒酸盐形成的配合物；Ⅳ为人类酪氨酰-DNA 磷酸二酯酶（Ur：尿苷））

① 出处：“The power of vanadate in crystallographic investigations of phosphoryl transfer enzymes”[59a]。

② Tris 缓冲液是一种含有不同比例的三乙胺和 HCl 的 pH 值可在 7~9 范围内变化的缓冲液。

(如图 5-22 中的Ⅲ所示)的环核苷酸磷酸二酯酶(cNPD 酶)是一种核糖核酸酶,在该酶与钒形成的钒酸盐-尿苷配合物中也发现了如Ⅰ所示的结构基序[61]。拟南芥属于十字花科植物(花椰菜的近亲植物),它是第 1 种基因组已被完全测定的植物,因此,常被用作模型生物。cNPD 酶可催化环磷酸腺苷水解断裂(参见图 5-21b 的第二部分,即催化磷酸酯裂解的水解步骤)。人类酪氨酰-DNA 磷酸二酯酶(Ⅳ)可催化酪氨酸侧链和 DNA 上的 3′-磷酸[62]之间的磷酸二酯键的水解,其钒酸盐抑制型结构中的脱氢核糖(赤道面)和酪氨酸(轴向)含有酯键。第 2 轴向位置被组氨酸上的 Nε 所占据,从而形成一个整体上外观与 VHPOs 的活性中心十分类似的结构。

可将图 5-22 所示的磷酸二酯酶(Ⅳ)的结构特征与钒酸盐抑制型磷酸酯酶的结构特征相联系。磷酸酶上参与摄取(结合)磷酸的氨基酸和 VHPOs 活性中心处的氨基酸基本上是不变的,这使得钒酸盐抑制型磷酸酶和卤代过氧化物酶之间具有显著的相似性,可以借助图 5-23 中所举例子对此进行解释。如图 5-23 中的Ⅴ所示的大鼠前列腺酸性磷酸酶(Ⅵ)属于 VHPO,其含有的钒酸盐可以与组氨酸牢固结合,不过需要注意的是,对于末端组氨酸,其发生的是对天冬氨酸的取代反应[63]。牛心脏 PTP(Ⅶ)[64a]的活性位点处的半胱氨酸①也可以与钒酸盐发生共价结合,从而形成相应的钒酸盐配合物,该配合物与 VHOPs 中的钒酸盐配合物具有相同的基序。值得注意的是,虽然氧化还原作用在钒酸盐-硫醇体系中十分常见(参见 2.3.2.4 节),但钒酸盐与半胱氨酸发生的是非氧化还原反应。比如,钒酸盐与甘油-6-磷酸脱氢酶活性位点处的半胱氨酸就是借助非氧化还原反应结合的。显然,甘油-6-磷酸脱氢酶活性位点处的邻位氨基酸残基与钒酸盐之间存在的静电作用,使钒酸盐与半胱氨酸能够发生氧化还原反应的电位发生了位移,从而最终使得钒酸盐-半胱氨酸体系能抵御氧化还原作用并保持稳定。已经证明,比钒酸盐氧化能力更强的过氧钒酸盐能够氧化存在于线粒体 Ca^{2+} 释放通道中的硫醇并可能生成磺酸盐,从而抑制线粒体中 Ca^{2+} 的释放[64b]。对于第 215 位氨基酸发生突变(Cys215Ser,即由半胱氨酸变为丝氨酸)的蛋白酪氨酸磷酸酶 1B(PTP-1B,如图 5-23 中的Ⅷ所示)[65]和大肠埃希氏菌(即大肠杆菌,*Escherichia coli*)中的碱性磷酸酶(Ⅸ)[66],其中所含的半胱氨酸可被丝氨酸取代是其具有的另外一个特性,因此模型配合物中存在许多含有丝氨酸的多肽,使得其一般趋向于不直接与钒发生结合(如 2.2.1 节中的图 2-15 所示)。Ⅸ的活性中心还包含 2 个与钒接触的锌离子,这两个锌离子还可与组氨酸和天冬氨酸发生结合。

除了组氨酸(His)、半胱氨酸(Cys)和丝氨酸(Ser),发生羟基化的苏氨

① 有趣的是,同样可以被磷酸盐的活性位点摄取的钼酸盐不与该处的蛋白质残基之间形成共价键。

酸（Thr）也可以作为磷酸酶活性位点处的残基：第 214 位氨基酸发生突变（Thr214Ala，即由苏氨酸变为丙氨酸）的钠钾离子泵对钒酸盐具有显著的还原作用，从而会对腺苷三磷酸酶（ATP 酶）的活性产生抑制[67]，这说明了苏氨酸对于钒的结合是十分重要的。综上所述，很可能与其他氨基酸残基一样，苏氨酸也会在 1 个轴向位置上与钒发生结合。钒酸盐对于 PTP 的抑制是尤为有趣的，因为这可能是钒具有胰岛素类似物功效的主要原因（参见 5.1.1.5 节）。用硫酸氧钒或 BMOV（如图 5-4 中的 7a 所示）处理磷酸酶，从而可以得到钒酸盐抑制型 PTP-1B（如图 5-23 中的Ⅷ所示）。其结构可借助单晶 X 射线衍射和二维 ^{1}H-^{15}N NMR 光谱来探明。不论本质上的钒的性质是怎样的，对已获得的含钒（Ⅴ）物质的探索可以很好地证明，通过移除配体或氧化钒（Ⅳ）得到的钒（Ⅴ）酸盐是具备活性的钒存在形式。体内试验进一步证明，大鼠心脏组织细胞内的 PTP-1B 会受到钒（Ⅴ）酸盐的抑制，与此同时，IR 的磷酸化程度则会提高。

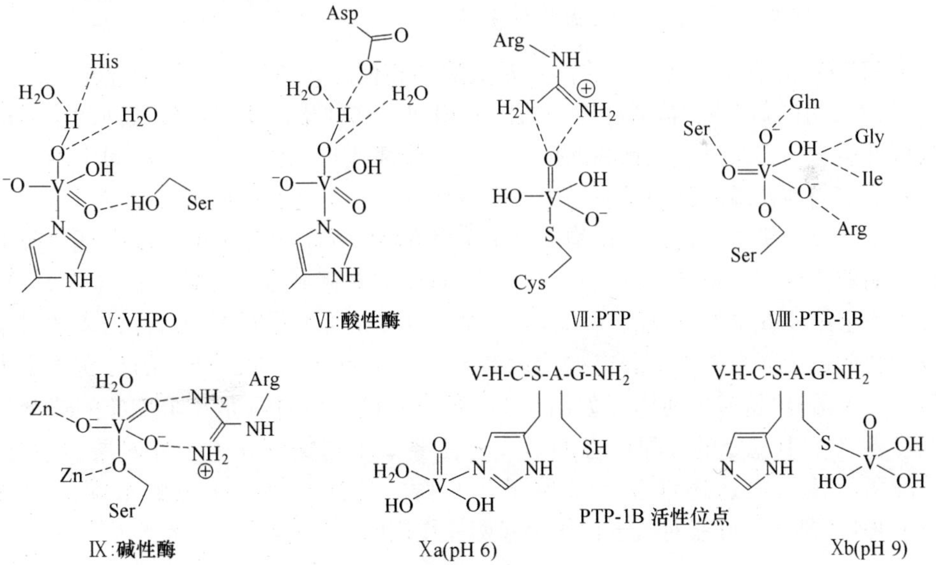

Ⅴ:VHPO　Ⅵ:酸性酶　Ⅶ:PTP　Ⅷ:PTP-1B

Ⅸ:碱性酶　Ⅹa(pH 6)　PTP-1B 活性位点　Ⅹb(pH 9)

图 5-23　钒酸盐抑制型磷酸酶的结构特征

（Ⅵ为大鼠前列腺酸性磷酸酶；Ⅶ为牛酪氨酸磷酸酶；Ⅷ为哺乳动物蛋白酪氨酸磷酸酶 1B；Ⅸ为大肠埃希氏菌（*Escherichia coli*）碱性磷酸酶；Ⅴ为钒卤代过氧化物酶（VHPOs）的活性中心；Ⅹa 和Ⅹb 为基于 EPR 得出的 PTP-1B 活性部位处的肽链片段（Val-His-Cys-Ser-Ala-Gly-NH_2）与钒氧基之间形成的钒氧配合物）

尽管 VO^{2+} 与完整的 PTP-1B 之间的相互作用显然还伴随着钒氧基被氧化为钒酸盐的过程，PTP-1B 活性部位处的肽链片段（Val-His-Cys-Ser-Ala-Gly-NH_2）与钒氧基之间发生的结合仍属于非氧化还原反应。优先被结合的活性位点要依据具体的 pH 值条件而定：pH 值为 6 时，优先的结合位点是组氨酸（如图 5-23 所示的Xa)；而 pH 值为 9 时，优先的结合位点则是半胱氨酸（如图 5-22 所示的Xb)。给出的Xa 和Xb 的结构符合其各自对应的 EPR 超精细耦合常数［$A_{\parallel}$ = 161×10^{-4} cm^{-1}（Xa）和 $144\times10^{-4}cm^{-1}$（Xb)］(参见表 3-3)。

除了可以调控机体由于对胰岛素的响应从而引发的信号传递过程，蛋白质的磷酸化/去磷酸化作用还是调控细胞内生化过程的一个主要的作用机制。理论上，这一作用是会受到钒酸盐干扰的。对此，作为酸性磷酸酶之一的哺乳动物体内的 G-6P 酶是一个例子，其作为磷酸盐受体的活性位点处的组氨酸是不可或缺的。G-6P 酶对于葡萄糖的代谢是至关重要的，其与钒酸盐之间的反应可能可以用于治疗属于遗传类疾病的糖原贮积病Ⅰ型（Von Gierke，又称 G-P6 酶缺陷症)。这类病的症状表现为患者体内的糖异生过程受阻（即糖原不能正常分解为葡萄糖)，从而导致患者在未进食期间发生严重的低血糖。

5.2.1.3 卤代过氧化物酶的活性与钒酸盐抑制型磷酸酶的关系，磷酸酶的活性与脱卤代过氧化物酶的关系

VHPOs 的活性位点和（酸性）磷酸酶的相似之处包括：(1) 氨基酸的同源性；(2) 钒酸盐/磷酸盐活性中心结构的相似。这种相似使得钒酸盐抑制型磷酸酶可能会参与涉及过氧化物酶的反应，且钒脱卤代过氧化物酶（apo-VHPOs）可能也会参与涉及磷酸酶的反应当中。已有研究证实了这两种现象的存在。

实际上，钒脱氯代过氧化物酶（apo-VClPO）在常规分析中可以表现出类似磷酸酶的活性，即可催化对硝基苯磷酸水解生成对硝基苯酚和磷酸盐（式 5-3)。位于酶上第 496 位的组氨酸（His496)(如图 4-17b 所示）对于酶活性的表达是十分重要的；因而当该组氨酸突变为丙氨酸（His496Ala）时，产生的突变体是失活的。磷酸-组氨酸中间体（如图 5-20a 所示）的水解过程是整个反应的速率控制步骤[69]，其稳定的五配位态的形成还需要 2 个精氨酸和 1 个赖氨酸的参与。磷酸酶活性的表达还涉及一个质子化步骤，且处于第 404 位的末端组氨酸（His404）是最有可能对质子化作用起调控作用的。

$$O_2N-C_6H_4-OPO_3H^- + H_2O \longrightarrow O_2N-C_6H_4-OH + H_2PO_4^- \tag{5-3}$$

另一方面，取自病原菌［(福氏志贺氏菌，*Shigella flexneri*）和（沙门氏菌，*Salmonella enterica*)］的钒代酸性磷酸酶可以以过氧化氢为氧化剂催化苯酚红氧化为溴化溴酚蓝（图 4-11)。然而，其催化效率要比原本的钒溴代过氧化物酶（VBrPO）低 1 个数量级。借助在介质中发生的手性诱导，作为 VHPOs 的 1 种底物的茴香硫醚（甲基苯硫醚）同样可以被氧化，并生成亚砜[70]。同样，结合了钒的肌醇六磷酸酶也具备过氧化物酶的活性，即可以催化氧化茴香硫醚及其衍生物[71]。植酸酶是植物中含有的磷酸酶，是组氨酸酸性磷酸酶的一个亚类，其可以在 3(3′-植酸）或 6(6′-植酸）号活性位点处催化植酸（肌醇六磷酸）水解

（如图 5-23 所示）。在^{51}V NMR 光谱中出现了较宽的共振信号（如图 5-24 所示）。这是在（扭曲的）三角双锥结构中的含氧官能团配体控制下，出现的典型的代表钒的化学位移，据此可以证明形成了钒酸盐–酶配合物。

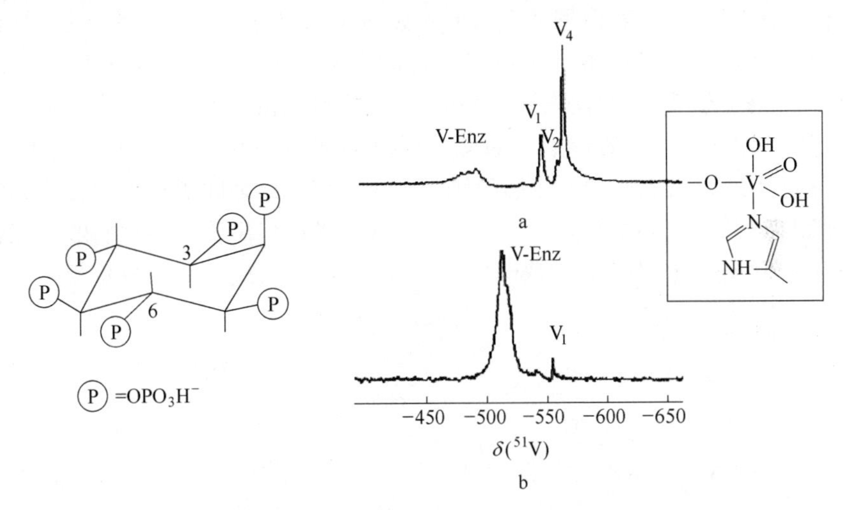

图 5-24 与钒结合的肌醇六磷酸酶

a—植酸酶的底物—植酸（肌醇六磷酸）；b—3′-植酸（a）或 6′-植酸（b）的^{51}V NMR 光谱（在含有 5mmol/L 钒酸盐，pH 值为 7.6 的溶液中；V-Enz：钒酸盐与酶的活性部位发生结合，插图给出了所形成的可能的结构；高场区出现的尖锐的信号峰分别代表钒酸盐单体、二聚物和四聚物）

（出处：Courtesy of Isabel Correia，Centro Química Estrutural，TU Lisbon，Portugal；DOI：10.1016/j.jinorgbio.2007.09.005.）

5.2.1.4 对磷酸转移酶的促进作用

与磷酸水解酶相反，钒酸盐对于以非水解方式催化磷酸基团转移的磷酸转移酶的活性具有促进作用。钒酸盐可以自发地与非磷酸化的底物如糖类形成酯类。这些形成的钒酸酯类可以替代突变酶和异构酶对磷酸酶的活性起到促进作用。例如葡萄糖磷酸变位酶可催化发生在葡萄糖-1-磷酸和葡萄糖-6-磷酸之间的“突变”（磷酸转移）过程，磷酸核糖异构酶可催化发生在 5′-磷酸核糖和 5′-磷酸核酮糖之间的异构反应[57]。

5.2.2 对 β-内酰胺酶的抑制作用

由于 β-内酰胺类的作用，细菌经常会对抗生素产生耐药性。自半个世纪前抗生素在临床上得到应用以来，这个问题一直伴随始终。由细菌产物 β-内酰胺酶所导致的这种耐药性尤为显著，这种酶可催化 β-内酰胺发生水解。特别有趣的是，钒（V）氧肟酸配合物可以有效抑制 β-内酰胺酶的活性[72]。已知阴沟肠杆菌

(*Enterobacter cloacae*) 中含有 β-内酰胺酶，如图 5-25 所示，4-硝基肟酸钒配合物在 K_i 值为 0.5μmol/L 时，可以有效抑制该酶的活性。异羟肟酸通过异羟肟羟基上的 O 与钒发生结合，此过程中其上的酸性羰基上的 O 也会与钒存在 1 个弱相互作用。根据光谱特征和模型计算结果（如图 5-25 所示），当异羟肟酸钒配合物与酶上第 152 位的天冬氨酸（Asn152）之间形成氢键时，这个弱相互作用会消失。随后，酶上第 64 位的丝氨酸（Ser64）残基则占据了钒上由于这一弱相互作用的消失而“被抛弃”的位点。因此，可以类比这种结合方式来描述 PTP-1B（如图 5-23 中的Ⅷ所示）与异羟肟酸钒配合物的结合，即除了额外存在于异羟肟酸上的配体，其余配体都与钒结合。由 ^{51}V NMR 光谱得出，与异羟肟酸钒配合物（化学位移 $\delta=-497$）相比，形成的三元配合物（化学位移 $\delta=-494$）与酶未发生结合。

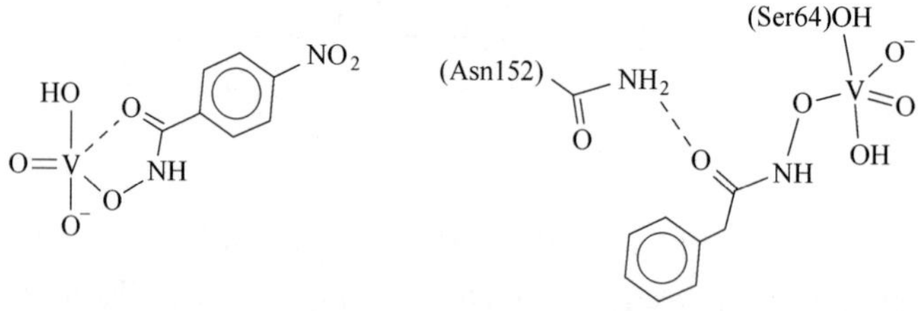

图 5-25　4-硝基肟酸钒配合物对 β-内酰胺酶的抑制（反应）

5.2.3 结构上的钒类似物——磷酯和酸酐

在 2.1.3 节中，是把钒酸酯视为一般的无机钒化合物来处理的。尽管钒酸酯易在水溶液中生成，但是它们并不是很稳定（形成常数的数量级处于 10^{-1} ~ 1L/mol 之间）且易被水解。如式 5-4 所展示的平衡状态描述了这种情况，且平衡状态受浓度、钒/醇比、离子强度和 pH 值的影响。其中还涉及了动力学部分，即空间上具有位阻的乙醇可以降低酯类的生成和皂化速率。在生理体系中，通常不易区分钒酸酯和磷酸酯，且如脱氢酶、异构酶和醛缩酶等酶可对钒酸酯与磷酸酯之间的竞争做出响应。如上所述的钒酸盐（钒酸酯）一旦可以作为替代底物参与反应，就可以通过扩大钒所控制的结合范围来使这一“过渡”态变得稳定。类似的性质同样适用于钒酸盐的酸酐（如钒酸盐二聚物）和磷酸盐-钒酸盐混合酸酐（参见 2.1.1 节和 2.1.2 节）。

$$[H_2VO_4]^- + ROH \rightleftharpoons [H_2VO_3(OR)]^- + H_2O \quad (5\text{-}4)$$

图 5-26 展示了有生理作用的钒酸酯和酸酐的结构。葡萄糖-6-钒酸盐是其中的一个例子，它可以被葡萄糖-6-磷酸脱氢酶（Glu-6PDH）识别并迅速被氧化和水解为葡糖酸酯[73a]。钒酸盐和糖羟基反应生成酯类的另一个例子是 AMP 的类似物钒酸腺苷（图 5-26 中的 34）[73b]和 NADP 的类似物烟碱腺嘌呤二核苷酸钒酸盐

(NADV)(图 5-26 中的 35)。NADV 可以替代还原型烟酰胺腺嘌呤二核苷酸磷酸(NADPH，又称还原型辅酶Ⅱ)作为还原酶的辅酶[73b]。ATP 的类似物腺苷二磷酸钒酸盐(ADPV)(图 5-26 中的 36)[74]是典型的在生理条件下形成的混合酸酐，关于其在钒酸盐参与的光诱导蛋白质裂解的过程中所起的重要作用将在 5.2.5 节中进行叙述。$V_3O_9^{5-}$ 作为游离线性三磷酸的钒酸盐类似物，只在 pH 值约为 9 时存在(此时，它是伴随其他形式的钒存在的微量组分)，因此，其不具有生理学方面的性质。磷酸腺苷的钒酸盐类似物(如 ADPV 和 AMPV)对相应的磷酸酶基本无响应。这可能是由于与磷酸盐-磷酸盐之间形成的化学键的键能(大约 30kJ/mol)相比，钒酸盐-磷酸盐之间形成的化学键的键能(大约 10kJ/mol)较低。此外，磷酸盐-磷酸盐类似物不能像二磷酸盐残基(比如位于 ATP 和 ADP 上的)那样有效地结合 Mg^{2+}，而这种结合是生理动力学和热力学正常进行的先决条件。

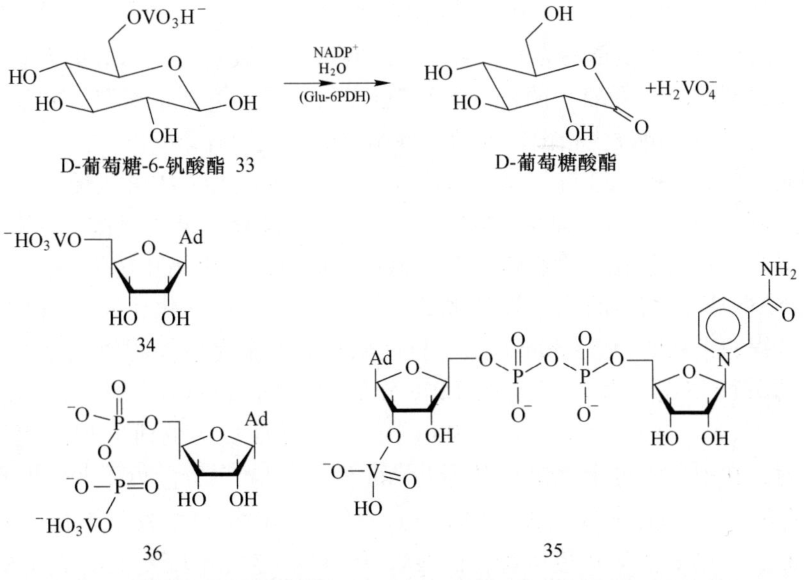

D-葡萄糖-6-钒酸酯 33 —— $NADP^+$, H_2O (Glu-6PDH) → D-葡萄糖酸酯 $+H_2VO_4^-$

34

36

35

图 5-26 有生理活性的钒酸酯(33~35)和钒酸盐-磷酸盐混合酸酐(36)

(Ad 为腺苷；33 描述了由葡萄糖-6-磷酸脱氢酶(Glu-6PDH)催化活性葡萄糖氧化成葡糖酸的氧化过程，图中为其内酯形式)

另外，在弱酸性或中性 pH 值条件下，通过 α、β 和 γ 位的含氧磷酸基团，钒氧基与 ATP 可以发生螯合作用，从而形成 $[VO(ATP)H_x]^{(x-2)}$ (x=0、1、2)和 $[VO(ATP)_2]^{6-}$。随着 pH 值的升高，螯合作用逐渐优先发生于核糖部分，并且在微碱性介质中，可以观察到通过混合螯合作用形成的螯合物 $[VO(ATP)_2]^{8-}$[75a]。在 cAMP 浓度处于较低的微摩尔水平时，钒氧基对蛋白激酶(PKA)的抑制是通过与 ATP 结合实现的[75b]。VO^{2+} 比 Mg^{2+} 更能有效地与二磷酸和三磷酸结合，因此，其越来越多地作为 ENDOR 和 ESEEM 的顺磁探针应用于对 ATP-蛋白质配合物的结构解析当中[75c]。

5.2.4　钒酸盐和钒氧基与蛋白质之间的非功能性结合

血浆中主要存在的蛋白质是 Alb（分子量 $M\approx70$kDa，浓度 $c\approx600\mu$m）和 Tf（$M\approx80$kDa，$c\approx35\mu$m）。脱转铁蛋白（apo-Tf）是一种单链叶状蛋白，可以有效运输 Fe^{3+} 以及包括 V^{3+} 和 VO^{2+} 在内的其他+3 价和+2 价离子，其也可以运输如 $[H_2VO_4]^-$ 等阴离子，但很可能使阴离子的结构发生“重建”，即将阴离子变为 VO^{2+} 的形式，再与之结合。在每个结合位点的末端羧基和末端氨基上，apo-Tf 最多可结合 2 个金属离子，且需要 1 个阴离子（一般为碳酸氢盐）的协同作用。负载有 Fe 的 Tf 通常占总 Tf 的 1/3，其余用来结合其他金属的 Tf 约为 50μmol/L。在金属结合位点处参与结合的配体为 2 个酪氨酸、1 个天冬氨酸和 1 个组氨酸。血清 Alb 具有许多生理功能：运输脂肪酸、维持 Zn^{2+} 和 Cu^{2+} 的渗透压等。钒酸盐与 Alb 之间只能以较松散的方式结合；与之相反，钒氧基可以相对更为紧密地结合到末端氨基酸（组氨酸）的位点 3（“强结合位点”）处。另外，钒氧基与表面氨基酸的羧酸侧链发生松散的非特异性结合的方式约有 20 种[76]。

如先前所述，钒氧基与 Tf 发生的紧密结合会导致大量从钒氧配合物上被剥离下来的配体进入血液。血液中的还原剂（抗坏血酸、半胱氨酸、儿茶酚胺）和氧使得钒（Ⅳ）氧化合物和钒（Ⅴ）酸盐之间可以发生相互转化。在 pH 值为 5 时，被 Alb 或 Tf 结合的钒（Ⅳ）和钒（Ⅴ）之间通过氧化还原作用发生的相互转化过程的半衰期为 5～30min[77]。目前似乎还尚未完全探明钒氧基在 Alb 和 Tf 之间的分配情况，基于早期的 EPR 分析得出的 Alb-VO^{2+}/Tf-VO^{2+} 比为 2.3［c(Ⅴ) = 25μm］和 6.4［c(Ⅴ) = 50μm］[77]。而近期更多的研究似乎表明，当 Tf 存在时，在很大程度上，钒氧基不与 Alb 发生反应[34, 78]。VO^{2+} 与 Alb 形成配合物的 lg$K$（K：结合常数）为 10.0（1）；Tf 与第 1 个 VO^{2+} 发生配位的 $\lg K_1$ 为 14.3（6），与第 2 个 VO^{2+} 发生配位的 $\lg K_2$ 为 13.7（5），因此，$\lg K_1$ 与 $\lg K_2$ 差异不大[78]。相应的 Fe^{3+} 的 lg$K$ 约为 20，即 Fe^{3+} 比 VO^{2+} 更易被 Tf 结合。

Tf 上的钒氧基和钒酸盐各自的结合位点的性质已分别借助 EPR 和 ^{51}V NMR 光谱探明。图 5-27 选择性地给出了部分结果。这两种光谱法都表明，末端羧基和末端氨基上的结合位点稍稍有所不同。由于 VO^{2+}-Tf 分子发生缓慢的翻转，EPR 光谱在室温下是各向异性（轴向）的。两类位点在空间构象上具有明显的不同：液氮温度下，可以观察到 1 个正方形的椎体构象 A（对应于末端羧基）和 2 个构象 B（对应于末端氨基），后者是轴对称的扭曲结构。两种异构体在室温下的 EPR 参数如下：

信号 A（末端羧基的结合位点）：$A_\parallel = 166.8\times10^{-4}$，$A_\perp = 60.1\times10^{-4}\ \mathrm{cm}^{-1}$，$g_\parallel =$

1.940，$g_{\perp}$ = 1.947；

信号 B（末端氨基的结合位点）：$A_{\parallel} = 170\times10^{-4}$，$A_{\perp} = 56\times10^{-4}\ \mathrm{cm^{-1}}$，$g_{\parallel}$ = 1.934，$g_{\perp}$ = 1.969。

根据超精细耦合常数的大小及其具有的叠加关系（见 3.3.2 节）可知，只有 1 个酪氨酸连同 1 个组氨酸和 1 个天冬氨酸一起结合在赤道面位置（因此第 2 个结合在轴向位置）。第 4 个赤道面配体是起协同配位作用的碳酸盐/碳酸氢盐或可交换的水/羟配体中的二者之一，其整体构造如图 5-27c 所示。根据 ESEEM 研究，可以观察到 1 个偶极耦合到钒（Ⅳ）中心的质子上，其偶极矩约为 2.6nm[79]，从而可以推测出有水或氢氧化钠的存在。或者，质子也可能通过氢键网络传递出去，比如传递给碳酸盐或天冬氨酸。

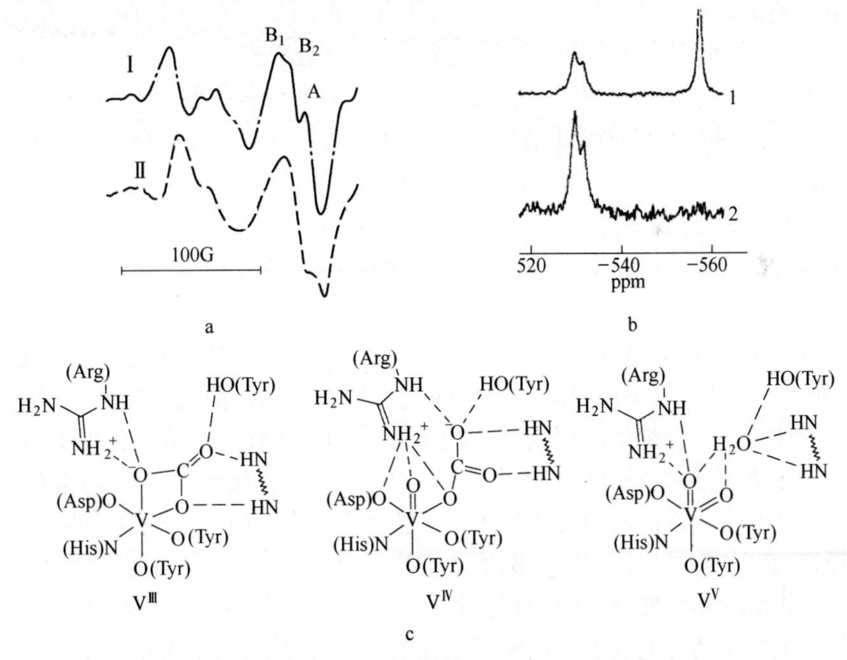

图 5-27 转铁蛋白上的钒氧基和钒酸盐各自的结合位点

a—VO^{2+}-Tf 在 77K（Ⅰ）和室温（Ⅱ）下的 EPR 光谱片段（展示了垂直的−3/2 线上的 3 个组分 A、B_1 和 B_2，其分别对应于 Tf 末端羧基上的结合位点（A）和末端氨基上的结合位点（B）。出处：T. Kiss et al., Eur. J. Inorg. Chem.，3607～3613。版权（2006）为 Wiley-VCH Verlag GmbH & Co. KGaA 所有）；b—溶液中的钒/Tf 分别为 2.3∶1（曲线 1）和 1∶1（曲线 2）时的^{51}V NMR 光谱（pH 值为 7.4，频率为 131.5MHz，2 个重叠的低场信号分别对应于末端羧基上的结合位点（化学位移 $\delta=-529.5$）和末端氨基上的结合位点（化学位移 $\delta=-531.5$）；高场区的信号代表氢钒酸盐。出处：A. Butler and H. Eckert, J. Am. Chem. Soc. 111，2802～2809。版权（1989）为美国化学学会所有）；c—钒（V^{3+}、VO^{2+}和 VO_2^+）（从左到右）和乳铁蛋白（LF）的结合构型（图片来自文献［81］）

Tf 的缓慢翻转同样会对其钒加合物的^{51}V NMR 谱图造成影响：由于平移和旋转的运动场所是有限的，这使得整个钒加合物体系超出了这一过于狭窄（但同时其运动也在变窄）的区域，从而只能观察到中心处的四极跃迁（$m_I = +1/2 \rightarrow -1/2$），其化学位移以及线宽是外加磁场强度的函数。这一加合了钒的 Tf，在 3.1.4 节中被称为负载有钒酸盐的人类 Tf。如图 5-27b 所示的光谱图清楚地展示了末端羧基和末端氨基上的结合位点的不同之处。对于在较低场区产生的代表末端羧基上的结合位点的信号（化学位移 $\delta = -529.5$）是利用 Fe^{3+}-Tf 进行的交换实验得到的。在高场区产生的代表末端氨基上的结合位点的信号位于化学位移 $\delta = -531.5$ 处[80]。这些化学位移是钒结合到由含氧官能团控制的配位层中这一过程的典型代表。

紫外差谱和 EPR 光谱被用于研究钒（Ⅲ、Ⅳ和Ⅴ）与作为 Tf 类似物的乳铁蛋白（LF）之间的结合。Tf 与 LF 具有相同的金属结合位点。由于与 Fe^{3+} 有很高的亲和力，LF 作为一种温和的抗菌剂，存在于牛奶和许多黏膜分泌物（如眼泪和唾液）中。钒与其以化学计量比 2∶1 进行配位，即 V^{3+}/LF 为 2∶1。V^{3+} 易被氧气氧化为 VO^{2+}，并可进一步被氧化成 VO_2^+[81]。如图 5-27c 所示，根据与 LF 结合的 Fe^{3+} 和 Cu^{2+} 的结构特征，以这 3 种价态存在于结合位点处的钒，在配位层中分别含有二齿碳酸盐［钒(Ⅲ)］、单齿碳酸盐［钒(Ⅳ)］以及不含碳酸盐［钒(Ⅴ)］。

通过利用 EPR 和 NMR 光谱分别研究钒酸盐和钒氧基与主要的血清蛋白（Alb 和 Tf）的结合，举例论证了当这些光谱探针被用来探测金属离子与具体的蛋白质活性位点结合的情况以及结合强度时，其所具有的应用于分析中的价值。本书给出了大量钒在蛋白质方面的研究，但并不（直接）涉及钒的生化功能，因为关于其在生化方面的功能的具体介绍已超出了本书的讨论范围。不过，下面将选择性地对一些具有说明性的例子进行简要讨论。

关于钒酸盐和磷酸盐之间的相似性的几项研究，旨在找出钒酸盐/磷酸盐竞争性地与蛋白质结合的过程对这种相似性的反映程度。以磷酸酶（参见 5.2.1.2 节）为例可知，钒酸盐确实占据了其上属于磷酸盐的活性位点。以铜锌超氧化物歧化酶（CuZn-SOD）为例说明了钒酸盐不会优于磷酸盐被结合到蛋白质活性位点上的情况。CuZn-SOD 含有通过一个桥接的组氨酸相连（1-）的 Cu 和 Zn 的催化中心。Cu^{2+} 处于溶剂通道的底部，从而使得其可与底物 O_2^- 及其他阴离子接触。为促进阴离子的转运，2 个带正电荷的赖氨酸和精氨酸上的胍基对准了通道的漏斗状开口，后者（Arg141，即处于第 141 位的精氨酸）可与磷酸盐结合。钒酸盐与 CuZn-SOD 的结合是通过^{51}V NMR 上的信号变宽而非位移证明的[82]，这表示两者之间以非共价方式结合，即通过静电力或氢键来结合。代表环状钒酸盐四聚物（V_4，$[V_4O_{12}]^{4-}$）的信号变宽现象尤为显著；其形成了 2 个组分分别为 $V_4 \cdot SOD$

和 $(V_4)_2$SOD 的特殊的配合物，V_4 · SOD 中的 V_4 的亲和常数为 2×10^7，$(V_4)_2$SOD 中的 V_4 的亲和常数为 5×10^6。与磷酸盐相反，可能是由于 V_4 具有较大的体积和电荷量，所以其可以与通道漏斗状开口处的 2 个赖氨酸（Lys120 和 Lys134，即分别处于第 120 位和第 134 位）相结合。当然，这是忽略了总钒酸盐浓度过高（>10μmol/L）时的情况。而在生理条件下寡钒酸盐（如钒酸盐四聚物）发生的结合通常并不是这样的，如果最终钒酸盐浓度很高，即便是钒酸盐十聚物也可以与蛋白质发生紧密结合，如已经观测到当钒酸盐浓度超过 0.9 mmol/L 时，钒酸盐十聚物可以与被肌动蛋白激活的肌球蛋白 ATP 酶结合[83]。肌凝蛋白是肌肉中主要的蛋白质，其可被另一种肌肉蛋白（肌动蛋白）激活，并以 ATP 水解释放的能量为动力参与肌肉收缩过程。肌动蛋白和 ATP 结合到所谓的肌球蛋白亚片段 1（该片段也是钒酸盐单体、二聚物和四聚物的结合位点）上的过程将以肌球蛋白或其亚片段 1 的信号变宽的形式被再次记录，并与包含多种钒酸盐的溶液中产生的信号整合在一起[84]。对于钒酸盐引起的肌球蛋白的光裂解，请参见 5.2.5 节。

VO^{2+}作为标记物，应用于研究蛋白质的金属结合位点的理化性质的价值是公认的。自 20 世纪 70 年代早期最早由 Chasteen 等人提出以来，钒氧根离子的 EPR 光谱图已被广泛用于获取多肽和蛋白质（如胰岛素和羧肽酶-A）上的金属结合位点的具体信息[85]。对于处于“休眠”状态的六聚物形式的胰岛素，其亚基是由 Zn^{2+}与 3 个面上组氨酸及水分子紧密结合形成的八面体结构。用硫酸氧钒处理胰岛素，VO^{2+}将进入 2 个结合位点中，其各自的 EPR 光谱图是可以区分的。其中 1 个结合位点与锌的位置一致，即钒是与组氨酸残基中的 3 个咪唑基在面上发生结合，因此，钒结合在 2 个组氨酸的赤道面位置（如图 5-28 中的Ⅺ所示）。剩下的两个赤道面位置则被水分子占据。在第 2 种结合模式中，谷氨酸酯（处于第 24 位）所含的羧酸盐处于赤道面位置（Ⅻ）。对于活性中心含有与 2 个组氨酸和 1 个谷氨酸（带有 1 个水或 1 个羟基）结合的 Zn^{2+}的牛羧肽酶-A，其上的脱辅基酶蛋白可与 VO^{2+}相结合，导致钒氧根离子可以结合到酶的活性位点处，从而恢复其作为肽酶和酯酶的活性。根据 EPR 表征的结果可再次给出其结构，即其赤道面被 2 个组氨酸和 2 个水配体占据（如图 5-28 中的ⅩⅢ所示）。

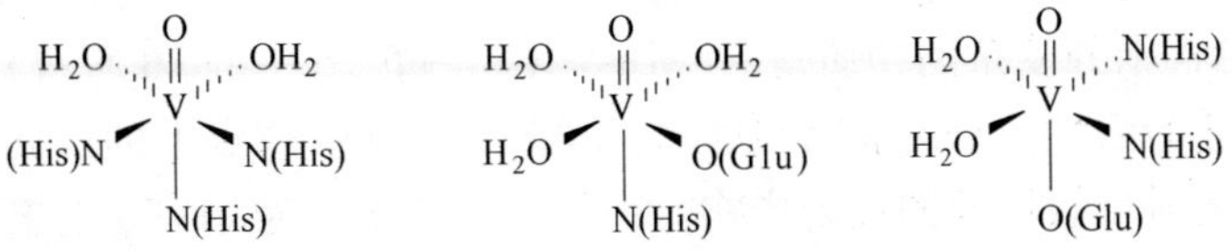

O, H_2O, OH_2, V, (His)N, N(His), N(His)　Ⅺ

O, H_2O, OH_2, V, H_2O, O(Glu), N(His)　Ⅻ

O, H_2O, N(His), V, H_2O, N(His), O(Glu)　ⅩⅢ

图 5-28　VO^{2+}与蛋白质的结合方式

S-腺苷甲硫氨酸是生物系统中一种主要的甲基化剂，它是通过甲硫氨酸合成酶催化蛋氨酸和 ATP 反应而被生物合成的。在第 1 步中，腺苷（Ad）转移到蛋氨酸的硫上，从而形成了一个腺苷甲硫氨酸−三磷酸加合物（$AdMet \cdot P_3$）。在第 2 步中，三磷酸被水解，继而生成二磷酸。这种酶可被 K^+激活，并且其催化活性的表达还需要 2 个 Mg^{2+}（或其他+2 价离子）参与。对于其中 1 个位点，Mg^{2+}单独与底物发生结合，这个位点同样可以结合 VO^{2+}。对于 VO^{2+}变体参与的整个反应过程如式 5-5 所示。

$$\begin{aligned} &Enz \cdot VO^{2+} \cdot AdMet \cdot P_3K^+ \longrightarrow Enz \cdot VO^{2+} \cdot AdMet \cdot P_2 \cdot K^+ \\ &\longrightarrow Enz \cdot VO^{2+} \cdot AdMet \cdot K^+ \end{aligned} \tag{5-5}$$

ESEEM 光谱（参见 3.4 节）可以提供自旋回波，这是因为对于如式 5-5 所示的第 1 种和第 2 种产物，其上的钒所带的电子与邻位^{14}N 核发生耦合（超精细耦合常数，$A^N = 4.8MHz$）；对于释放二磷酸的过程中生成的最终产物，其超精细耦合常数（A^N）为 5.3 MHz，这可用于表征被结合的赖氨酸的氨基和蛋氨酸的胺上的 N[87]。在表征钒氧基结合到木糖异构酶上的高亲和性金属结合位点的过程的 ESEEM 光谱中发现了代表与组氨酸结合的超精细耦合常数（$A^N = 5.7MHz$）[88]。木糖异构酶可催化 α-D-木糖转变为 α-D-木酮糖以及 α-D-葡萄糖转变为 α-D-果糖，其依赖于可以占据每个蛋白质亚基中的 1 个高亲和位点和 1 个低亲和位点的 Mg^{2+}发挥作用。借助 Cd^{2+}阻断高亲和位点后，VO^{2+}可以与低亲和位点结合。利用 ENDOR 研究发现，在低亲和位点处，+2 价金属离子只存在于含氧官能团的配位层中。

5.2.5 钒酸盐对蛋白质的改性

^{51}V NMR 光谱证明了，当钒酸盐浓度很高时，作为肌肉蛋白的肌球蛋白亚片段 1 可以与多种钒酸盐发生反应，其中，优先与钒酸盐四聚物[84a]和十聚物[84b]反应（见 5.2.4 节）。如果肌球蛋白亚片段 1 在有钒酸盐存在时被紫外线（UV）照射，则其会发生裂解且钒酸盐同时会被还原为钒氧根离子，但这一过程并不像其在光裂解中那样产生能量[89]。

总体及各反应步骤如图 5-29 所示。光裂解发生在位于第 180 位的丝氨酸处（如图 5-29a 中虚线所示），其两侧分别为谷氨酸（第 179 位）和甘氨酸（第 181 位）。这个结构十分复杂的物质是 MgADPV（如图 5-26 中的 36 所示），其可以作为结合钒酸盐的活性位点或者将钒酸盐传递到相应活性位点上的递质。经过 2 个连续的耗氧放射步骤得到的裂解产物分别是 1 个分子量为 21kDa 的末端谷氨酸片段和 1 个分子量为 74kDa 的末端草甘片段，整个反应最终以丝氨酸的末端羧基被氧化为甲酸结束。钒酸盐与丝氨酸（第 180 位）之间的反应模式至今尚未被探明，对此有 3 种可能的假设：（1）钒酸盐与丝氨酸形成酯类 HVO_3OSer^-；（2）

钒酸盐与丝氨酸盐发生结合，形成一种类似于抑制型 PTP-1B 配合物的内层五配位结构；(3) 钒酸盐（游离态或与 MgADPV 结合的）与丝氨酸通过氢键作用形成外层配位的配合物。最后 1 种与钒配合物有关的发现是特别有吸引力的，它提出的钒配合物的构型是，包含丝氨酸片段但其不直接与钒结合，而是通过氢键与其他官能团如间隙水接触，即{V}SerOH $\cdots OH_2 \cdots O_2H$ {V}[91]。在任何情况下，钒酸盐作为氧化催化剂所起的作用与其在一般的与生化过程无关的氧化过程中的作用是一致的。有关裂解的几个反应步骤（如图 5-29b 所示）包括：(ⅰ) MgADPV 或钒酸盐{钒(Ⅴ)}对丝氨酸的激活；(ⅱ) UV 诱导丝氨酸氧化为氨基乙酰乙醛；(ⅲ) 二次 UV 照射，使得电子发生转移并传递给钒，从而在 Cα 上形成一个自由基，并最终形成{钒(Ⅳ)}；(ⅳ) 通过攻击 Cα 上的 O_2 形成超氧中间体；(ⅴ) 发生克里格（Criegee）重排反应，即由酸辅助发生的甲酰基通过与碳直接结合从而迁移到超氧中间体上，并伴随着水生成的过程；(ⅵ) 水解并释放甲酸；(ⅶ) 在亚胺处将草酰中间体水解，并使之断裂。

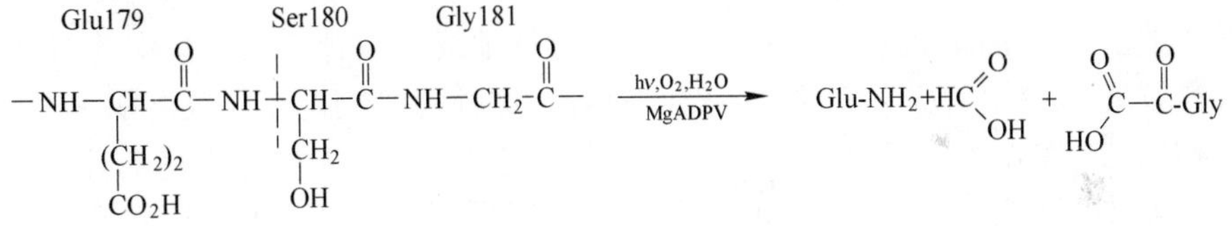

a

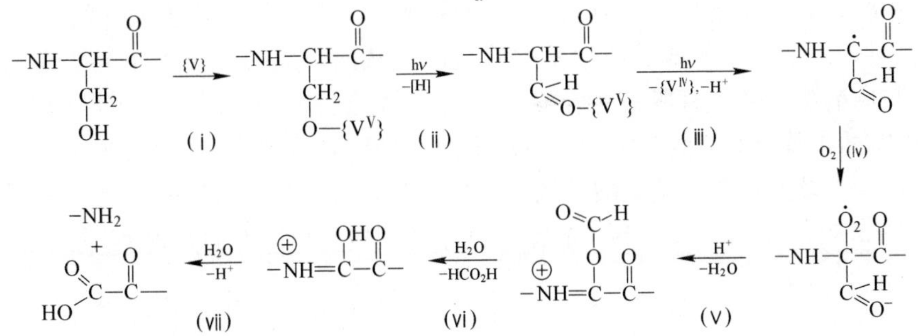

b

图 5-29 钒酸盐存在时肌球蛋白亚片段 1 被 UV 照射的光裂解步骤

a—光裂解；b—裂解的反应步骤

在菠菜叶片①中的核酮糖-1, 5-二磷酸羧化酶/加氧酶中也发现了钒酸盐诱导的丝氨酸的光氧化以及随后发生的蛋白质裂解的过程[92a]。同样，在肌浆网(SR) 钙泵（即 Ca^{2+}-ATP 酶）上发生的钒酸盐诱导的苏氨酸（Thr353，第 353 位，在磷酸化位点处）的紫外（UV）氧化可以借助 Na[BH_4] 来还原。钒酸盐

① 羧化核酮糖-1, 5-二磷酸羧是固定碳的启动步骤。

单体要想具备催化活性，至关重要的一点是，Mg^{2+}和 ADP 结合到可以接受 Ca^{2+}的酶的磷酸化位点处，这表明形成了上述针对肌球蛋白片段提出的有活性的 MgADPV。与之相反，钒酸盐十聚物催化钙泵上的丝氨酸（Ser186，第 186 位）残基的光氧化过程不需要 ADP 的参与[92b]。

另一组经钒酸盐改性的酶是巯基酶（如丝氨酸巯基酶）和硫酸酯酶（如芳基硫酸酯酶）。丝氨酸巯基酶可催化半胱氨酸转化为丝氨酸并释放出 H_2S（式 5-6）。浓度达 10μmol/L 的钒酸盐可以提高酶的活性，然而，当浓度超过 15μmol/L 时，则会对酶活性产生抑制[93]。

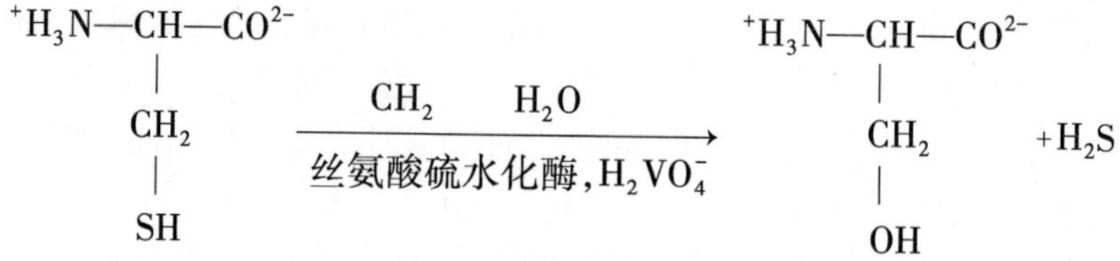

$$\begin{array}{c} ^{+}H_3N—CH—CO^{2-} \\ | \\ CH_2 \\ | \\ SH \end{array} \xrightarrow[\text{丝氨酸硫水化酶},H_2VO_4^-]{CH_2 \quad H_2O} \begin{array}{c} ^{+}H_3N—CH—CO^{2-} \\ | \\ CH_2 \\ | \\ OH \end{array} + H_2S \quad (5\text{-}6)$$

芳基硫酸酯酶可以催化如糖硫酸盐中的或是合成芳基磺酸盐过程中的硫酸酯键的水解。芳基硫酸酯酶 B(AS-B) 可以特异性地攻击软骨素硫酸盐中的 N-乙酰半乳糖胺-6-硫酸盐，从而引发黏多糖的降解。这种酶的缺乏会导致溶酶体①贮积症。初期的硫酸酯酶的活性位点处含有一个半胱氨酸，若要其能表达活性，则需要在它被转移入 SR 不久后发生酶的易位。这种易位是通过酶促反应将半胱氨酸氧化为甲酰甘氨酸实现的，并伴随着水合作用形成了甲酰甘氨酸水合物（图 5-30）。活性位点处的半胱氨酸被丝氨酸残基取代从而形成的硫酸酯酶突变体的表达水平与原酶相似。当有钒酸盐存在时，这一特殊的突变体[AS-B(Cys 91Ser)，即第 91 位的半胱氨酸变为丝氨酸] 可以通过紫外照射被转化为活性 AS-B[94]。这一激活过程涉及的步骤是丝氨酸被氧化为甲酰甘氨酸；其中钒酸盐作为电子受体存在（图 5-30），已知其对 AS-B 的活性甲酰甘氨酸变异体上的硫酸结合位点具

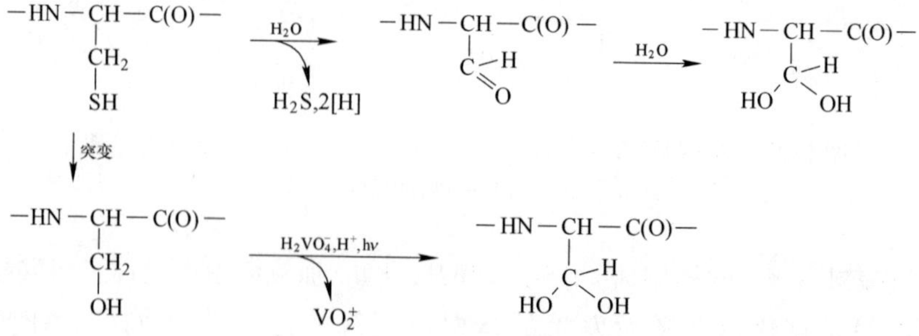

$$\begin{array}{c} —HN—CH—C(O)— \\ | \\ CH_2 \\ | \\ SH \end{array} \xrightarrow[H_2S,2[H]]{H_2O} \begin{array}{c} —HN—CH—C(O)— \\ | \\ C{-}H \\ \| \\ O \end{array} \xrightarrow{H_2O} \begin{array}{c} —HN—CH—C(O)— \\ | \\ C{-}H \\ HO \quad OH \end{array}$$

$\downarrow$ 突变

$$\begin{array}{c} —HN—CH—C(O)— \\ | \\ CH_2 \\ | \\ OH \end{array} \xrightarrow[VO_2^+]{H_2VO_4^-,H^+,h\nu} \begin{array}{c} —HN—CH—C(O)— \\ | \\ C{-}H \\ HO \quad OH \end{array}$$

图 5-30 甲酰甘氨酸的形成

① 溶酶体是胞浆中的细胞器，在 pH=4.5~5.5 时，其可以将大分子如多糖等分解。

有高度亲和性[95]（如图 5-31 所示）。硫酸酯水解（如图 5-31 所示）的机理涉及甲酰甘氨酸上的羟基对硫的亲核攻击，紧接着会发生乙醇的消除，由此生成的磺酸盐随后被水解成硫酸并与甲酰基重新发生水合反应。

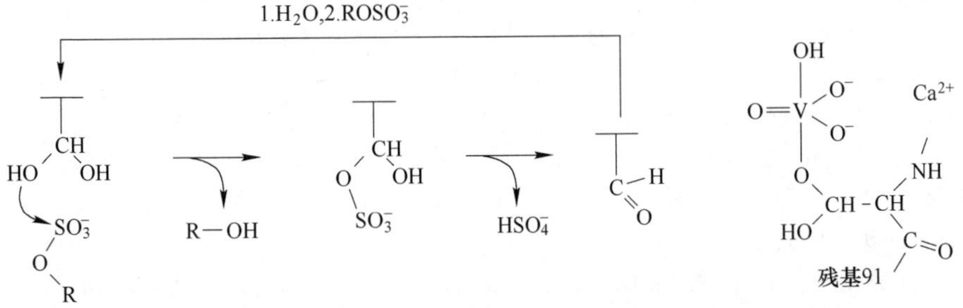

图 5-31　活性芳基硫酸酯酶 B(AS-B) 催化硫酸酯键水解的机制

（右侧展示了钒酸盐 AS-B 配合物的活性中心的结构图，其余部分包含硫酸基；活性中心还含有 1 个连有 3 个天冬氨酸（其中 1 个以 η^2 模式连接）的七配位的 Ca^{2+}、1 个天冬酰胺和 2 个来自硫酸盐/钒酸盐的氧基阴离子；结构图改编自文献［95］）

参考文献

［1］N. Houstis, E. D. Rosen and E. S. Lander, Nature 2006, 440, 944-948.

［2］S. A. Ross, E. A. Gulve and M. Wang, Chem. Rev. 2004, 104, 1255-1282.

［3］B. Lyonnet, X. Martz and E. Martin, La Press Medicale 1899, 32, 191-192.

［4］A. B. Goldfine, D. C. Simonson, F. Folli, M.-E. Patti and R. Kahn, J. Clin. Endocrinol. Metab. 1995, 80, 3311-3320.

［5］E. L. Tolman, E. Barris, M. Burns, A. Pansini and R. Partridge, Life Sci. 1979, 25, 1159-1164.

［6］Y. Shechter and S. J. D. Karlish, Nature 1980, 284, 556-558.

［7］(a) C. E. Heyliger, A. G. Tahiliani and J. M. McNeill, Science 1985, 227, 1474-1477; (b) J. Meyerovitch, Z Farfel, J. Sack and Y. Shechter, J. Biol. Chem. 1987, 262, 6658-6662.

［8］S. M. Brichard, C. J. Baily and J. C. Henquin, Diabetes 1990, 39, 1326-1332.

［9］S. Ramanadham, J. J. Mongold, R. W. Brownsey, G. H. Cros and J. H. McNeill, Am. J. Physiol. Heart Circ. Physiol. 1989, 257, 904-911.

［10］(a) S. Kadota, I. G. Fantus, G. Deragon, H. J. Guyda, B. Hersh and B. I. Posner, Biochem. Biophys. Res. Commun. 1987, 147, 259-266; (b) I. G. Fantus, S. Kadota, G. Deragon, B. Foster and B. I. Posner, Biochemistry 1989, 28, 8864-8871.

［11］B. Leighton, G. J. S. Cooper, C. DaCosta and E. A. Foot, Biochem. J. 1991, 276, 289-292.

［12］B. I. Posner, R. Faure, J. W. Burgess, A. P. Bevan, D. Lachance, G. Zhang-Sun, I. G.

Fantus, J. B. Ng, D. A. Hall, B. Soo Lum and A. Shaver, J. Biol. Chem. 1994, 269, 4596-4604.

[13] (a) J. H. McNeill, V. G. Yuen, S. Dai and C. Orvig, Mol. Cell. Biochem. 1995, 153, 175-180; (b) K. H. Thompson, B. D. Liboiron, Y. Sun, K. D. D. Bellman, V. Karunaratne, G. Rawji, J. Wheeler, K. Sutton, S. Bhanot, S. B. C. Cassidy, J. H. McNeill, V. G. Yuen and C. Orvig, J. Biol. Inorg. Chem. 2003, 8, 66-74.

[14] K. H. Thompson and C. Orvig, J. Inorg. Chem. 2006, 100, 1925-1935.

[15] (a) H. Yasui, Y. Adachi, A. Katoh and H. Sakurai, J. Biol. Inorg. Chem. 2007, 12, 843-853; (b) H. Sakurai, K. Fujii, H. Watanabe and H. Tamura, Biochem. Biophys. Res. Commun. 1995, 214, 1095-1101.

[16] G. Elberg, J. Li and Y. Shechter, in: Vanadium in the Environment, Part 2: Health Effects (J. O. Nriagu, Ed.), John Wiley & Sons, Inc., New York, 1998, Ch. 14.

[17] (a) K. H. Thompson, J. H. McNeill and C. Orvig, Chem. Rev. 1999, 99, 2561-2571; (b) K. H. Thompson and C. Orvig, Dalton Trans. 2000, 2885-2892.

[18] L. Marzban and J. H. McNeill, J. Trace Elem. Exp. Med. 2003, 16, 253-267.

[19] H. Sakurai, A. Katoh and Y. Yoshikawa, Bull. Chem. Soc. Jpn. 2006, 79, 1645-1646.

[20] M. Melchior, K. H. Thompson, J. M. Jong, S. J. Rettig, E. Shuter, V. G. Yuen, Y. Zhou, J. H. McNeill and C. Orvig, Inorg. Chem. 1999, 38, 2288-2293.

[21] D. C. Crans, M. Mahroof-Tahir, M. D. Johnson, P. C. Wilkins, L. Yang, K. Robbins, A. Johoson, J. A. Alfano, M. E. Godzala, Ⅲ, L. T. Austin and G. R. Willsky, Inorg. Chim. Acta. 2003, 356, 365-378.

[22] (a) J. Gätjens, B. Meier, T. Kiss, E. M. Nagy, P. Buglyó, H. Sakurai, K. Kawabe and D. Rehder, Chem. Eur. J. 2003, 9, 4924-4935; (b) J. Gätjens, B. Meier, Y. Adachi, H. Sakurai and D. Rehder, Eur. J. Inorg. Chem. 2006, 3575-3585.

[23] K. Kawabe, M. Tadokoro, Y. Kojima, Y. Fujisawa and H. Sakurai, Chem. Lett. 1998, 9-10.

[24] L. C. Y. Woo, V. G. Yuen, K. H. Thompson, J. H. McNeill and C. Orvig, J. Inorg. Biochem. 1999, 76, 251-257.

[25] (a) H. Sakurai, H. Sano, T. Takino and H. Yasui, Chem. Lett. 1999, 913-914; (b) H. Watanabe, M. Nakai, K. Komazawa and H. Sakurai, J. Med. Chem. 1994, 37, 876-877; (c) H. Sakurai, K. Tsuchiya, M. Nakatsuka, J. Kawada, S. Ishikawa, H. Yoshida and M. Komatsu, J. Clin. Biochem. Nutr. 1990, 8, 193-200.

[26] H. Ou, L. Yan, D. Mustafi, M. W. Makinen and M. J. Brady, J. Biol. Inorg. Chem. 2005, 10, 874-886.

[27] D. Rehder, J. Costa Pessoa, C. F. G. C. Geraldes, M. M. C. A. Castro, T. Kabanos, T. Kiss, B. Meier, G. Micera, L. Pettersson, M. Ranger, A. Salifoglou, I. Turel and D. Wang, J. Biol. Inorg. Chem. 2001, 7, 384-396.

[28] (a) Y. Shechter, A. Shisheva, R. Lazar, J. Libman and A. Shanzer, Biochemistry 1992, 31, 2063-2068; (b) D. A. Barrio, P. A. M. Williams, A. M. Cortizo and S. B.

Etcheverry, J. Biol. Inorg. Chem. 2003, 8, 459-468.

[29] S. S. Amin, K. Cryer, B. Zhang, S. K. Dutta, S. S. Eaton, O. P. Anderson, S. M. Miller, B. A. Reul, S. M. Brichard and D. C. Crans, Inorg. Chem. 2000, 39, 406-416.

[30] (a) G. R. Hanson, Y. Sun and C. Orvig, Inorg. Chem. 1996, 35, 6507-6512; (b) Y. San, B. R. James, S. J. Rettig and C. Orvig, Inorg. Chem. 1996, 35, 1667-1673.

[31] K. Elvingson, A. G. Baró and L. Pettersson, Inorg. Chem. 1996, 35, 3388-3393.

[32] H. Yasui, A. Tamura, T. Takino and H. Sakurai, J. Inorg. Biochem. 2002, 91, 327-338.

[33] I. A. Setyawati, K. H. Thompson, V. G. Yuen, Y. Sun, M. Battel, D. M. Lyster, C. Vo, T. J. Ruth, S. Zeisler, J. H. McNeill and C. Orvig, J. Appl. Physiol. 1998, 84, 569-575.

[34] B. D. Liboiron, K. H. Thompson, G. R. Hanson, E. Lam, N, Aebischer and C. Orvig, J. Am. Chem. Soc. 2005, 127, 5104-5115.

[35] S. A. Dikanov, B. D. Liboiron and C. Orvig, J. Am. Chem. Soc. 2002, 124, 2969-2978.

[36] (a) T. C. Delgado, A. I. Tomaz, I. Corriera, J. Costa Pessoa, J. G. Jones, C. F. C. Geraldes and M. M. C. A. Castro, J. Inorg. Biochem. 2005, 99, 2328; (b) P. Buglyó, T. Kiss, E. Kiss, D. Sanna, E. Garribba and G. Micera, Dalton Trans. 2002, 2275-2282; (c) T. Kiss, T. Jakusch, S. Bouhsina, H. Sakurai and E. A. Enyedy, Eur. J. Inorg. Chem. 2006, 3607-3613; (d) D. R. Willsky, A. B. Goldfine, P. J. Kostyniak, J. H. McNeill, L. Q. Yang, H. R. Khan and D. C. Crans, J. Inorg. Biochem. 2001, 85, 33-42.

[37] (a) A. Dörnyei, S. Marcao, J. Costa Pessoa, T. Jakusch and T. Kiss, Eur. J. Inorg. Chem. 2006, 3614-3621; (b) T. Kiss, E. Kiss, G. Micera and D. Sanna, Inorg. Chim. Acta 1998, 283, 202-210.

[38] (a) A. R. Saltiel and C. R. Kahn, Nature 2001, 44, 799-860; (b) P. Wipf and R. J. Halter, Org. Biomal. Chem. 2005, 3, 2053-2061.

[39] R. K. Narla, C. L. Chen, Y. Dong and F. M. Uckun, Clin. Cancer Res. 2001, 7, 2124-2133; see also O. J. D' Cruz and F. M. Uckun, Exp. Opin. Investig. Drugs 2002, 11, 1829.

[40] P. Köpf-Maier and H. KöPF, Drugs Future 1986, 11, 297-319.

[41] K. Iwai, T. Ido, R. Iwata, . M Kawamura and S. Rimura, Nucl. Med. Biol. 1989, 16, 783-789.

[42] (a) M. Jelicic-Stankov, S. Uskokovic-Markovic, I. Holclajtner-Antunovic, M. Todorovic and P. Djurdjevic, Biochemistry 2007, 21, 8-16; (b) A. M. Evangelou, Crit. Rev. Oncol. /Hematol. 2002, 42, 249-265.

[43] (a) T. Chakraborty, A. H. M. V. Swamy, A. Chatterjee, B. Rana, A. Shyamsundar and M. Chatterjee, J. Cell. Biochem. 2007, 101, 244-258; (b) T. Chakraborty, A. Chatterjee, M. G. Saralaya and M. Chatterjee, J. Biol. Inorg. Chem. 2006, 11, 855-866.

[44] (a) E. E. Hamilton, P. E. Fanwick and J. J. Wilker, J. Am. Chem. Soc. 2006, 128, 3388-3395; (b) E. E. Hamilton and J. J. Wilker, Angew. Chem. Int. Ed. 2004, 43, 3290-3292.

[45] J. Aubrecht, R. K. Narla, P. Ghosh, J. Stanek and F. M. Uckun, Toxicol. Appl. Pharma-

col. 1999, 154, 228-235.

[46] (a) J. H. Toney, C. P. Brock and T. J. Marks, J. Am. Chem. Soc. 1986, 108, 7263-7274; (b) J. H. Hwang, R. K. Larson and M. M. Abu-Omar, Inorg. Chem. 2003, 42, 7967-7977.

[47] (a) M. R. Maurya, A. Kumar, A. R. Bhat, C. Bader and D. Rehder, Inorg. Chem. 2006, 45, 1260-1269; (b) M. R. Maurya, S. Agarwald, M. Abid, A. Azam, C. Bader, M. Ebel and D. Rehder, Dalton Trans. 2006, 937-947.

[48] H. Schuster and P. L. Chiodini, Curr. Opin. Infect. Dis. 2001, 14, 587-591.

[49] (a) P. Ghosh, O. J. D' Cruz, D. D. DuMez, J. Peitersen and F. M. Uckun, J. Inorg. Biochem. 1999, 75, 135-143; (b) O. J. D' Cruz, B. Waurzyniak and F. M. Uckun, Toxicology 2002, 170, 31-43.

[50] O. J. D' Cruz, Y. Dong and F. M. Uckun, Biochem. Biophys. Res. Commun. 2003, 302, 253-264.

[51] S. Y. Wong, R. W. Y. Sun, N. P. Y. Chung, C. L. Lin and C. M. Che, Chem. Commun. 2005, 3544-3546.

[52] S. Shigeta, S. Mon, T. Yamase, N. Yamamoto and N. Yamamoto, Biomed. Pharmachother. 2006, 60, 211-219.

[53] Yu. M. Bala and L. M. Kopylova, Problemy Tuberkuleza 1971, 49, 63-67.

[54] (a) S. David, V. Barros, C. Cruz and R. Delgado, FEMS Microbiol. Lett. 2005, 251, 119-124; (b) A. Maiti and S. Ghosh, J. Inorg. Biochem. 1989, 36, 131-139.

[55] A. Müller, K. Schneider, J. Erfkamp, V. Wittneben and E. Diemann, Naturwissenschaften 1988, 75, 625-627.

[56] L. C. Cantley, Jr. L. Josephson, R. Warner, M. Yanagisawa, C. Lechene and G. Guidotti, J. Biol. Chem. 1977, 252, 7421-7423.

[57] (a) M. J. Gresser and A. S. Tracey, in: Vanadium in Biological Systems (N. D. Chasteen, Ed.), Kluwer, Dordrecht, 1990, Ch. IV; (b) G. L. Mendz, Arch. Biochem. Biophys. 1991, 291, 201-211.

[58] W. Plass, Angew. Chem. Int. Ed. 1999, 38, 909-912.

[59] (a) D. R. Davies and W. G. J. Hol, FEBS Lett. 2004, 577, 315-321; (b) B. D. Wladowski, L. A. Svensson, L. Sjolin, J. E. Ladner and G. L. Gilliland, J. Am. Chem. Soc. 1998, 120, 5488-5498.

[60] (a) D. Kostrewa, H.-W. Choe, U. Heinemann and W. Saenger, Biochemestry 1989, 28, 7592-7600; (b) D. Rehder, H. Holst, R. Ouaas, W. Hinrichs, U. Hahn and W. Saenger, J. Inorg. Biochem. 1989, 37, 141-150.

[61] A. Hofmann, M. Grella, I. Botos, W. Filipowicz and A. Wlodawer, J. Biol. Chem. 2002, 277, 1419-1425.

[62] D. R. Davies, H. Interthal, J. C. Champoux and W. G. J. Hol, Chem. Biol. 2003, 10, 139-147.

[63] Y. Lindquist, G. Schneider and P. Vihko, Eur. J. Biochem. 1994, 221, 139-142.

[64] (a) M. Zhang, M. Zhou, R. L. Van Etten and C. V. Stauffacher, Biochemistry 1997, 36, 15-23; (b) M. Salvi, A. Toninello, M. Schweizer, S. D. Friess and C. Richter, Cell. Mol. Life Sci. 2002, 59, 1190-1197.

[65] (a) K. G. Peters, M. G. Davies, B. W. Howard, M. Pokross, V. Rastogi, C. Diven, K. D. Greis, E. Eby-Wilkens, M. Maier, A. Evdokimov, S. Soper and F. Genbauffe, J. Inorg. Biochem. 2003, 96, 321-330; (b) M. Z. Mehdi and A. K. Srivastava, Arch. Biochem. Biophys. 2005, 440, 158-164.

[66] K. M. Holtz, B. Stec and R. Kantrowitz, J. Biol. Chem. 1999, 274, 8351-8354.

[67] M. Toustrup-Jensen and B. Vilsen, J. Biol. Chem. 2003, 278, 11402-11410.

[68] C. R. Cornman, E. P. Zovinka and M. H. Meixner, Inorg. Chem. 1995, 34, 5100-6099.

[69] R. Renirie, W. Hemrika and R. Wever, J. Biol. Chem. 2000, 275, 11650-11657.

[70] N. Tanaka, V. Dumay, Q. Liao, A. L. Lange and R. Wever, Eur. J. Biochem. 2002, 269, 2162-2167.

[71] F. van de Velde, I. W. C. E. Arends and R. A. Sheldon, J. Inorg. Biochem. 2000, 80, 81-89.

[72] (a) J. H. Bell and R. F. Pratt, Inorg. Chem. 2002, 41, 2747-2753; (b) J. H. Bell and R. F. Pratt, Biochemistry 2002, 41, 4329-4338.

[73] (a) A. F. Nour-Eldeen, M. M. Craig and M. J. Gresser, J. Biol. Chem. 1985, 260, 6836-6842; (b) K. Elvingson, D. C. Crans and L. Pettersson, J. Am. Chem. Soc. 1997, 119, 7005-7012.

[74] D. C. Crans, R. W. Marshman, R. Nielsen and I. Felty, J. Org. Chem. 1993, 58, 2244-2252.

[75] (a) E. Alberico, D. Dewaele, T. Kiss and G. Micera, J. Chem. Soc., Dalton Trans. 1995, 425-430; (b) K. A. Jelveh, R. Zhande and R. W. Brownsey, J. Biol. Inorg. Chem. 2006, 11, 379-388; (c) J. Petersen, K. Fisher, C. J. Mitchell and D. J. Lowe, Biochemistry 2002, 41, 13253-13263.

[76] M. Purcell, J. F. Neault, H. Malonga, H. Arakawa and H. A. Tajmir-Riahi, Can. J. Chem. 2001, 79, 1415-1421.

[77] N. D. Chasteen, J. K. Grady and C. E. Holloway, Inorg. Chem. 1986, 25, 2754-2760.

[78] T. Kiss, T. Jakusch, S. Bouhsina, H. Sakurai and E. A. Enyedy, Eur. J. Inorg. Chem. 2006, 3607-3613.

[79] G. J. Gerfen, P. M. Hanna, N. D. Chasteen and D. J. Singel, J. Am. Chem. Soc. 1991, 113, 9513-9519.

[80] A. Butler and H. Eckert, J. Am. Chem. Soc. 1989, 111, 2802-2809.

[81] C. A. Smith, E. W. Ainscough and A. M. Brodie, J. Chem. Soc., Dalton Trans. 1995, 1121-1126.

[82] L. Wittenkeller, A. Abraha, R. Ramassamy, D. Mota de Freitas, L. A. Theisen and D. C. Crans, J. Am. Chem. Soc. 1991, 113, 7872-7881.

[83] T. Tiago, P. Martel, C. Gutierrez-Merino and M. Aureliano, Biochim. Biophys. Acta 2007,

1774, 474-480.

[84] (a) I. Ringel, Y. M. Geyser and A. Muhlrad, Biochemistry 1990, 29, 9091-9096; (b) T. Tiago, M. Aureliano and J. J. G. Moura, J. Inorg. Biochem. 2004, 98, 1902-1910.

[85] N. D. Chasteen, R. J. DeKoch, B. L. Rogers and M. W. Hanna, J. Am. Chem. Soc. 1973, 95, 1301-1309.

[86] R. J. DeKoch, D. J. West, J. C. Cannon and N. D. Chasteen, Biochemistry 1974, 13, 4347-4354.

[87] C. Zhang, G. D. Markham and R. LoBrutto, Biochemistry 1993, 32, 9866-9873.

[88] S. A. Dikanov, A. M. Tyryshkin, J. Huttermann, R. Bogumil and H. Witzel, J. Am. Chem. Soc. 1995, 117, 4976-4986.

[89] C. R. Cremo, G. T. Long and J. C. Grammer, Biochemistry 1990, 29, 7982-7990.

[90] J. C. Grammer, J. A. Loo, C. G. Edmonds, C. R. Cremo and R. G. Yount, Biochemistry 1996, 35, 15582-15592.

[91] M. Ebel and D. Rehder, Inorg. Chem. 2006, 45, 7083-7090.

[92] (a) S. N. Mogel and B. A. McFadden, Biochemistry 1989, 29, 5428-5431; (b) S. Hua, G. Inesi, C. Toyoshima, J. Biol. Chem. 2000, 275, 30546-30550.

[93] H. U. Meisch and S. Kappesser, Biochim. Biophys. Acta 1987, 925, 234-237.

[94] T. M. Christianson, C. M. Starr and T. C. Zankel, Biochem. J. 2004, 382, 581-587.

[95] C. S. Bond, P. R. Clements, S. J. Ashby, C. A. Collyer, S. J. Harrop, J. J. Hopwood and J. M. Guss, Structure 1997, 5, 277-289.

本章缩写

(1) Tf：transferrin，转铁蛋白。
(2) Alb：albumin，白蛋白。
(3) ROS：reactive oxygen species，活性氧。
(4) IR：insulin receptor，胰岛素受体。
(5) STZ：streptozotocin，链脲霉素。
(6) Cp：cyclopentadienyl，环戊二烯基（即，茂基）。
(7) BMOV 或 [$VO(ma)_2$]：$VO(maltolate)_2$，二（麦芽酚）氧钒（IV）。
(8) PTP：protein tyrosine phosphatase，蛋白酪氨酸激酶。
(9) FFA：free fatty acid，游离脂肪酸。
(10) GSH：glutathione，谷胱甘肽。
(11) L_A：ligand A，配体 A。
(12) L_B：ligand B，配体 B。
(13) NMR：nuclear magnetic resonance，核磁共振。
(14) ATP：adenosine triphosphate，三磷酸腺苷。
(15) IRS：insulin receptor substance，含 IR 的底物。

（16）Glut4：glucose transporter 4，葡萄糖转运蛋白4。
（17）P13K：phosphatidylinositol-3'-kinase，磷酯酰肌醇-3'-激酶。
（18）P/VCh：anion channel for phosphate and vanadate，磷酸盐/钒酸盐阴离子通道。
（19）G-6P 酶：glucose-6-phosphatase，葡萄糖-6-磷酸酶。
（20）*c*AMP：cyclic adenosine monophosphate，环磷酸腺苷。
（21）8-OHdG：8-hydroxy-2'-deoxyguanosine，8-羟基脱氧鸟苷。
（22）顺铂：cis-diamminedichloroplatinum（Ⅱ），顺二氯化二氨亚铂（Ⅱ）。
（23）Htu：thioureas，硫脲。
（24）POM：polyoxometalate，多金属含氧酸盐。
（25）VHPO：Vanadate-dependent haloperoxidase，钒卤代过氧化物酶。
（26）Tris：三氨基甲烷。
（27）*c*NPD 酶：cyclic nucleotide phosphodiesterase，环核苷酸磷酸二酯酶。
（28）ATP 酶：ATPaes，腺苷三磷酸酶。
（29）apo-VHPO：apo vanadate-dependent haloperoxidase，钒脱卤代过氧化物酶。
（30）Glu-6PDH：glycose-6-phosphate dehydrogenase，葡萄糖-6-磷酸脱氢酶。
（31）NADV：nicotine adenine dinucleotide vanadate，烟碱腺嘌呤二核苷酸钒酸盐。
（32）ADPV：adenosine diphosphate vanadate，腺苷二磷酸钒酸盐。
（33）PKA：protein kinase，蛋白激酶。
（34）apo-Tf：apo transferrin，脱转铁蛋白。
（35）LF：lactoferrin，乳铁蛋白。
（36）CuZn-SOD：copper zinc superoxide dismutase，铜锌超氧化物歧化酶。
（37）Ad：adenosyl，腺苷。
（38）UV：Ultraviolet rays，紫外线。
（39）SR：sarcoplasmatic reticulum，肌浆网/内质网。
（40）AS-B：Aryl sulfatase B，芳基硫酸酯酶 B。

6 结　　语

当我开始写这本书的时候，我并不知道作为钒天然同位素中的微量组分（0.25%）的^{50}V是有放射性的，^{50}V的半衰期达170亿年！——这里没有制造恐慌的意思。^{50}V的主要衰变路径是电子捕获/正电子发射（第一章），这让我想起艾萨克·阿西莫夫（Isaac Asimov）。阿西莫夫（1992年去世）是一位生物化学家，更是一位特别有创造力的科幻作家，同时也是正电子脑（positronic brains）机器人的发明者（阿西莫夫的机器人大脑是由铱铂合金制作的，而不是由钒这种便宜的金属制造的）。阿西莫夫在1941~1942年间建立了机器人三法规[1]。第一法规："机器人不得伤害人类，或者目睹人类遭受危险而袖手旁观"。此法规后来被优先作为第零法规，这里"人类"被"人性"所取代。在某种程度上，这条法规也在提醒我们（现代）化学应履行的义务和职责。人类社会当然不希望受到化学的伤害，并且人们越来越意识到化学家可以有效地解决一些严重的问题，如医药、环境、技术问题，即化学家可以通过行动防止人类受到伤害。当然，这听起来很荒谬，因为在我们的社会中大多数人仍没有认识到化学可以帮助人类摆脱危险困境这一事实。对此，我们不应该感到气馁，机器人的第三法规实际上是一个鼓励："机器人在不违背第一和第二法规的情况下要尽可能保护自己的生存"。事实上，化学家们应该牢记这第三法规：不要让化学被那些试图滥用化学的人毁掉。

如果化学不能引起公众的注意该怎么办呢？我们可以借助于炼金术，或者更准确地说，是"第五元素（*quinta essentia*）"。为什么？因为它融入了钒。第五元素可以追溯到亚里士多德（Aristotle）时期，他将第五元素称为"以太（Aether）"，并与四个传统元素（火、土、空气和水）相并列。在中世纪，人们期望借助"第五元素"或点金石来将较为廉价的材料变成黄金。炼金术中"第五元素"的符号由V（代表罗马数字5，也是钒的化学符号，由它的发现者Sefström于1831年命名，当然炼金术士并不知道这些）和E（元素）合并所得[2]（图6-1中，左上角）。这个符号也是"钒专题研讨会"会标中的重要部分，在过去的十年里一直陪伴着钒化学家。图6-1中右侧的标志是由炼金术"第五元素"的符号与凡娜迪丝（Vanadis，美丽的女神）女神像结合所得，它象征着钒化学已被发现的价值。

图 6-1 炼金术中“第五元素”的符号
(左上角：由罗马数字 V 与 E(essentia) 合并所得)

这个符号也用来表示催吐的酒。左侧中间和左下角分别是炼金术中代表红葡萄酒（*vinum rubrum*）和药酒（*vinum medicatum*）的符号。右侧为“钒的化学和生物化学专题研讨会”会标，其描绘的是以矗立于由猫驾驶的战车上的凡娜迪丝(Vanadis）女神像为背景，衬托着被水藻（*Ascophyllum nodosum*，从中第一次分离出了钒溴代过氧化物酶）缠绕着的 V（ 设计者：Nadja Rehder)。

V 也是炼金术中几种酒（*vinum*）的符号的组成部分，其中两个如图 6-1 中左侧所示。事实上法国（French）和加利福尼亚（Californian）红酒中的钒最高可达 90μg/L [3]，即其含钒量是富士（Fuji）地区含钒水的两倍（第 1 章，图 1-5)。喝红酒是否如化学家所说的那样，对人们的创造力有影响，还有待研究。

读者可能不会太认真地思考我上述所提到的内容。这是一个关于文字和符号的游戏，但就像任何无害的游戏一样，其内里蕴含着一个真理。这使我想到了另一个更现实的故事。1988 年，一个新的博士生加入了我的团队，他的任务是合成二硝基钒（－Ⅰ）配合物作为新的钒固氮酶的功能模型，这类似于 Hidai 团队引入并由 Chatt 等人系统开发的钼（0）配合物。我们很快认识到钒（－Ⅰ）不是钼（0)，但经过一年的努力，我们并未得到任何进展。所以我告诉学生放弃这个项目，用钒的二氮烯配合物来替代。在愤怒之下，我还补充说，“如果我是你，我会用锂作为还原剂（以 VCl_3 作为起始原料)，而不是钠或钾。”我不知道为什么当时我会有这个想法。无论如何，这不是经过缜密的思考所得出的结果，但它证明了“最终的想法、真正的灵感来源于非理性的思维”（阿西莫夫的另一个陈述)。我差点都忘了这件事，不管怎样，对我的学生成功地用二氮烯做出的成果，我十分满意。又过了一年，在我生日那天我发现在我办公室的桌子上有几张 ^{51}V 和 ^{7}Li 的核磁共振谱图（钒核磁共振图见图 4-35)，很显然这个学生在进行二硝基钒（−Ⅰ）的合成并且用锂作为还原剂获得了成功。这一成功的原因立即变得很明显：Li^+具有比 Na^+更高的电荷密度，从而可通过 Li…N 接触稳定二硝基钒酸盐。到目前为止，这种末端二氮配位结构（干冰温度下结晶得到的钠配合物晶体的结构）的钒配合物仍然是唯一可以完整表征钒固氮酶的功能模型。

我有时会被对钒的生物化学方面有兴趣的年轻研究人员问到，在将来的研究中具有创新性和研究潜力的课题是什么。我还是指出我 1991 年在 *Angewandte Chemie* 上发表的综述文章中所提到的：钒是各种相对简单的生物如藻类、真菌和地衣中钒卤代过氧化物酶的必需元素（它在更发达的生物体内似乎不具有辅因子功能）。此外，还有一些证据表明毒蝇伞（fly agaric）和其他伞形毒菌（Amanita mushrooms）中的鹅膏钒素（amavadin）分子是一种非钒（Ⅳ）氧化合物，它是在对抗加氧酶辅因子进化形成的一个残留产物。有趣的是，过氧化物酶可以依赖铁或钒发挥作用（尽管会形成完全不同的配位环境）。这一切都暗示在进化的早期阶段钒有更为广泛的作用。在古菌和细菌（原核生物的两个主要分支）中，已发现细菌如固氮菌（*Azotobacter*）和希瓦氏菌（*Shewanella*）对钒具有依赖性，而对于在系统发生学上比细菌发现稍晚的古菌还没有相关研究，因此其可能是产生钒的生物化学新发现的有潜力的领域[4]。我想提醒的是，钒是海洋中丰度第二的过渡金属，如果我们的原始海洋是生命的摇篮，则钒的来源是有保证的。即使生命的种子是从地球大气圈外被带到地球的[5,6]，宇宙中无处不在的钒元素也使得其供应不成问题。钒的多功能性（如在+5 和+4 价氧化态之间容易转化，在+4 价时它能形成含氧和非氧复合物）和它的酸碱两性特征（即钒既可以以阳离子形式也可以以阴离子形式存在）使钒很难被自然界所忽视。

这又让我回想起了阿西莫夫，他的机器人第二法规：机器人必须服从人给予它的命令……。对于（钒）化学而言，肯定没这么简单。几天前，我在波士顿（Boston，MA）的一次会议上遇到了格罗宁根大学（University of Groningen）的巴特黑森（Bart Hessen）。我们讨论了钒化学的魅力，如他所说，“我爱钒，因为它是一个如此有吸引力的元素”。我被说服了，当然也是由于我自己的经历，如果你有足够的决心，即使是钒这样性质复杂的元素也会变得很“顺从”。

参考文献

[1] I. Asimov, The Rest of the Robots, Panther Books, St Albans, 1968.

[2] G. W. Gessmann, Die Geheimsymbole der Alchymie, Arzneikunde und Astrologie des Mittelalters, Arkana-Verlag, Ulm, 1959.

[3] P. L. Teissedre, M. Krosniak, K. Portet, F. Gasc, A. L. Waterhouse, J. J. Serrano, J. C.

Cabanis and G. Cros, Food Addit. Contam. 1998, 15, 585-591.
[4] D. Rehder, Org. Biomol. Chem. 2008, DOI: 10.1039/B717565P.
[5] F. Hoyle, The Black Cloud, Signet, New York, 1959.
[6] K. W. Plaxco and M. Gross, Astrobiology, Johns Hopkins University Press, Baltimore, 2006.